ÉLÉMENTS

DE

BOTANIQUE

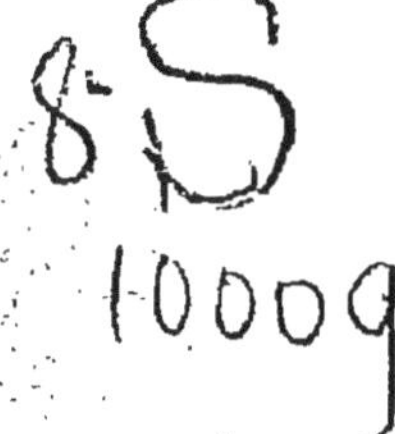

N. 282 *bis*.

Le Cours de Mathématiques élémentaires comprend les ouvrages
suivants :

Éléments d'Arithmétique.	Exercices d'Arithmétique.
» d'Algèbre.	» d'Algèbre.
» de Géométrie.	» de Géométrie.
» de Géométrie descriptive.	» de Géométrie descriptive.
» de Trigonométrie.	Compléments de Trigonométrie.
» de Mécanique.	Problèmes de Mécanique.

Éléments de Cosmographie.
Arpentage, Lever des plans et Nivellement.

Sciences physiques et naturelles.

Éléments de Zoologie. — Éléments de Géologie.
Éléments d'Histoire naturelle : Zoologie, Botanique, Géologie, in-12
(avec 835 figures).
Notions d'Histoire naturelle (avec 500 figures).
Notions de Sciences physiques et naturelles (avec 518 figures et
140 exercices).

Propriété de l'Institut des Frères des Écoles chrétiennes.

ÉLÉMENTS

DE

BOTANIQUE

COMPRENANT

L'ORGANOGRAPHIE, LA PHYSIOLOGIE
ET LES PRINCIPALES FAMILLES VÉGÉTALES

Par F. G.-M.

OUVRAGE CONFORME AUX NOUVEAUX PROGRAMMES
DE L'ENSEIGNEMENT SECONDAIRE MODERNE

TROISIÈME ÉDITION

« J'ai vu Dieu, j'ai vu son passage et ses traces, et je suis demeuré saisi et muet d'admiration. Gloire, honneur, louange infinie à Celui dont l'invisible bras balance l'univers et en perpétue tous les êtres. »

(LINNÉ.)

CHEZ LES ÉDITEURS

TOURS | PARIS

ALFRED MAME & FILS | CH. POUSSIELGUE
Imprimeurs-Libraires | Rue Cassette, 15

1898

AVANT-PROPOS

Tandis que la Géologie dépouille et coordonne les documents relatifs à l'histoire de la terre, la Botanique et la Zoologie cherchent à lire dans la nature les lois qui président aux phénomènes de la vie. Ces deux sciences s'appliquent à saisir les liens multiples qui unissent entre eux les êtres organisés, aussi bien qu'à reconnaître leurs affinités et les différences qui les distinguent.

L'étude des êtres vivants a été longtemps considérée comme un simple ornement de l'esprit; il n'en est plus de même aujourd'hui. La Zoologie et la Botanique sont devenues des sciences basées sur des principes positifs au même titre que l'Astronomie, que la Physique et la Chimie. Actuellement les biologistes apportent leur part à la connaissance des lois qui règlent l'ordre du monde.

Si la Toute-Puissance divine se manifeste dans les espaces infinis, où les astres gravitent suivant des lois immuables dont la conception écrase l'imagination ; si l'on peut, avec le poète sacré, proclamer l'œuvre du Créateur : « Que vos œuvres sont grandes, ô mon Dieu ! Qu'elles sont grandes et admirables ! L'insensé ne les connaît pas, l'homme dépourvu de sens ne leur prête pas d'attention, » plus que jamais aussi nous pouvons, avec le chantre inspiré, redire au nom de la science moderne : « Dieu est grand dans les grandes choses ; il se montre infini dans les plus petites. »

Il a été donné à quelques hommes de génie d'entrevoir la Vérité éternelle dans l'harmonie de la nature, et ils se sont anéantis en un acte d'adoration. C'est ce sentiment que l'immortel Linné, après Pascal, Newton, Leibniz, exprimait en ces termes : « Lorsque je me suis éveillé, s'écrie le restaurateur des sciences naturelles au XVIIIe siècle, *Dieu éternel, immense, omniscient, tout-puissant,* venait de passer ; je l'ai vu de loin, et je suis resté plongé dans l'admiration. J'ai suivi les traces de ses pas à travers les œuvres de la création, et partout, même dans les choses si petites, qu'elles semblent n'être pas, quelle puissance ! quelle sagesse ! quelle inexplicable perfection !... Le soleil et tout le système sidéral, immense, incalculable, m'ont apparu, suspendus par le Premier moteur, la Cause des causes, le Guide et Conservateur de l'univers. Toutes les choses créées portent donc le témoignage de la sagesse divine ; leur beauté, leur harmonie, leurs justes proportions proclament la puissance de ce grand Dieu. » (Linné, *Syst. de la Nat.,* p. 10.)

Ces sentiments religieux se retrouvent d'ailleurs chez les plus grands naturalistes modernes : de Jussieu, Cuvier, Agassiz, Biot, Buffon, Lavoisier, les deux Brongniart, Blainville, Berthollet, Gay-Lussac, Élie de Beaumont, Thénard, Réaumur, de Barande, Milne-Edwards, Dumas, Chevreul, Alexis Jordan, Pasteur, etc., etc.

Ainsi que l'a dit l'un d'eux : « Ce n'est pas le cœur humain seul qui atteste l'existence de Dieu, c'est aussi la nature. »

Sur les traces de ces illustres savants, nous chercherons à connaitre quelques-unes des manifestations les plus simples de la vie des plantes. Nous poursuivons en même temps un autre but : en étudiant les végétaux, nous apprendrons comment on les applique aux divers usages économiques ; nous verrons, en passant, que l'agriculture, la médecine, l'industrie et les arts font de nombreux et utiles emprunts à la Botanique.

BOTANIQUE

PREMIÈRE PARTIE

ORGANOGRAPHIE ET PHYSIOLOGIE VÉGÉTALES

CHAPITRE I

CARACTÈRES GÉNÉRAUX DES VÉGÉTAUX
LA CELLULE ET LES TISSUS

§ I

Caractères généraux des végétaux.

1. Définitions. — La *Botanique* est une science qui a pour objet l'étude des végétaux.

Un *végétal* est un être vivant, dépourvu d'organes de mouvement et de système nerveux, par suite incapable de chercher lui-même sa nourriture et d'éprouver des sensations; il possède, dans ses tissus, une substance protoplasmique verte, nommée *chlorophylle,* et une matière dure et résistante appelée *cellulose.* La présence de la cellulose est le caractère le plus général des végétaux.

2. Le corps de la plante se compose de trois membres ou organes. — En examinant les plantes répandues dans la nature, qu'il s'agisse des plus grands arbres ou d'une plante plus modeste, on reconnaît de suite qu'elles présentent trois parties principales : une partie souterraine, la *racine,* et deux parties aériennes, la *tige* et les *feuilles;* la racine, la tige et les feuilles sont les trois membres de la plante.

Arrivée à une certaine période de son développement, la plante, quelle qu'elle soit, produit toujours des germes destinés à la perpétuer; dans beaucoup de cas elle porte des *fleurs,* et plus tard des *fruits,* renfermant la *graine.* Lorsque le fruit est mûr, la graine s'en détache et tombe sur le sol, où elle germe pour donner une nouvelle plante *semblable* à celle qui l'a fournie.

La fleur n'est pas un membre de la plante, car les diverses parties qui la constituent ne sont que des feuilles modifiées (n° 126).

3. **Structure d'une graine mûre.** — Dans une graine mûre, celle du Haricot, par exemple (fig. 1, A), on distingue une sorte d'enve-

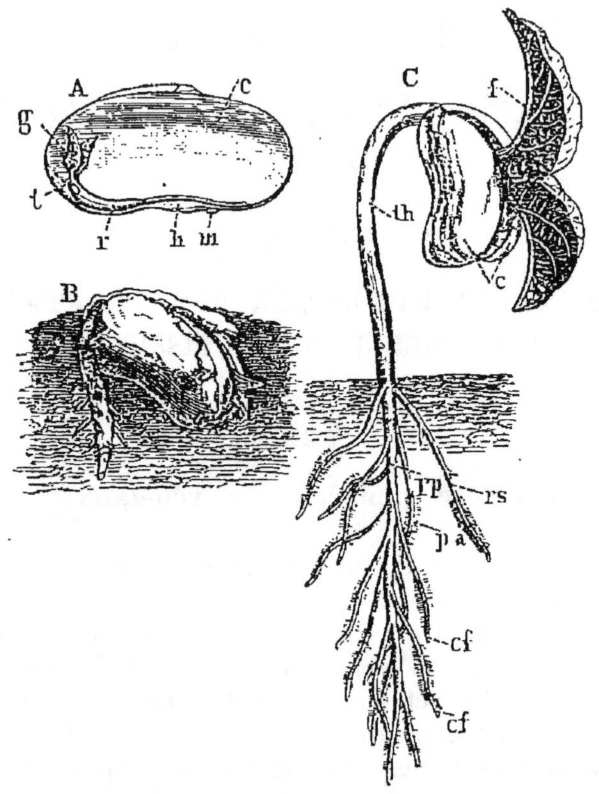

Fig. 1. — A, une moitié de graine de Haricot, montrant en haut un fragment du tégument; c, l'un des deux cotylédons; h, le hile; m, micropyle; r, radicule; t, tigelle; g, gemmule. — B, première phase de la germination du Haricot. — C, seconde phase de la germination. La racine principale rp a produit des racines secondaires rs, portant de nombreux poils absorbants pa; on voit aussi que chaque racine secondaire ou radicelle est terminée par une coiffe cf. La tigelle a soulevé les cotylédons c, au-dessus du sol, et a formé la partie inférieure de la tige th (tige hypocotylée); enfin, la gemmule a déjà produit deux feuilles vertes f.

loppe blanche ou colorée, appelée *tégument;* la surface du tégument présente une dépression marquée d'une petite cicatrice nommée *hile;* le hile est le point où la graine était attachée à la cosse par un petit cordon, le *funicule.* Dans le voisinage du hile, on aperçoit un orifice à peine visible, nommé *micropyle*. Le tégument entoure une partie centrale, *l'amande,* qui se partage en deux moitiés, appelées *cotylédons.* En écartant les deux cotylédons, on voit un petit corps allongé et arqué, comprenant trois parties : la *radicule,* la *tigelle* et la *gemmule.*

Les cotylédons, la radicule, la tigelle et la gemmule constituent l'*embryon* ou *plantule;* c'est un végétal en miniature.

4. Origine et développement des trois membres de la plante. — Si l'on place une graine mûre dans le sol, ou dans un vase contenant de la terre, ou simplement du sable fin humide, et qu'on abandonne le tout à la température ordinaire d'un appartement, sous l'influence de l'humidité, de l'air et de la chaleur, la graine se gonfle peu à peu en absorbant de l'eau, déchire le tégument, et, au bout de quelques jours, on voit la radicule se diriger de haut en bas (fig. 1, B) pour former la racine.

Cette première racine, appelée *racine principale* ou *racine primaire,* se ramifie bientôt en *racines secondaires* (fig. 1, C), portant de nombreux poils, nommés *poils absorbants,* dont le rôle est des plus importants dans la vie de la plante. Les poils absorbants s'arrêtent à une certaine distance du sommet de la racine, où l'on remarque un petit capuchon appelé *coiffe,* destiné à protéger l'extrémité de l'organe ; au-dessus de la région où se sont développés les premiers poils absorbants, la tigelle se dresse de bas en haut pour former la *tige;* en même temps la gemmule développe les deux premières *feuilles* vertes, qui s'épanouissent dans l'air, où elles acquièrent rapidement leurs dimensions définitives.

Un peu plus tard, la plante portera des feuilles nombreuses, puis des fleurs, auxquelles succéderont les fruits renfermant la graine.

D'après ce que l'on vient d'observer, on voit que les trois membres de la plante proviennent du développement respectif de la radicule, de la tigelle et de la gemmule.

5. Fonction des trois membres de la plante. — Chacun des trois membres de la plante remplit un rôle particulier, et contribue, pour sa part, à réaliser les conditions nécessaires à l'existence et à la perpétuité du végétal.

Les *racines* absorbent l'eau contenue dans le sol avec les substances qu'elle tient en dissolution. Le liquide du sol absorbé par les racines, et qu'on appelle *sève brute,* est porté par la *tige* dans les *feuilles,* où la sève brute se transformera en *sève élaborée.*

Les *feuilles* respirent dans l'atmosphère et y puisent aussi des éléments de nutrition ; en outre, dans bien des cas, elles se modifient pour constituer la *fleur*, destinée à former le *fruit* et la *graine*.

6. Différentes branches de la Botanique. — Les principales branches de la Botanique sont :

1º L'*organographie*, qui étudie les organes des plantes au point de vue de leur développement et de leurs caractères extérieurs ;

2º L'*anatomie*, ou partie de l'organographie qui approfondit les détails de la structure interne et apprend à connaître la cellule et ses variations ;

3º La *physiologie*, ou étude des fonctions des organes et des phénomènes qui les accompagnent ;

4º La *Botanique systématique*, qui s'occupe du groupement méthodique des végétaux ;

5º La *phytographie*, ou description des végétaux, d'après les procédés que l'expérience a perfectionnés et consacrés ;

6º La *géographie botanique*, ou étude des lois qui président à la distribution des plantes répandues sur la surface du globe.

7. Division des végétaux en quatre embranchements. — Toutes les plantes connues peuvent être groupées en quatre embranchements, savoir :

1º Les *Phanérogames*, ou plantes portant des fleurs et ayant des racines, des tiges et des feuilles. (Ex. : le Pommier, le Cerisier, le Chêne, le Noyer, le Seigle, les Palmiers, etc.)

Les Phanérogames ont été subdivisées en deux groupes : les *Dicotylédones*, plantes dont la graine contient deux cotylédons. (Ex. : le Chêne, le Hêtre, le Haricot, etc.) Les *Monocotylédones*, plantes dont la graine ne renferme qu'un seul cotylédon. (Ex. : le Blé, le Lis, les Palmiers, etc.)

2º Les *Cryptogames vasculaires*, ou plantes dépourvues de fleurs, mais ayant des racines, des tiges et des feuilles. (Ex. : les Fougères, les Lycopodes, les Prêles, etc.)

3º Les *Muscinées*, ou plantes dépourvues de fleurs et de racines, mais ayant des tiges et des feuilles. (Ex. : les Mousses, les Sphaignes et les Hépatiques.)

4º Les *Thallophytes*, ou plantes dépourvues de fleurs, de racines, de tiges et de feuilles, c'est-à-dire n'ayant pas d'organes végétatifs différenciés. Le corps de ces plantes, quelle que soit sa forme, a reçu le nom de *thalle*, d'où le nom de *Thallophytes* donné aux végétaux les plus dégradés. (Ex. : les Algues, les Lichens et les Champignons.)

§ II

La cellule.

8. Constitution de la cellule. — Les organes de toutes les plantes sont composés de petites cavités closes appelées *cellules.*

Un groupe de cellules semblables forme un *tissu* (fig. 2).

A l'état jeune, la cavité de la cellule est remplie par une substance granuleuse, le *protoplasma,* qui est entouré par une *membrane* de cellulose. Dans le protoplasma lui-même, on voit un petit corps globuleux, c'est le *noyau cellulaire.*

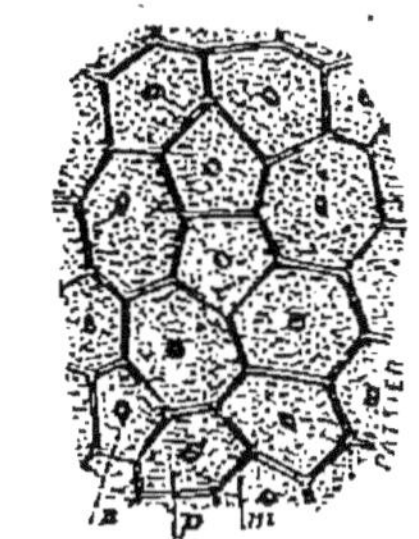

Fig. 2. — Un groupe de cellules jeunes, représentant une coupe dans un fragment de tissu, vue au microscope. — *p*, protoplasma; *n*, noyau, *m*, cloison ou menbrane de la cellule en cellulose.

Le protoplasma, s'accroissant moins en volume que la cavité cellulaire qui le renferme, se creuse de lacunes nommées *vacuoles* (fig. 3, B), occupées par le *suc cellulaire.*

En résumé, une cellule végétale comprend : la *membrane,* le *protoplasma,* le *noyau* et le *suc cellulaire.*

Le suc cellulaire est essentiellement composé d'eau, tenant diverses substances en dissolution ou en suspension : des hydrates de carbone, des acides, des diastases, des matières colorantes, des alcaloïdes, etc. Comme ce liquide, en raison de sa fluidité, peut facilement filtrer à travers les membranes cellulaires, ce qui n'a pas lieu pour le protoplasma, il joue un rôle considérable dans le transport des matières solubles d'une cellule à l'autre.

9. Développement de la cellule. — La cellule, en vieillissant, se développe comme la plante elle-même, ainsi que le montre la figure 3.

Au début, le protoplasma et le noyau remplissent exactement tout le volume de la jeune cellule (fig. A).

Un peu plus tard, la cellule ayant grandi (fig. B), le protoplasma se creuse de vacuoles, remplies par le suc cellulaire.

La cellule s'étant encore accrue (fig. C), le protoplasma finit par ne plus former sur les parois qu'une couche mince, dans laquelle le noyau demeure plongé ; le suc cellulaire a envahi toute la partie centrale.

Enfin, lorsque la cellule a atteint son développement définitif

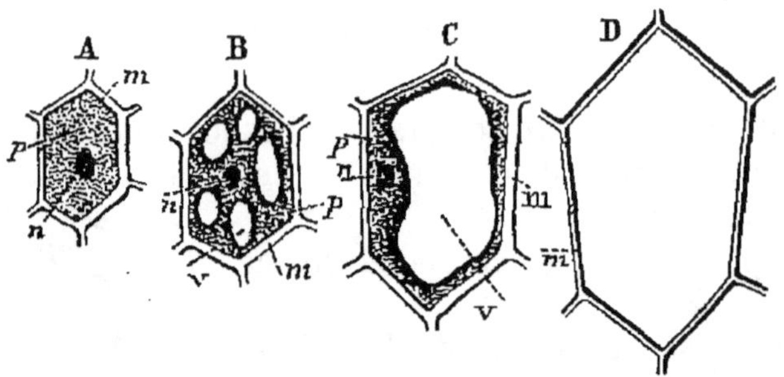

Fig. 3. — Phases successives de l'évolution de la cellule végétale. — A, cellule jeune ; *p*, protoplasma ; *m*, membrane ; *n*, noyau. — B, cellule plus âgée ; le protoplasma s'est creusé de vacuoles remplies de suc cellulaire *v*. — C, cellule encore plus âgée ; le suc cellulaire occupe toute la partie centrale *v*. — D, cellule morte, dépourvue de protoplasma ; elle est réduite à la membrane *m*.

(fig. D), le protoplasma et le noyau disparaissent ; elle est alors réduite à la membrane, limitant une cavité remplie d'air ou de suc cellulaire ; c'est une *cellule morte*.

10. Le protoplasma. — Le protoplasma est la partie la plus essentielle de la cellule ; dès qu'il disparaît, la cellule meurt. A lui seul il est capable de reproduire des cellules nouvelles ; c'est en lui que réside la vie.

Le protoplasma est coagulé par la chaleur vers 75°, et par l'alcool (fig. 4) ; l'ammoniaque le dissout ; et il dégage des vapeurs ammoniacales quand on le chauffe en présence de la potasse. Toutes ces réactions lui sont communes avec l'albumine, constituant le blanc d'œuf ; elles caractérisent les substances organiques, dans lesquelles l'azote joue un rôle important, et que l'on confond sous le nom de *matières albuminoïdes*.

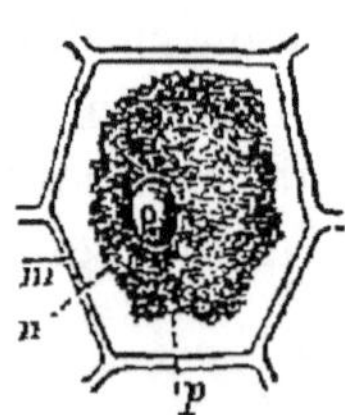

Fig. 4. — Exemple d'une cellule dont le protoplasma *p* a été coagulé par l'alcool ; *m*, membrane ; *n*, noyau.

Dans tous les cas, on reconnaît le protoplasma à la coloration jaune qu'il prend sous l'action de l'iode, et surtout par les réactions qui le distinguent comme matière albuminoïde.

Au point de vue chimique, le protoplasma se compose de

carbone, d'oxygène, d'hydrogène et d'azote ; il contient aussi de petites quantités de soufre et de phosphore.

Le protoplasma végétal possède les propriétés générales du protoplasma animal ; il n'en diffère en réalité que par la présence de corpuscules arrondis, appelés *leucites*, dont le rôle est de fabriquer de l'amidon aux dépens des éléments du protoplasma. Les leucites se multiplient par bipartition ; beaucoup sont incolores ; il en est qui se colorent en jaune ou en rouge, et on les nomme *chromoleucites*; les plus nombreux sont colorés en vert et renferment de la *chlorophylle ;* on les appelle *chloroleucites ;* ainsi qu'on le verra plus loin (no 98), le rôle des chloroleucites est extrêmement important dans la nutrition de la plante.

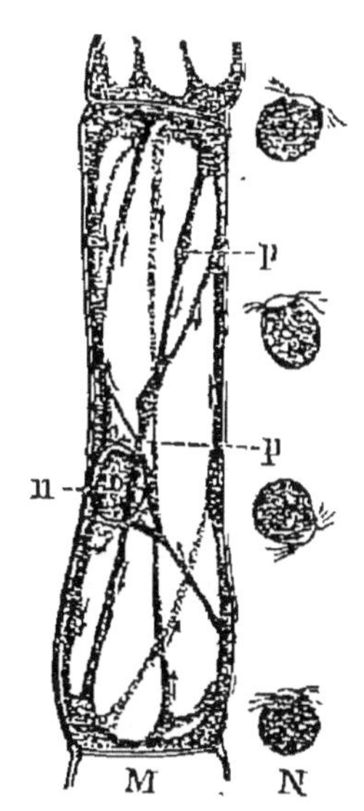

Fig. 5. — Mouvement du protoplasma. — M, cellule de Chélidoine ; *n*, noyau; *p*, protoplasma dont le mouvement est indiqué par les flèches; les espaces blancs sont des vacuoles occupées par le suc cellulaire. — N, quatre cellules reproductrices d'une Algue (*Œdogonium ciliatum*); chacun de ces corps reproducteurs est formé d'une petite masse de protoplasma qui se meut constamment dans l'eau, à l'aide des cils placés à l'une des deux extrémités.

11. Mouvement du protoplasma. — Le protoplasma vivant est continuellement en mouvement au sein de la cellule qui le contient. Il est facile d'observer directement ce mouvement en choisissant des cellules de grandes dimensions (fig. 5, M); il est plus facile encore de le constater sur les cellules reproductrices de la plupart des Algues, dépourvues de membrane cellulaire (fig. 5, N). Ces cellules se composent simplement d'une masse de protoplasma renfermant un noyau, et présentant plusieurs cils ou prolongements protoplasmiques extrêmement minces, qui s'agitent sans cesse et impriment au corps tout entier des mouvements rapides. Cette faculté de se mouvoir librement dans l'eau appartient aux organes reproducteurs des Thallophytes, des Muscinées et des Cryptogames vasculaires.

Le mouvement du protoplasma est ralenti et même suspendu sous l'action de l'éther ou du chloroforme; mais, dès que ces anesthésiques se sont évaporés, le protoplasma, qui était comme endormi, reprend son mouvement; la chaleur et l'électricité l'accélèrent.

12. Le noyau. — Le noyau (fig. 6) est une masse protoplasmique globuleuse, disposée en un filament pelotonné appelé *filament nucléaire.* La substance constituant le filament renferme toujours une certaine quantité de phosphore et de la *nucléine;* elle présente toutes les réactions du protoplasma, mais avec plus d'intensité; en outre, elle retient plus facilement que le protoplasma les réactifs colorants, comme le vert d'aniline.

Les intervalles ménagés par les contours du filament pelotonné sont occupés par une substance voisine du protoplasma ambiant.

Enfin, on distingue souvent, dans le noyau, un ou plusieurs petits corps arrondis, nommés *nucléoles.*

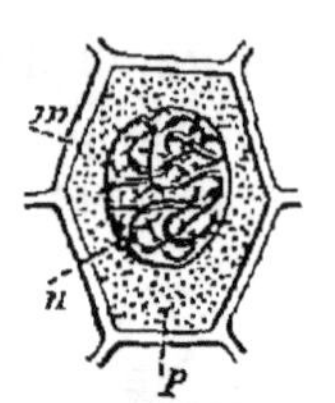

Fig. 6. — Le noyau cellulaire vu à un grossissement suffisant pour montrer la disposition pelotonnée du filament nucléaire. — *m,* membrane cellulaire; *p,* protoplasma; *n,* noyau entouré d'une membrane propre. Dans cet exemple le noyau est dépourvu de nucléoles.

13. La membrane cellulaire et ses modifications. — La membrane cellulaire, l'un des produits les plus importants de l'activité du protoplasma, est composée de *cellulose* ($C^6 H^{10} O^5$), substance très résistante, soluble dans une solution ammoniacale d'azotite de cuivre (bleu céleste); elle se colore en bleu sous l'action du chlorure de zinc iodé, et elle est digérée par le *Bacillus amylobacter.*

Le papier non collé, ainsi que les tissus en fil de Lin ou de Chanvre, sont *formés de cellulose.*

La membrane d'une cellule jeune est d'une épaisseur très faible, et la cellulose qui la forme est presque pure; mais elle ne tarde pas à s'épaissir et à subir diverses modifications chimiques, dont les principales sont : la *cutinisation,* la *subérification,* la *lignification,* la *gélification* et la *minéralisation.*

Cutinisation. — Quand une partie de la plante doit être protégée contre les variations des agents extérieurs; la paroi externe des cellules de sa surface devient plus résistante; elle se *cutinise;* elle est alors insoluble dans la solution ammoniacale d'oxyde de cuivre; le chlorure de zinc iodé est impuissant à la colorer, et les acides les plus forts l'attaquent à peine. La paroi ainsi modifiée est essentiellement protectrice. La face extérieure des cellules superficielles de beaucoup de tiges et de feuilles est transformée de la sorte, et forme une couche imperméable nommée *cuticule* (fig. 7). Si l'on produit une plaie sur une plante, les tissus qui occupent la surface de la blessure se transforment toujours en *cutine,* de façon à isoler les parties vivantes en les protégeant.

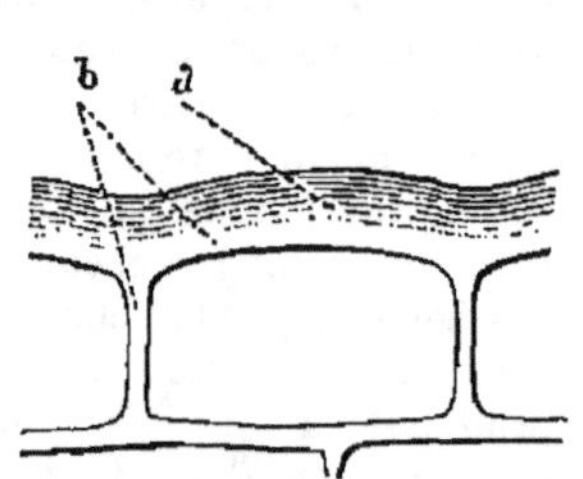

Fig. 7. — Cellule prise dans l'épiderme de la face supérieure d'une feuille de Houx, montrant la paroi externe de la membrane fortement cutinisée. — *a,* cutine, *b,* parties de la paroi restées en cellulose pure.

Lorsqu'on fait pourrir une feuille dans l'eau, c'est la cuticule qui résiste seule avec les nervures.

Subérification. — Lorsque la cutinisation se produit à la fois sur toutes les faces d'une membrane cellulaire, et qu'elle s'étend à plusieurs couches de cellules superposées, l'ensemble de ces couches constitue le *suber* ou *liège*. Le liège atteint une épaisseur considérable dans l'écorce de la plupart de nos arbres et surtout dans le *Chêne liège.*

Lignification. — Dans la lignification, la cellulose devient dure et cassante, tout en demeurant perméable. La cellulose ainsi modifiée forme le *bois;* elle est *lignifiée*. La membrane lignifiée se colore facilement en rouge par la fuchsine et en jaune par le sulfate d'aniline ; la cellulose pure n'est pas colorée par ces réactifs.

Gélification. — La membrane gélifiée acquiert la faculté d'absorber une grande quantité d'eau, en changeant légèrement sa constitution chimique, et en formant une sorte de gelée. Une membrane primitivement mince et ferme se gonfle alors indéfiniment et devient molle. La gelée de Coing, le mucilage de la graine de Lin, la pâte de Guimauve, sont le résultat de la *gélification* des membranes cellulaires de certaines parties de ces plantes. La gélification est surtout fréquente chez les Algues, dont toutes les membranes se résolvent parfois en gelée (Nostocs).

Minéralisation. — Parfois enfin, la membrane de cellulose est pénétrée par des substances minérales qui cristallisent dans son épaisseur ou qui, faisant corps avec la paroi, l'imprègnent complètement et lui donnent une extrême dureté. C'est ainsi que les parois cellulaires de certaines Algues, comme les Diatomées, s'incrustent de silice au point de devenir complètement insensibles à l'action des acides puissants ; les Diatomées fossiles forment le *Tripoli,* dont on se sert pour polir les métaux ; la *Randannite* d'Auvergne est employée dans la fabrication de la dynamite. C'est encore parce que les cellules superficielles des Prêles sont incrustées de silice qu'on les emploie pour polir les ustensiles de cuisine ; les tiges du Blé doivent leur rigidité à la même cause.

14. Multiplication des cellules. — Le noyau a un rôle prépondérant dans la multiplication des cellules.

Le filament nucléaire se coupe d'abord en tronçons de longueur à peu près égale ; chacun d'eux prend la forme d'un V (fig. 8, A), puis se rompt au sommet de l'angle du V, et chacune des deux moitiés appartiendra à l'un des deux nouveaux noyaux. Les bâtonnets (fig. B) s'orientent peu à peu des deux côtés d'une ligne idéale, qui coupe le noyau primitif perpendiculairement à son grand axe (*ligne équatoriale*); ils s'éloignent ensuite les uns des autres vers les deux points les plus distants de la ligne équatoriale, appelés *pôles,* lesquels sont reliés entre eux par des fils protoplasmiques disposés comme des méridiens. C'est en suivant ces fils que les bâtonnets vont se réunir aux deux pôles (fig. C), où ils se confondent en un nouveau filament pelotonné, et constituent dès lors deux noyaux nouveaux, semblables à celui dont ils proviennent. C'est ainsi que se fait la division du noyau chez toutes les plantes. Ce phénomène commence à peine que déjà l'on voit apparaître une mince cloi-

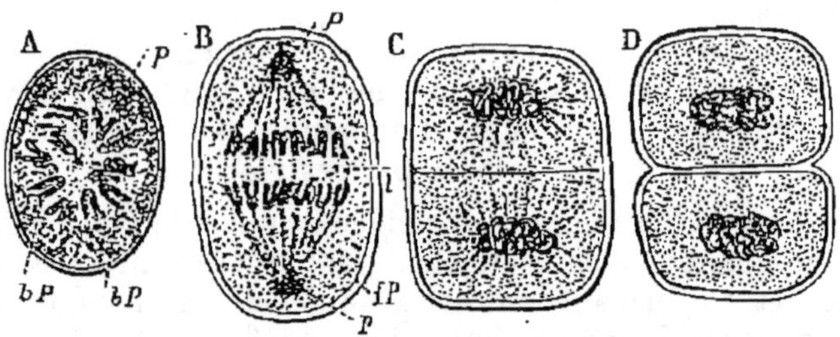

Fig. 8. — Phases diverses de la multiplication des cellules. — A, le ruban nucléaire s'est déjà divisé en tronçons *bp*, présentant la forme d'un V. — B, les bâtonnets protoplasmiques *bp* s'orientent vers les deux pôles *p*, en suivant les fils protoplasmiques *fp*. — C, les bâtonnets groupés aux deux pôles ont formé deux nouveaux noyaux, et en même temps la cloison de cellulose s'est constituée suivant la ligne équatoriale. — D, la cellule est complètement divisée en deux autres cellules indépendantes pouvant se diviser à leur tour.

son (fig. C) suivant la ligne équatoriale ; cette cloison divise la cellule en deux parties, renfermant chacune un noyau et une moitié du protoplasma de la cellule primitive.

Enfin la cloison s'épaissit successivement (fig. D), et la cellule primitive se trouve ainsi divisée en deux cellules distinctes, capables de produire à leur tour d'autres cellules.

15. Substances contenues dans les cellules. — La plante produit et emmagasine des substances qu'elle-pourra employer dans la suite; elle fait des *réserves*. Elle rejette aussi certaines matières qui lui sont inutiles ou qui lui deviendraient nuisibles.

Les matières contenues dans les cellules se divisent donc en deux groupes : les *substances de réserve* et les *produits d'élimination*.

Parmi les substances mises en réserve, les unes sont azotées, comme le *protoplasma*, la *chlorophylle*, l'*aleurone* et les *cristalloïdes* ; les autres sont hydrocarbonées, comme la *cellulose*, l'*amidon*, l'*inuline* et les *sucres*.

16. Substances azotées. — Le *protoplasma* peut former une véritable réserve. Lorsque, par exemple, le grain des céréales mûrit, le protoplasma de ses cellules perd une partie de l'eau qu'il contenait; il durcit, diminue de volume et passe à l'état de vie latente, sans perdre aucune de ses propriétés spéciales. Il prend dans cet état le nom de *gluten*. C'est au gluten que la farine des céréales doit la propriété de constituer un aliment complet.

La *chlorophylle*, dont les fonctions seront étudiées plus tard, est un corps protoplasmique différencié en vue d'un rôle spécial, rempli chaque fois que les conditions nécessaires sont réalisées.

L'*aleurone* (fig. 9) est une réserve de matières albuminoïdes. Cette substance se produit dans les graines oléagineuses qui approchent de leur maturité, comme dans les amandes, les graines de Ricin, etc. Elle se compose de grains ovales ou polyédriques irréguliers, le plus souvent incolores. Il arrive presque toujours, qu'en se formant, les grains d'aleurone enveloppent des concrétions minérales nommées *globoïdes*, des *cristalloïdes* et des *cristaux d'oxalate de chaux*. Sous l'action d'une diastase produite par la plante, les grains d'aleurone se dissolvent dans l'eau des tissus, à l'époque de la germination, et sont ainsi transformés en substance assimilable.

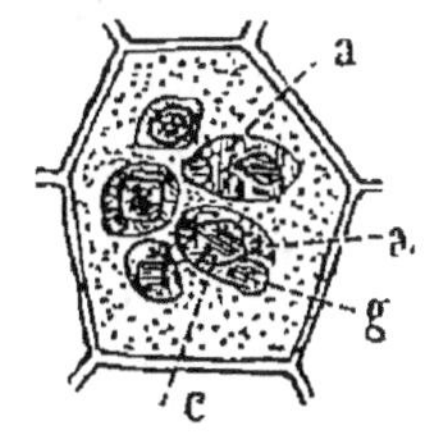

Fig. 9. — Cellule d'une graine de Ricin contenant des grains d'aleurone *a*, qui enveloppent des cristalloïdes *c*, et des globoïdes *g*.

Les *cristalloïdes* sont des corps très petits, de forme cristalline. On les trouve, soit isolés dans les cellules de beaucoup de plantes, soit enveloppés par les grains d'aleurone.

17. Substances hydrocarbonées. — La cellulose est la plus importante des substances hydrocarbonées. Elle forme toutes les parois cellulaires; comme le protoplasma, elle peut être mise en réserve. Au moment de la germination, elle est dissoute et consommée successivement par les jeunes tissus de la plante.

L'*amidon* ($C^{12} H^{10} O^{10}$) a la même composition chimique que la cellulose. Il a, dans les cellules où il est emmagasiné, la forme de grains de dimensions très variables; pour chaque plante, la forme est si caractéristique, qu'il est facile de reconnaître, au microscope, les farines qui sont falsifiées ou additionnées de farines étrangères. L'amidon de la Pomme de terre (fig. 10) se distingue surtout aisément; ses grains sont ovoïdes, et montrent des couches alternativement plus claires et plus foncées, s'étendant autour d'un point excentrique, autour duquel toutes les couches se sont successivement développées.

Sous l'action de l'iode, l'amidon prend une belle coloration bleue qui passe bientôt au violet.

Fig. 10. — Une cellule d'un tubercule de Pomme de terre, contenant des grains d'amidon.

L'amidon, de même que la cellulose, est consommé au moment de la germination.

L'*inuline* a la même composition chimique que l'amidon, mais l'iode ne la colore pas en bleu; elle est insoluble dans l'eau froide et très soluble dans l'eau chaude.

Cette substance se présente sous la forme de cristaux à peu près sphériques, formés d'un grand nombre de petits éléments prismatiques qui rayonnent autour d'un centre commun (fig. 11).

L'inuline est abondante dans les racines et les tubercules de plusieurs végétaux, notamment dans la racine charnue de l'*Inula Helenium*, d'où l'inuline tire son nom; dans celle du Dahlia, dans les tubercules du Topinambour; on en trouve aussi dans quelques Algues et plusieurs Champignons.

Les *sucres* sont très fréquents dans les plantes; les plus importants sont : le *sucre de canne* ou *saccharose*, et le *sucre de fruit* ou *glycose*.

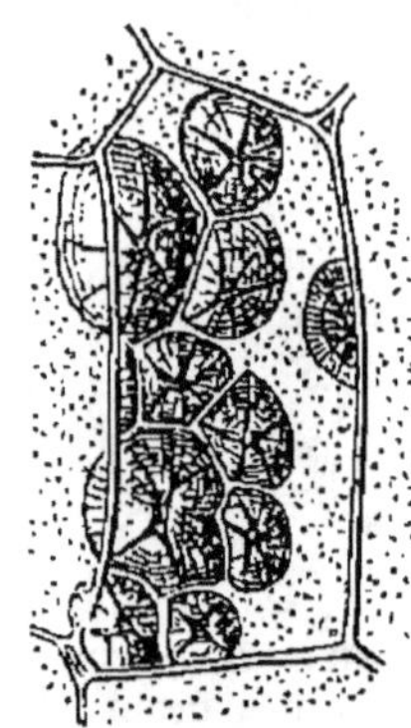

Fig. 11. — Cellule prise dans une racine de l'Aunée (*Inula Helenium*), contenant des cristaux d'inuline; on voit que trois cristaux se sont formés aux dépens de l'inuline de deux cellules voisines, malgré l'interposition de la cloison.

La *saccharose* est un sucre éminemment cristallisable, qui se forme dans beaucoup de plantes, et y constitue des réserves considérables; elle remplit les tissus de la tige de la Canne à sucre, qui fournissait autrefois tout le sucre cristallisé du commerce. En Europe, on l'extrait aujourd'hui des racines de la Betterave; les tiges de certains Érables de l'Amérique du Nord en fournissent aussi. On pourrait l'extraire de beaucoup d'autres plantes.

La *glycose* est un sucre difficilement cristallisable. On la trouve dans la pulpe de presque tous les fruits mûrs (Poire, Raisin). Les parties de la plante qui vivent activement, comme les cellules des feuilles, des tiges, des racines et des tubercules, en contiennent plus ou moins.

18. Produits d'élimination. — Les principaux produits éliminés par les plantes sont : l'*oxalate de chaux* et le *carbonate de chaux*, le *tanin*, les *résines* et le *latex*.

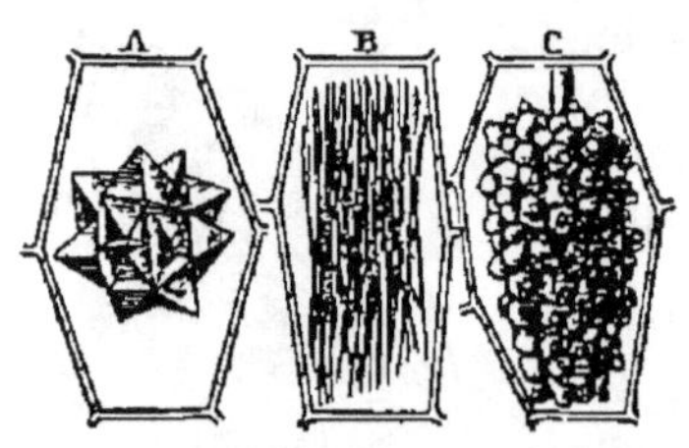

Fig. 12. — A, cellule d'une feuille d'Oseille cultivée, contenant des cristaux agglomérés d'oxalate de chaux. — B, cellule d'une feuille d'Oseille sauvage renfermant des raphides. — C, cellule d'une feuille de *Ficus elastica*, montrant un cystolithe.

Les *cristaux d'oxalate de chaux*, qu'on rencontre principalement dans l'Oseille sauvage et l'Oseille cultivée, se présentent tantôt sous la forme de cristaux agglomérés (fig. 12, A), tantôt sous la forme d'aiguilles réunies en faisceaux nommés *raphides* (fig. B).

Le *carbonate de chaux* se trouve habituellement dans les mêmes conditions que l'oxalate. L'Ortie, le Houblon, le Chanvre, en renferment constamment. Dans les feuilles du *Ficus elastica*, on trouve des grains calcaires, agglomérés à la façon d'une grappe de raisin, et fixés à la paroi de la cellule par un petit pédoncule. Ces agglomérations calcaires, d'un aspect très élégant, ont reçu le nom de *cystolithes* (fig. C).

Le *tanin* est une substance solide, blanche à l'état pur, soluble dans l'eau, à réaction acide. Avec les sels de fer, le tanin produit une couleur noire qui le fait employer dans la fabrication de l'encre; en se combinant avec les substances animales il les rend imputrescibles, propriété qui en fait une matière précieuse pour le tannage. Il est très répandu dans l'écorce de plusieurs plantes, surtout dans celle du Chêne; il existe aussi dans les fruits avant leur maturité, auxquels il communique une saveur acerbe; les galles de Chêne, vulgairement désignées sous le nom de *noix de galle,* en contiennent jusqu'à 25 pour 100.

Les *résines* et les produits voisins (*essences, baumes, gommes,* etc.) sont presque toujours solides à la température ordinaire, mais fusibles à une température un peu plus élevée; ces substances, toutes plus ou moins aromatiques, sont insolubles dans l'eau et solubles dans l'alcool. La *résine commune* est recueillie, par incision, du tronc du Pin maritime, du Sapin, du Mélèze, etc.; la *sandaraque,* retirée d'un Thuia africain, est employée dans la préparation des vernis; la *résine copal,* fournie par diverses Légumineuses, sert à préparer les vernis siccatifs.

Dans les tissus de certains végétaux (Pin, Sapin, Mélèze, etc.), les résines sont produites en si grande abondance, que des cavités particulières deviennent nécesaires pour les contenir. Ces cavités s'étendent dans les divers membres des plantes sous forme de canaux bordés d'une couche de cellules spéciales, qui versent dans le canal les produits qu'elles sécrètent; ce sont les *canaux sécréteurs* (fig. 13).

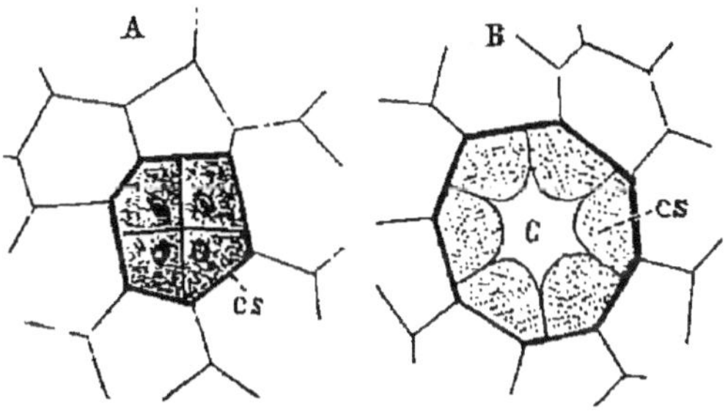

Le *latex* ou *suc propre* est un produit spécial, de consistance plus ou moins visqueuse, formé d'un liquide incolore, dans lequel flottent des globules ordinairement colorés en rouge, en jaune ou en blanc laiteux. Il contient, suivant les plantes, diverses substances variables, dont plusieurs sont alimentaires; d'autres sont

Fig. 13. — Formation d'un canal sécréteur. — A, cellules sécrétrices *cs,* encore réunies. — B, les cellules sécrétrices se sont divisées et ont formé entre elles le méat *c,* constituant le canal sécréteur; *cs,* cellules sécrétrices; elles versent leur contenu dans le canal *c.*   (Gaston BONNIER.)

utilisées à des usages industriels et médicaux ; quelques-unes de ces substances constituent des poisons violents. Le latex du *Galactodendron utile,* ou *Arbre à lait,* est semblable au lait et en possède toute la saveur et les propriétés nutritives.

L'*opium* et le *lactucarium* sont fournis par le latex du Pavot somnifère et de la Laitue vireuse. Ces deux plantes sont cultivées en grand dans la Limagne d'Auvergne.

Le latex de l'Ipo vénéneux (*Ipo toxicaria*), arbre de l'île de Java, contient un poison terrible, l'*Upas antiar,* qui, introduit même en très petite quantité dans l'organisme animal, amène promptement la mort. Les Javanais s'en servent pour empoisonner leurs flèches.

Le *caoutchouc* se trouve dans le suc propre d'un grand nombre de plantes de l'Amérique du Sud et des Indes ; l'arbre qui en fournit la plus grande quantité est le *Jatropha elastica* de la Guyane.

La *gutta-percha,* analogue au caoutchouc, mais moins élastique, est fournie par un arbre de la Malaisie, l'*Isonandra gutta.*

Le latex circule dans des vaisseaux particuliers, appelés *vaisseaux laticifères* (fig. 14), disposés ordinairement en réseau.

Le rôle que joue le latex dans l'économie de la plante n'est pas encore bien connu.

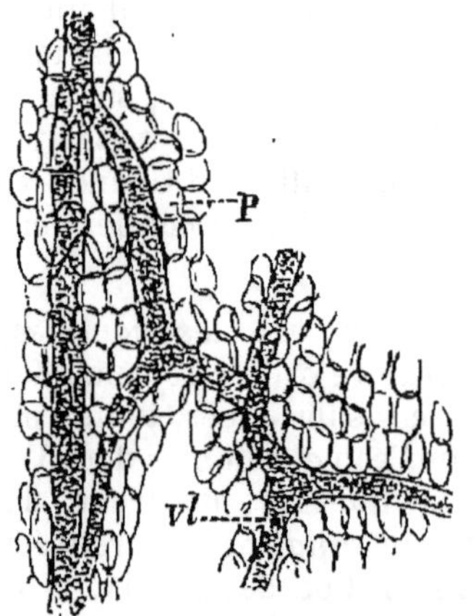

Fig. 14. — Vaisseaux laticifères pris dans la couche sous-épidermique d'une Figue. — *p*, parenchyme à cellules arrondies ; *vl*, vaisseaux laticifères remplis de latex.

§ III

Les tissus.

19. Les fibres et les vaisseaux. — Une fibre végétale provient toujours d'une cellule unique qui s'est allongée plus ou moins, et qui se termine en pointe aux deux extrémités ; telles sont les fibres textiles du Lin et du Chanvre.

Un vaisseau provient de plusieurs cellules superposées, dont les cloisons transversales se sont plus ou moins résorbées (fig. 15). La destruction des cloisons est due à un phénomène de gélification qui se produit au moment où les cellules doivent former le vaisseau.

La membrane cellulaire, d'abord mince et lisse, ne tarde pas à s'épaissir, mais il est rare que cet épaississement soit uniforme ; presque toujours des portions de la paroi demeurent minces. Les surfaces épaissies prennent la forme de ponctuations, si elles sont très petites ; ailleurs, elles ont l'aspect de raies, de réseaux, d'anneaux, de spirales, etc.

Suivant la disposition de l'épaississement, on distingue des cellules ponctuées, rayées, annelées, etc. (fig. 16).

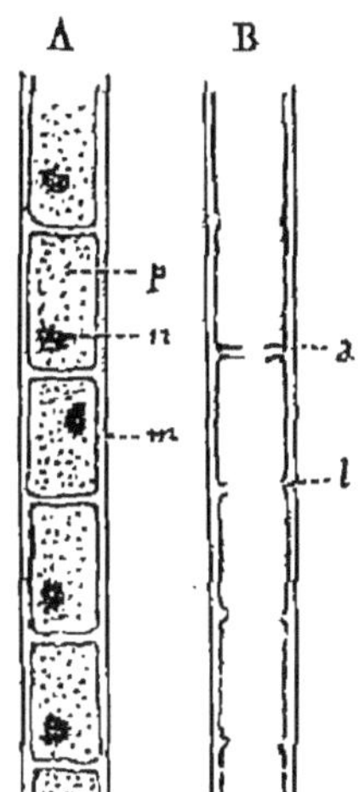

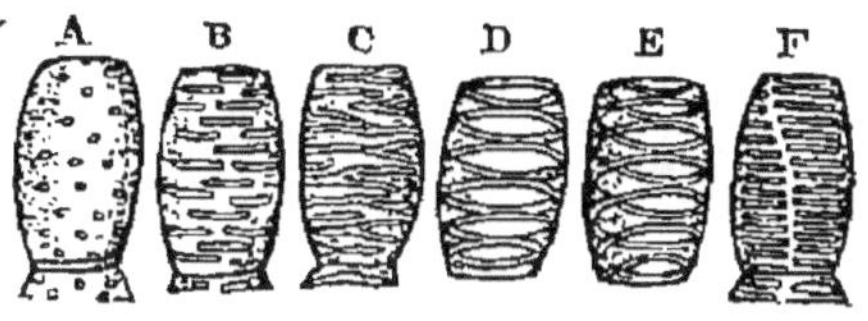

Fig. 16. — A, cellule ponctuée (graines de Dattier). — B, cellule rayée (Sureau). — C, cellule réticulée (Gui). — D, cellule annelée (Gui). — E, cellule spiralée (Orchis). — F, cellule scalariforme (Fougère).

Fig. 15. — A, cellules vivantes destinées à former un vaisseau par la destruction des cloisons transversales. *p*, protoplasma ; *n*, noyau ; *m*, membrane. — B, vaisseau formé ; on voit en *a* une cloison transversale en voie de résorption, en *l* et ailleurs la trace des cloisons résorbées.

Les fibres et les vaisseaux provenant de ces cellules à épaississements variés prennent les mêmes dénominations ; ainsi, on distingue des fibres et des vaisseaux ponctués, rayés, réticulés, annelés, spiralés, scalariformes, etc. (fig. 29). Ces qualifications ne demandent pas d'autre explication.

20. Groupement des cellules en tissus. — Dans quelques plantes, les cellules demeurent libres pendant tout le cours de leur existence. Les Diatomées, les Bactéries, etc., sont dans ce cas ; ce sont des *plantes unicellulaires*.

La cellule isolée de la sorte remplit à elle seule toutes les fonctions nécessaires à sa vie.

Mais le plus souvent, en se multipliant, les cellules restent associées en nombre plus ou moins grand ; leur ensemble forme un *tissu* (fig. 17).

Une association de cellules de même forme constitue le *tissu cellulaire* ou *parenchyme*; la moelle de Sureau, le tissu d'une Pomme de terre, d'une Poire, etc., fournissent de bons exemples de parenchyme.

Le tissu est dit *fibreux* ou *vasculaire*, suivant qu'il est formé par des fibres ou par des vaisseaux. Le bois est composé de ces deux tissus.

21. Méats, lacunes. — Dans la formation des tissus, il arrive souvent que les cellules laissent entre elles, vers les angles surtout, de petits espaces vides nommés *méats intercellulaires* (fig. 17, A et C, *m*). Lorsque les méats deviennent très volumineux, on leur donne le nom de *lacunes* (fig. 17, C, *l*). Les méats et les lacunes se rencontrent

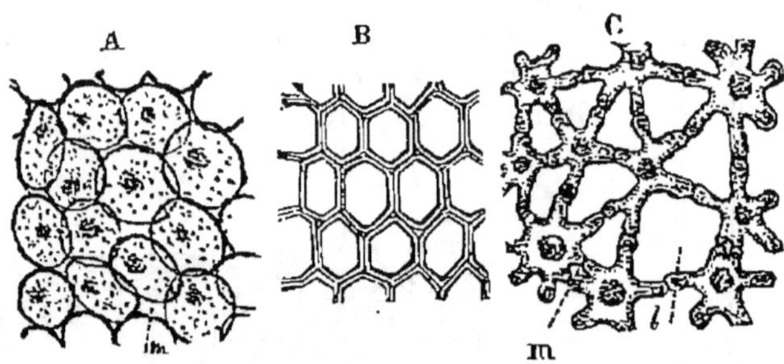

Fig. 17. — A, tissu formé de cellules arrondies présentant des méats *m* plus ou moins grands. — B, tissu constitué par des cellules prismatiques, ne laissant que des méats très petits ou nuls. — C, tissu composé de cellules étoilées (tige de Jonc) offrant des méats *m* et des lacunes *l*.

principalement dans le tissu cellulaire; les feuilles, les plantes aquatiques, les Mousses, les Lichens, les Champignons, en offrent de nombreux exemples.

22. Différentes sortes de tissus. — Les tissus qui forment le corps de la plante se partagent en deux groupes : les *tissus vivants*, formés de cellules vivantes, c'est-à-dire remplies de protoplasma, et les *tissus morts*, dont les cellules, les fibres et les vaisseaux ne contiennent plus de protoplasma.

Les tissus morts sont désormais fixés dans leur forme et leur structure; ils ne subissent aucun changement ultérieur.

23. Tissus vivants. — Les principaux *tissus vivants* sont : le *tissu formateur* ou *méristème*, le *parenchyme*, le *tissu sécréteur* et l'*épiderme*.

Le *tissu formateur* ou *méristème* demeure toujours jeune; les cellules sont gorgées de protoplasma et se divisent continuellement. Ce tissu constitue le sommet des bourgeons et la pointe des racines; en général, on le trouve dans toutes les régions de la plante qui sont en voie de croissance.

Le *parenchyme* ou *tissu cellulaire* forme le corps de toutes les plantes inférieures, Muscinées, Algues, Lichens et Champignons. Les feuilles, les fruits, les racines charnues (Betterave, Carotte, Rave), les tubercules (Pomme de terre), en fournissent aussi des exemples.

Le *tissu sécréteur* est formé de cellules et de tubes destinés à recevoir les résidus de l'alimentation de la plante. Les canaux qui renferment la résine, la gomme et le latex sont des exemples de tissu sécréteur (fig. 13 et 14).

L'*épiderme* des feuilles et des tiges est formé par des cellules cutinisées extérieurement, et étroitement unies entre elles par leurs faces latérales; c'est un tissu protecteur, s'opposant surtout à l'évaporation, et, par suite, à la dessiccation de la plante. L'épiderme est percé de nombreux orifices microscopiques nommés *stomates* (fig. 72).

24. Tissus morts. — Les *tissus morts* comprennent le *tissu conducteur* et le *sclérenchyme* ou *tissu de soutien*.

Le *tissu conducteur* est essentiellement formé par les fibres et les vaisseaux.

Les vaisseaux spiralés, annelés, scalariformes, et les vaisseaux du bois des Conifères (Pin, Sapin, etc.), montrent, de distance en distance, des cloisons plus ou moins obliques non résorbées; on les nomme *vaisseaux imparfaits.* Dans les vaisseaux ponctués, la résorption des cloisons transversales étant toujours complète, ce sont des *vaisseaux parfaits.*

Les liquides et les gaz qui parcourent la plante progressent d'autant plus rapidement, que les vaisseaux sont plus longs et les cloisons transversales plus rares; tels sont les vaisseaux ponctués (fig. 29, *vp*).

On a donné le nom de *vaisseaux aréolés* (fig. 18) à des vaisseaux imparfaits, relativement courts et terminés en biseau, dont les parois épaisses portent des ponctuations ou *aréoles*, présentant l'aspect de deux petits cercles concentriques; ces petits cercles sont formés par une membrane mince, à travers laquelle doivent filtrer les liquides et les gaz. Les vaisseaux aréolés constituent presque exclusivement le bois du Sapin, du Pin, du Mélèze, etc. Enfin, il existe d'autres

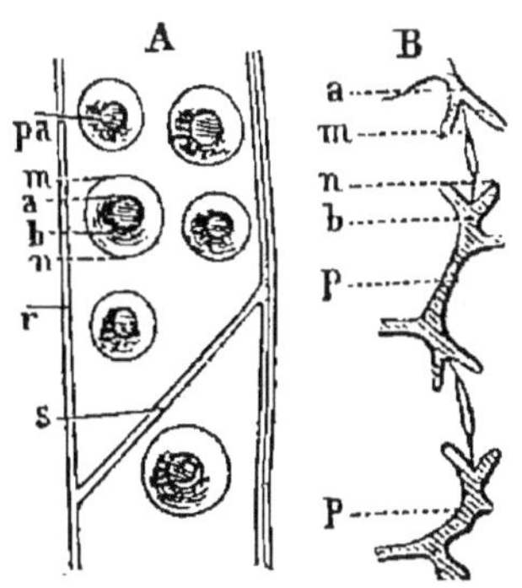

Fig. 18. — A, section longitudinale de deux vaisseaux aréolés terminés par une cloison oblique *s*, et présentant des ponctuations aréolées *pa*; chaque aréole est constituée par deux cercles concentriques *ab* et *mn*; *r*, paroi du vaisseau. — B, section transversale suivant deux ponctuations aréolées; la circonférence extérieure est indiquée par les lettres *ab*, et la circonférence intérieure par les lettres *mn*; *p*, paroi des vaisseaux.

vaisseaux, connus sous le nom de *vaisseaux criblés* ou *grillagés* (fig. 19), destinés à transporter la *sève élaborée*, depuis les feuilles jusqu'aux points où elle doit servir à l'accroissement des organes.

Les cloisons transversales des vaisseaux criblés ne se résorbent jamais, elles sont seulement percées de petits trous analogues à ceux d'un crible; de là, le nom de vaisseaux criblés (fig. 30).

Au lieu de renfermer un liquide clair et très fluide, comme la sève brute, qui circule dans les vaisseaux du bois, les vaisseaux criblés contiennent la sève élaborée, liquide épais analogue au protoplasma.

La circulation de la sève élaborée se fait avec une extrême lenteur, servant sur son passage à l'entretien et à la nutrition des tissus.

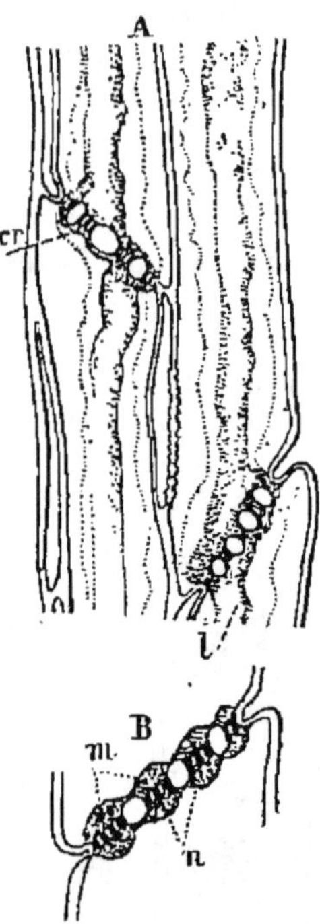

Les vaisseaux grillagés présentent une autre particularité bien digne de remarque. Les fonctions de nutrition étant suspendues pendant l'hiver d'une manière à peu près complète, du moins dans les régions tempérées, les petits trous qui constituent les cribles se ferment alors, et toute la cloison transversale se recouvre d'une substance de nature albuminoïde nommée *cal.* (fig. 19, B), qui interrompt la communication de cellule à cellule. Le cal se résorbe dès le retour du printemps, et les communications se rétablissent.

Les vaisseaux criblés ou grillagés se rencontrent exclusivement dans

Fig. 19. — Vaisseaux criblés de la Vigne. — A, les cloisons obliques sont perforées d'orifices *cr*, nommés *cribles*, par lesquels passent les liquides *l*. — B, fragment de tube criblé examiné en hiver ; les cribles *n* sont bouchés par une substance *m*, formant le *cal* ; le cal se dissoudra au retour du printemps. Les points blancs représentent les portions de la paroi oblique restées intactes.

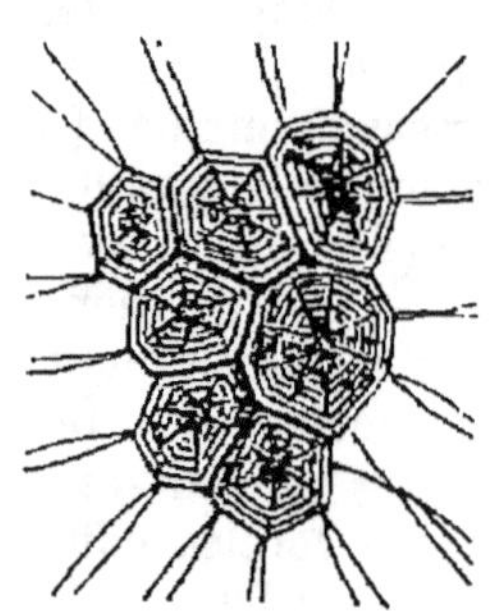

Fig. 20. — Groupe de cellules du sclérenchyme montrant les parois très épaissies, et par suite, à cavité centrale presque nulle.

une région que l'on confondait autrefois avec l'écorce, et qu'on nomme avec plus de raison le *liber ;* les vaisseaux grillagés sont donc des *vaisseaux du liber* ou *libériens.*

Le *sclérenchyme* ou *tissu de soutien* est formé de fibres et de vaisseaux lignifiés, à cavité centrale presque nulle, par suite de l'épaississement excessif des parois (fig. 20). Le tissu sclérenchymateux joue dans la plante un rôle protecteur en solidifiant les organes dans lesquels il se produit. C'est le sclérenchyme qui forme la plus grande partie du bois, et favorise ainsi le développement des branches et des feuilles.

Les plantes aquatiques sont à peu près dépourvues de sclérenchyme.

CHAPITRE II

LA RACINE

CARACTÈRES GÉNÉRAUX, STRUCTURE ET FONCTIONS

§ I

Caractères généraux de la racine.

25. Définition. — La racine est un membre de la plante qui se développe de haut en bas suivant la verticale, et dont l'accroissement en longueur est illimité ; la racine ne porte jamais de feuilles ; le sommet est pourvu d'un appareil protecteur appelé *coiffe*.

26. Origine de la racine et son accroissement en longueur. — Lorsqu'une graine germe, le premier membre qui se montre est la *racine principale*, produite par la radicule de la plantule.

La racine s'accroît d'une façon très particulière. Si l'on marque sur une racine en voie de croissance dix traits équidistants d'un centimètre à partir du sommet (fig. 21, A), au bout de quelques jours, on voit que le premier centimètre seulement, c'est-à-dire le plus rapproché de la pointe, se sera beaucoup allongé (fig. B),

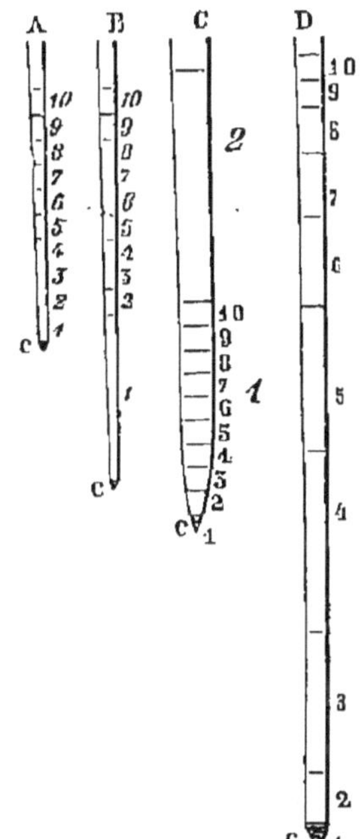

Fig. 21. — Figure théorique pour expliquer l'accroissement de la racine en longueur ; c, coiffe. —

A, racine jeune divisée en dix intervalles d'un centimètre. — B, après un certain temps, on constate que le premier centimètre s'est seul allongé. — C, les intervalles 1 et 2 représentent des centimètres ; le premier centimètre a été divisé en dix intervalles de 1 millimètre. — D, après quelque temps, on voit que le premier millimètre ne s'est pas accru ; le second s'est allongé très sensiblement, le troisième est devenu beaucoup plus grand que le second, le quatrième encore davantage ; à partir du cinquième, l'allongement diminue, et au neuvième il est nul.

tandis que les neuf autres n'auront pas été modifiés. C'est donc dans le premier centimètre, à partir du sommet, que se produit l'allongement de la racine.

En divisant maintenant le premier centimètre d'une autre racine semblable en dix intervalles d'un millimètre (fig. C), après un certain temps, on constate (fig. D) que le premier millimètre est resté fixe, que le second s'est allongé sensiblement, le troisième s'est allongé beaucoup plus que le second, le quatrième plus encore ; à partir du cinquième millimètre, l'allongement diminue pour devenir nul au neuvième.

D'où l'on conclut que c'est dans la région voisine de l'extrémité que l'allongement a lieu ; il y est localisé. C'est vers le troisième et le quatrième millimètre que se produit le maximum de l'allongement.

Il résulte de cette localisation de l'accroissement, que si l'on coupe le premier centimètre d'une racine, celle-ci ne s'allonge plus. Duhamel tronqua la racine d'un arbre, et une brique placée sous la partie coupée n'avait subi aucune pression après plusieurs années.

L'extrémité du sommet ne s'accroît pas à cause de la présence de la coiffe.

27. La coiffe. — La *coiffe* est un petit organe protecteur situé à l'extrémité de la racine (fig. 22, c) ; on la distingue facilement à sa couleur plus foncée ou jaunâtre, et à son tissu beaucoup plus résistant que celui du sommet de la racine.

La fonction de la coiffe est de protéger l'extrémité délicate de la racine pendant l'accroissement ; de sorte que la racine peut s'allonger dans le sol sans être déchirée par les petits fragments de pierre qu'elle rencontre. L'existence de la coiffe est un des caractères distinctifs de la racine.

La coiffe s'exfolie constamment à la surface, mais elle se renouvelle en même temps par sa partie interne ; d'où il résulte que son épaisseur reste constante.

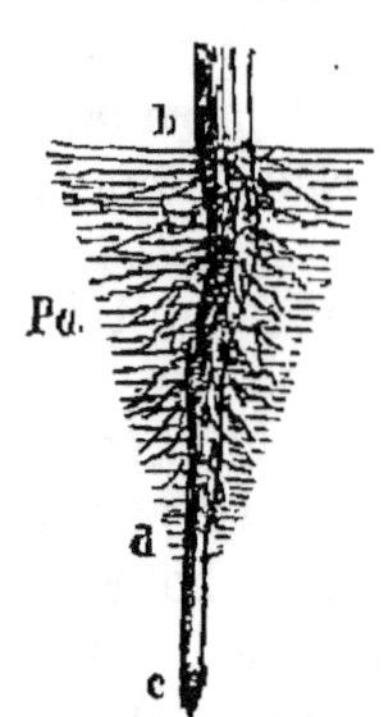

Fig. 22. — Extrémité d'une racine de Haricot. — *c*, coiffe ; *pa*, poils absorbants ; *bd*, région pilifère.

Les plantes aquatiques ont aussi une coiffe, qui protège l'extrémité des racines contre les êtres vivants, toujours très nombreux dans l'eau.

28. Poils absorbants. — Dès que la radicule a pénétré dans le sol pour former la racine principale, celle-ci se recouvre de poils absorbants très nombreux, d'autant plus longs qu'ils sont plus éloignés de la coiffe (fig. 22). La partie de la racine ainsi pourvue de poils a reçu le nom de *région pilifère*.

Les poils absorbants se renouvellent à mesure que la racine s'allonge ; c'est ce qui explique pourquoi la région pilifère présente toujours à peu près la même longueur, quel que soit l'âge de la plante. Le rôle des poils est d'augmenter la surface d'absorption, trop étroite si elle était limitée aux parois extérieures des cellules superficielles de la racine. La région pilifère est le siège de l'absorption des liquides du sol, ainsi qu'on le verra plus loin.

Quand on arrache brusquement une jeune racine, on brise les poils, lesquels restent dans le sol ; mais en arrachant avec précaution un pied de Blé, par exemple, on voit (fig. 23) que la région pilifère est entourée d'un manchon de petites particules de terre, sur lesquelles les poils se contournent et se moulent exactement. Ce contact est nécessaire pour l'absorption des liquides contenus dans le sol.

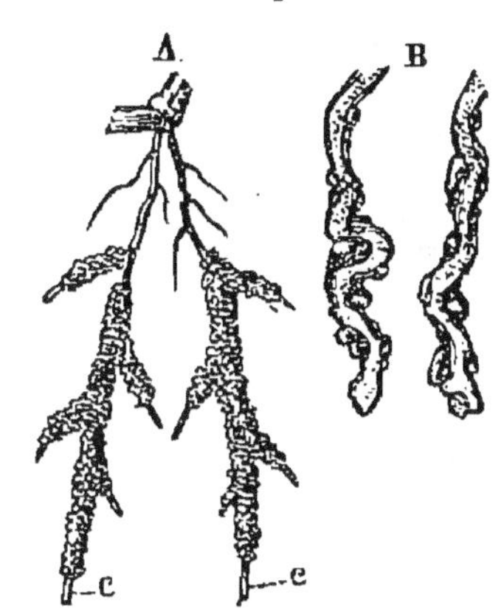

Fig. 23. — A, racine de Seigle arrachée avec soin d'un sol sablonneux. Les régions pilifères sont couvertes de *particules de sable*, tandis que les coiffes *c* en sont dépourvues. — B, deux poils absorbants fortement grossis ; ils se contournent et se moulent sur les particules de terre.

29. Différentes formes de racines. — D'après leur forme et leur mode de développement, on distingue des *racines pivotantes* et des *racines fasciculées*.

30. Racines pivotantes. — Les *racines pivotantes* (fig. 24) sont celles dont l'axe principal a conservé la prédominance sur toutes ses ramifications : Pin, Chêne, Betterave, Carotte, etc.

Dans une racine pivotante adulte, on peut distinguer le *collet*, qui la sépare de la tige ; le *corps* ou *pivot*, et les *radicelles* ou *chevelu*.

31. Racines fasciculées. — On a donné le nom de *racines fasciculées* (fig. 25), à celles dont le pivot s'arrête de bonne heure dans son accroissement. Dans ce cas, les racines secondaires ou radicelles sont plus développées que la racine principale. La plupart des Monocotylédones et quelques Dicotylédones ont des racines fasciculées.

Lorsque les racines pivotantes et les racines fasciculées se gorgent de sucs et de réserves nutritives, elles sont connues sous le nom de *racines charnues* ou *tuberculeuses* (Betterave, Carotte, Dahlia).

32. Racines adventives. — On appelle

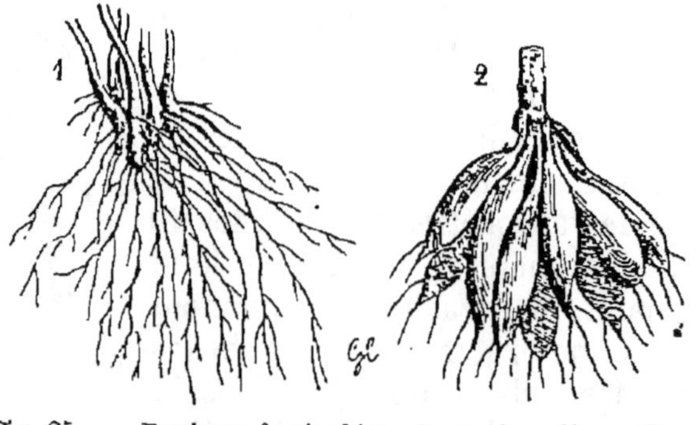

Fig. 25. — Racines fasciculées. 1, racine d'une Graminée; 2, racine du Dahlia; les radicelles se sont remplies de réserves nutritives.

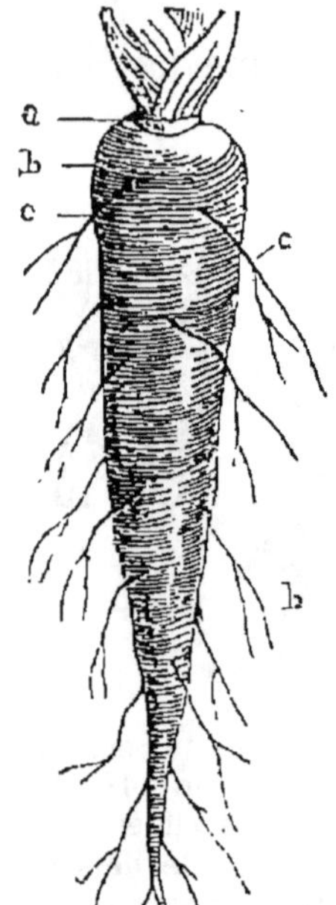

Fig. 24. — Racine pivotante de la Carotte. — *a*, collet; *b*, corps; *c*, radicelles.

racines adventives (fig. 26), celles qui naissent sur la tige ou qui se produisent artificiellement sur les boutures. Dans les conditions normales, elles se développent sur les tiges horizontales des Iris, des Fraisiers, sur les tiges aériennes du Lierre, etc.

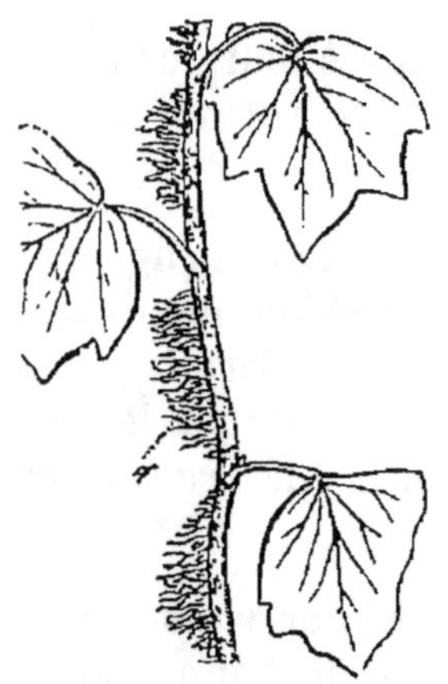

Fig. 26. — Un fragment de tige de Lierre portant des racines adventives *r*.

Dans la culture, on a intérêt à faciliter la production des racines adventives parce qu'elles augmentent la surface de l'absorption. De là l'emploi du *rouleau* dans la grande culture. Quand on passe cet instrument sur un champ de Blé encore jeune, on couche les plants sur le sol, de sorte que la tige, le touchant par plusieurs points, développe à chaque nœud un grand nombre de racines adventives. Chaque pied, recevant une plus grande quantité de nourriture, émettra de nouvelles tiges; alors le Blé *thalle,* comme disent les cultivateurs.

§ II

Structure de la racine.

33. **Structure primaire de la racine.** — Pour étudier la structure d'une racine, on considère d'abord une coupe transversale pratiquée vers le milieu de la région pilifère d'une racine jeune (fig. 27) ; plus tard, cette *structure primaire* se modifiera et donnera la *structure secondaire*, qui sera étudiée plus loin sous le titre de *formations secondaires*.

Cette section montre la structure de la racine constituée par deux groupes de tissus : *l'écorce* et le *cylindre central*.

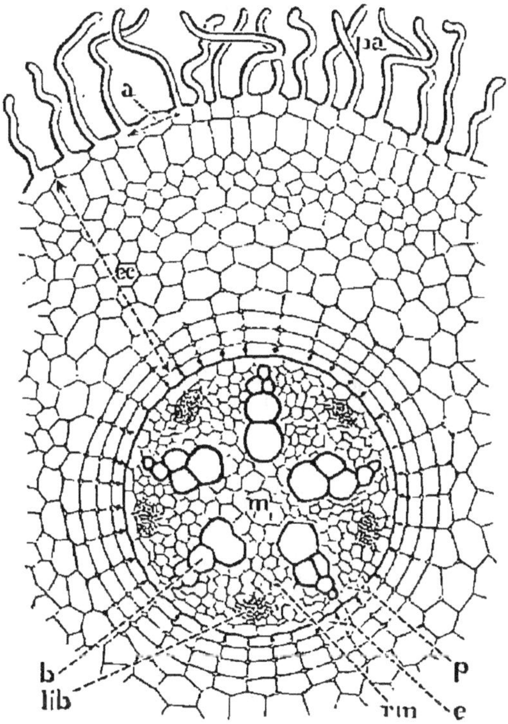

34. Écorce. — L'Écorce présente, de l'extérieur à l'intérieur : *l'assise pilifère*, le *parenchyme cortical* et *l'endoderme*.

Assise pilifère. — L'assise pilifère (*a*) est formée d'une couche de cellules se développant ou pouvant se développer en poils absorbants (*pa*).

Parenchyme cortical. — Le *parenchyme cortical* (*ec*) forme la partie la plus épaisse de l'écorce. Il comprend plusieurs assises de cellules, dont les plus internes sont disposées régulièrement dans la di-

Fig. 27. — Coupe transversale d'une racine jeune, pratiquée vers le milieu de la région pilifère. — *ec*, écorce entourée de l'assise pilifère *a*, produisant les poils absorbants *pa*; *e*, endoderme, dont les plissements des parois cellulaires sont figurés par des points; *b*, faisceaux du bois; *lib*, faisceaux du liber; *p*, péricycle ou assise rhizogène dont les cellules s'appuient sur les faisceaux ligneux et les faisceaux libériens; *rm*, rayons médullaires primaires; *m*, moelle.

rection des rayons de la section, tandis que les cellules externes sont souvent sans ordre apparent.

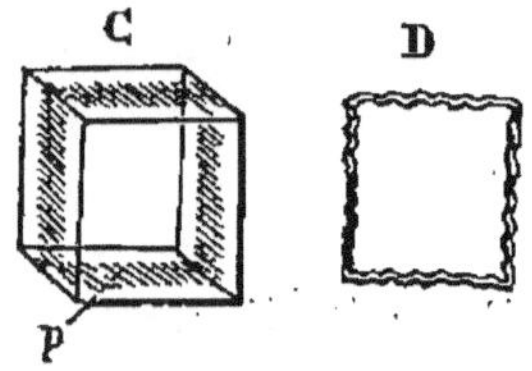

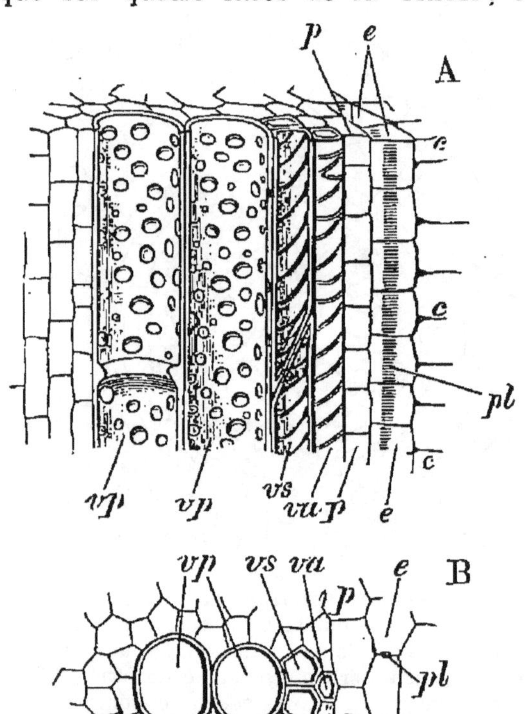

Fig. 28. — C, une cellule isolée de l'endoderme, montrant les plissements transversaux *p* des quatre faces latérales.— D, coupe de la même cellule pratiquée parallèlement aux deux faces dépourvues de plissements.

Endoderme. — L'endoderme (*e*) est la couche la plus interne de l'écorce. Il est formé par des cellules étroitement unies entre elles, et se lignifiant de bonne heure. De plus, la région lignifiée présente une série de plissements analogues

à des dents d'engrenage (fig. 28). Ces plissements ne s'observent que sur quatre faces de la cellule: la face tournée vers le cylindre central et celle qui est tournée vers l'extérieur en sont dépourvues. Grâce à ces plissements, les cellules endodermiques sont toutes engrenées entre elles, ce qui donne à cette assise une très grande solidité; elle sert de gaine protectrice au cylindre central.

Sur la coupe transversale de la racine, les plissements sont représentés par des points noirs.

35. Cylindre central. — Le cylindre central comprend, de l'extérieur à l'intérieur: le *péricycle*, les

Fig. 29. — A, coupe longitudinale dans un faisceau du bois. — *vp*, vaisseaux ponctués; *vs*, vaisseau spiralé; *va*, vaisseau annelé; *p*, péricycle; *e*, endoderme; *c*, parenchyme cortical; *pl*, plissements de l'endoderme. — B, coupe transversale dans le même faisceau.　　　　　　　　(Gaston BONNIER.)

faisceaux du bois, les *faisceaux du liber* et le *tissu conjonctif.*

Péricycle. — Le *péricycle* (*p*) est situé immédiatement sous l'endoderme ; il est formé d'une ou plusieurs couches de cellules capables de se diviser pendant longtemps. C'est à elles

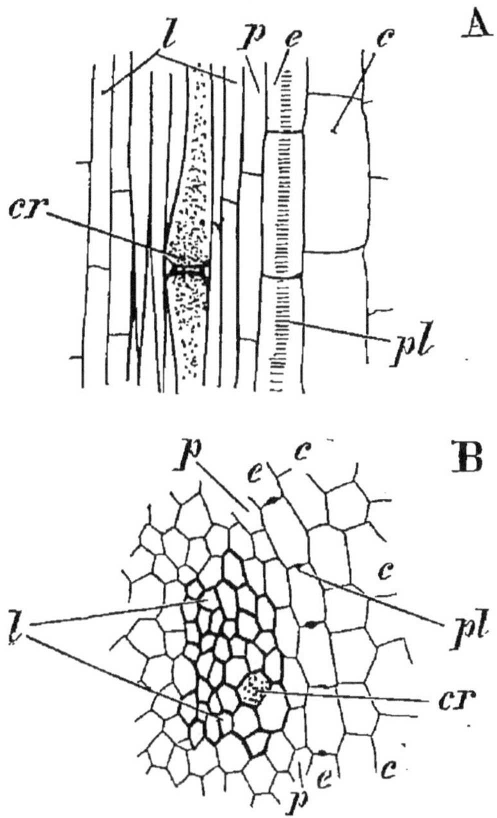

Fig. 30. — A, coupe longitudinale dans un faisceau du liber. — *cr*, vaisseau criblé rempli de sève élaborée ; *l*, cellules libériennes ; *p*, péricycle ; *e*, endoderme ; *pl*, plissements de l'endoderme ; *c*, parenchyme cortical. — B, coupe transversale dans le même faisceau. — *cr*, paroi transversale d'un vaisseau criblé. (Gaston BONNIER.)

qu'appartient d'ordinaire la formation des racines secondaires ou radicelles ; aussi a-t-on donné à leur ensemble le nom d'*assise rhizogène*.

Faisceaux du bois. — Les *faisceaux du bois* (*b*) s'appuient directement contre le péricycle. Chacun d'eux est formé de tubes très allongés, à parois lignifiées, et sont de plus en plus larges à mesure qu'on se rapproche davantage du centre. Les vaisseaux les plus étroits, c'est-à-dire les plus extérieurs, se sont formés les premiers ; c'est là un caractère important de la racine. On verra que le bois de la tige présente un développement inverse.

Une section longitudinale dans un de ces faisceaux ligneux (fig. 29, A), montre que les vaisseaux les plus rapprochés de l'axe de la racine sont des vaisseaux ponctués ou rayés; ce sont des vaisseaux parfaits. Dans les vaisseaux plus étroits, les cloisons transversales, plus ou moins inclinées, ne sont pas complètement détruites; ce sont des *vaisseaux imparfaits*. Les vaisseaux du bois sont destinés à conduire la sève brute.

Faisceaux du liber. — Les *faisceaux du liber* (fig. 27, *lib*) alternent avec les faisceaux du bois, mais ils s'avancent beaucoup moins vers le centre de la racine. Les vaisseaux qui les constituent sont à parois minces, presque lisses et non lignifiées.

Sur une coupe longitudinale (fig. 30, A), on voit que tous les vaisseaux ne se ressemblent pas. Les uns sont formés d'une file de cellules, dont les parois transversales sont percées de très petits trous analogues à ceux d'un crible; ce sont les *vaisseaux criblés* ou *grillagés* (fig. 30, *cr*).

Les autres éléments sont des cellules très allongées, appelées *cellules libériennes*,

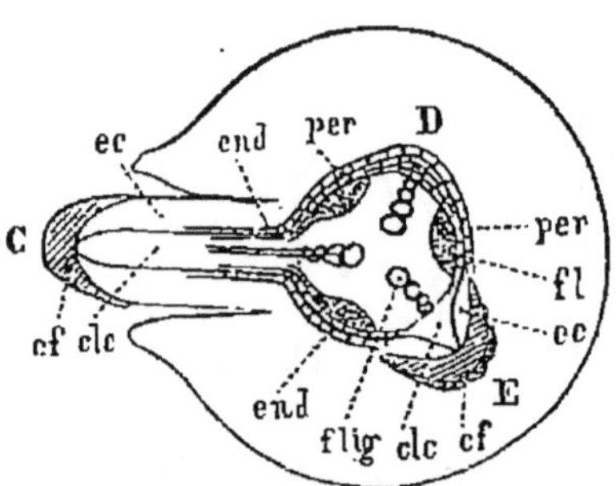

Fig. 31. — Figure théorique pour expliquer le développement des radicelles. — C, radicelle s'allongeant à travers l'écorce qu'elle a déchirée; on voit que cette radicelle est déjà pourvue des trois parties constitutives : la coiffe *cf*, l'écorce *ec* et le cylindre central *clc*. — D, radicelle au début de sa formation. — E, radicelle dont les trois parties sont déjà distinctes : *cf*, coiffe; *ec*, écorce; *clc*, cylindre central. On constate qu'à chacun des trois faisceaux ligneux *flig* correspond une radicelle; *per*, péricycle; *end*, endoderme.

à parois lisses, constituées par de la cellulose presque pure.

Tissu conjonctif. — Le *tissu conjonctif* occupe les espaces compris entre les faisceaux du bois et les faisceaux libériens. Il est formé par des cellules à peu près semblables entre elles et à parois claires. On peut le subdiviser en trois régions : 1º le *péricycle*, en dehors des faisceaux; 2º les *rayons médullaires primaires*, situés entre les faisceaux, et dont les cellules peuvent çà et là épaissir leurs parois; 3º la *moelle*, à cellules dépourvues de protoplasma et occupant le centre de la racine.

36. Développement des radicelles. — Les radicelles se forment aux dépens d'une racine antérieurement développée. C'est dans le

péricycle (fig. 31), c'est-à-dire dans la partie profonde des tissus, qu'elles prennent naissance.

Une radicelle se montre d'abord sous la forme d'une petite protubérance recouverte par l'écorce. Cette protubérance absorbe peu à peu les tissus de l'écorce, jusqu'à ce qu'elle fasse saillie au dehors. Le développement des racines adventives est le même.

Les radicelles naissent toujours le long de la racine principale, et en séries longitudinales de nombre déterminé pour chaque plante; mais, comme elles se développent dans la partie du péricycle située en face de chaque faisceau du bois, il y aura autant de séries longitudinales que le cylindre central comprendra de faisceaux ligneux. Par exemple, on en comptera trois dans la racine dont la coupe transversale est représentée par la figure 31; il y en aurait six (fig. 32).

Une radicelle développée peut jouer le rôle de racine principale, et produire elle-même d'autres radicelles. Pour exprimer la manière dont les radicelles prennent naissance dans la partie profonde des tissus, on

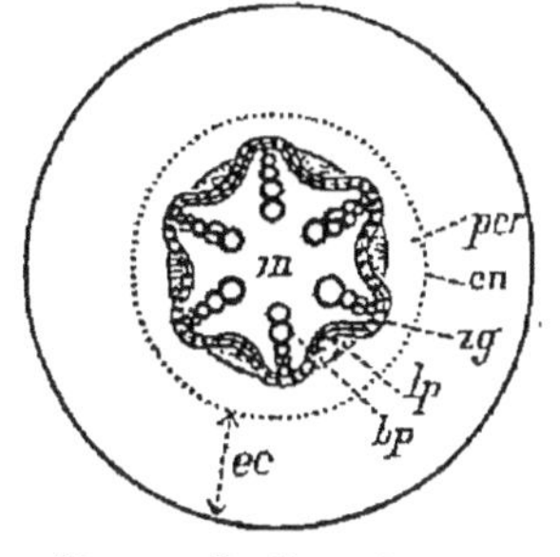

Fig. 32. — Section transversale d'une jeune racine au moment de l'apparition de la zone génératrice. — *ec*, écorce; *en*, endoderme; *pcr*, péricycle; *zg*, zone génératrice; *bp*, bois primaire; *lp*, liber primaire; *m*, moelle.

dit qu'elles ont une *origine endogène*. C'est encore là un caractère essentiel de la racine.

37. Résumé. — Les caractères tirés de la structure primaire de la racine peuvent être résumés ainsi :

1º Un organe de protection, la coiffe ;

2º Une assise pilifère ;

3º Un parenchyme cortical ;

4º Un endoderme ;

5º Un péricycle ou assise rhizogène ;

6º L'alternance des faisceaux du bois avec les faisceaux du liber ;

7º Un tissu conjonctif réunissant ces mêmes faisceaux ;

8º L'origine endogène des radicelles.

38. Formations secondaires ou accroissement en épaisseur de la racine. — La racine est susceptible de s'accroître en diamètre chaque année par des *productions secondaires*, formées par des arcs générateurs qui se développent sur la face interne des faisceaux libériens primaires; les arcs se rejoignent en dehors des faisceaux du bois, au moyen d'un dédoublement des cellules du péricycle, pour former un arc générateur continu et sinueux nommé *zone génératrice zg* (fig. 32). Plus tard (fig. 33), les portions situées en face des faisceaux libériens produiront du *liber* vers l'extérieur et du *bois* vers l'intérieur ; ce liber et ce bois *secondaires* refoulent au dehors le liber primaire.

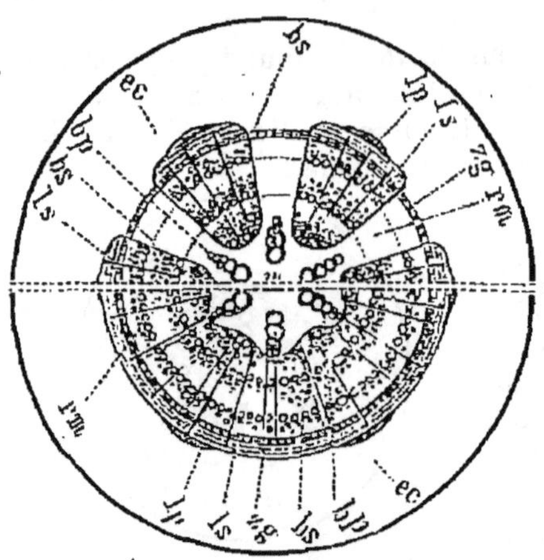

Fig. 33. — Figure théorique pour expliquer les formations secondaires d'une racine de 3 ans. Dans la moitié supérieure, la zone génératrice *zg* ne produit que des formations discontinues ; dans la moitié inférieure, on voit, au contraire, que l'arc libéro-ligneux est complet. Dans les deux parties de la figure, les éléments similaires sont désignés par les mêmes lettres ; *éc*, écorces ; *lp*, liber primaire ; *bp*, bois primaire ; *ls*, liber secondaire ; *bs*, bois secondaire ; *rm*, rayons médullaires ; *zg*, zone génératrice ou cambium ; *m*, moelle.

Les portions des arcs générateurs situées entre les faisceaux libériens ne produisent d'abord que des rayons conjonctifs ou rayons *médullaires*, comme le montre la partie supérieure de la figure 33 ; mais, plus tard, ils forment un anneau libéro-ligneux continu, qui repousse au dehors les faisceaux libériens primaires et laisse dans son intérieur le bois primaire.

Les formations secondaires, représentées par la moitié supérieure de la figure, sont *discontinues*, celles de la moitié inférieure sont *continues*, l'arc libéro-ligneux ne présentant pas de solution de continuité.

On voit que la zone génératrice produit tous les ans une couche de bois secondaire vers l'intérieur et une couche de liber secondaire vers l'extérieur.

§ III

Fonctions de la racine.

39. Fonctions de la racine. — La racine sert, en général, à fixer le végétal au sol ; elle est encore souvent un organe de *réserves nutritives*, que la plante utilisera plus tard lorsqu'elle développera les feuilles, les fleurs et les fruits.

Mais sa fonction principale est d'absorber les liquides du sol,
avec les sels minéraux qu'ils tiennent en dissolution, et de les
transporter jusqu'à la tige, qui les conduira dans les feuilles
pour y être élaborés.

40. Absorption des liquides du sol par les racines. — Il est
facile de mettre en évidence cette importante fonction de la racine. Si l'on prend deux plantes identiques en pleine végétation
(fig. 34), et qu'on en place une
dans le sable sec, et l'autre dans
la terre végétale humide ; la première se dessèche et meurt bientôt, tandis que la seconde continue à prospérer. On sait également qu'en se bornant à arro-
ser les feuilles et la tige d'une
plante, elle périt en peu de
temps.

Le transport de la sève brute
dans les feuilles, par l'intermédiaire de la racine et de la tige,
est encore prouvé par ce fait
bien connu que lorsqu'on arrose
une plante fanée, on la voit
reprendre en peu de temps l'as-

Fig. 34. — A, vase contenant une plante
qui s'est flétrie par suite d'un manque
d'eau. — B, la même plante a repris
son aspect verdoyant après avoir été
arrosée.

pect verdoyant qu'elle avait avant d'être flétrie par la sécheresse.

Les racines servent donc à nourrir la plante, mais elles ne
pourraient continuer longtemps cette fonction si elles n'absor-
baient que de l'eau pure. Le liquide que les racines puisent dans
le sol est chargé de diverses substances en dissolution ; c'est ce
liquide que l'on connaît déjà sous le nom de *sève brute*, de *sève
non élaborée* ou de *sève ascendante*.

41. Siège de l'absorption. — Le siège de l'absorption est
localisé dans la *région pilifère*, et non à l'extrémité même des
radicelles, comme on l'a cru longtemps. Pour le constater (fig. 35),
on fait tremper la région pilifère d'une racine appartenant à une
jeune plante en pleine végétation, dans un vase contenant de
l'eau, en ayant soin de ployer la racine de façon que les parties
dépourvues de poils absorbants soient en dehors de l'eau. Dans
ces conditions, la plante continue à végéter comme si la racine
tout entière était plongée dans l'eau.

Si, au contraire, on laisse la partie pilifère en dehors de l'eau, et qu'on y maintienne les deux extrémités dépourvues de poils, la plante se flétrit et meurt.

Ainsi, la région pilifère est bien le siège exclusif de l'absorption par les racines.

Fig. 35. — La racine absorbe par la région pilifère DE, plongée dans l'eau du vase; C, coiffe.

42. Nature des substances absorbées. — Quelle que soit la ténuité des aliments solides, ils ne sauraient être absorbés s'ils ne sont préalablement rendus solubles.

Les substances absorbées sont minérales; mais le plus souvent elles se trouvent à l'état de sels insolubles, tels que les cabornates de chaux et de magnésie, le phosphate de chaux, etc. Dans ce cas, les poils absorbants sécrètent un liquide qui digère ces substances pour les absorber à l'état de bicarbonates ou de phosphates acides, et par suite solubles. Pour vérifier cette digestion des sels insolubles par les poils de la racine, on sème des graines quelconques, des Pois, par exemple, sur une plaque de marbre recouverte d'une légère couche de sable qu'on a soin de maintenir dans un état d'humidité convenable; si après quelques jours de germination on lave la plaque de marbre, on voit que les jeunes racines ont marqué leur empreinte en creux sur la surface de cette plaque; certains Lichens (*Verrucaria calcivora*) digèrent les calcaires les plus durs; le verre lui-même est corrodé par divers Champignons. Les poils absorbants sécrètent donc un liquide acide qui dissout les minéraux.

Les matières en dissolution ne sont pas toutes absorbées avec la même rapidité; elles suivent absolument les mêmes règles que la diffusion des liquides à travers les filtres. Une même dissolution n'est pas non plus absorbée avec la même activité par deux plantes différentes, et, dans tous les cas, la racine absorbe toujours plus d'eau que de sel. L'expérience prouve que les phosphates, les nitrates et les autres sels de potasse sont absorbés en grande quantité, tandis que les sels de soude ne le sont que faiblement.

43. Expérience de Dutrochet. — Les substances nutritives dissoutes pénètrent dans les tissus par *osmose*. Les phénomènes osmotiques ont été expliqués par Dutrochet.

Lorsque deux liquides de densité différente (fig. 36), et pouvant se mélanger, sont séparés par une membrane organique, le liquide moins dense se porte, à travers la membrane, vers le liquide le plus dense pour se mêler à lui, et le courant ne cesse que lorsqu'il y a équilibre de densité entre le liquide intérieur et le liquide extérieur.

Au bout de quelque temps, on constate que le niveau du liquide est monté dans le tube et s'est élevé d'une hauteur *rr*. L'élévation de l'eau dans le tube est due à ce que l'eau pure du vase traverse la membrane organique beaucoup plus vite que l'eau sucrée passant du tube dans le vase. Cette hauteur peut atteindre deux mètres si l'expérience est suffisamment prolongée.

On a donné le nom de *force osmotique* à la force qui fait monter l'eau sucrée dans le tube.

Les conditions d'osmose se trouvent exactement réalisées dans la plante.

En effet, les cellules qui constituent les poils de la racine sont remplies de protoplasma, matière dense, albuminoïde, dont le pouvoir osmotique est très puissant. Par conséquent, le contenu cellulaire attirera l'eau du sol et les substances dissoutes ; et comme les cellules pilifères cèdent l'eau et les sels aux cellules sous-jacentes, l'absorption se continuera de proche en proche dans tous les tissus du corps de la plante.

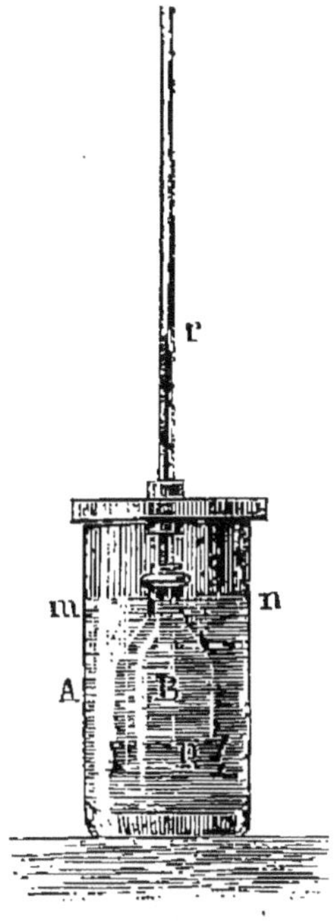

L'équilibre de densité se trouve ainsi détruit à chaque instant par l'activité de la circulation, qui entraîne les matières absorbées vers les feuilles, où ces substances doivent être élaborées. Mais l'excès d'eau s'échappe à travers les feuilles, sous forme de vapeur d'eau transpirée ; par conséquent de nouvelles quantités de liquides sont sans cesse attirées du sol vers les poils absorbants.

Fig. 36. — A, vase contenant de l'eau pure. — B, vase renfermant de l'eau sucrée et dont le fond est fermé par une membrane perméable P. Le niveau du liquide sucré, d'abord en *mn*, s'est élevé après un certain temps en *r*.

En réalité, c'est la transpiration de l'eau par les feuilles, et la consommation des substances par les tissus vivants qui règlent l'absorption.

44. Circulation de la sève dans la plante. — La sève brute, puisée dans le sol par les poils absorbants (fig. 37), traverse le parenchyme cortical et arrive dans les vaisseaux du bois *v* ; là, poussée par la force osmotique, elle s'élève dans les vaisseaux du bois de la tige, qui la portent dans les feuilles, où elle sera transformée en *sève élaborée*.

La sève élaborée, contenant les aliments propres à la nourriture de la plante, est prise par les vaisseaux libériens, qui la distribuent dans toutes les parties du végétal, depuis le sommet de la racine jusqu'au bourgeon qui occupe le sommet de la tige.

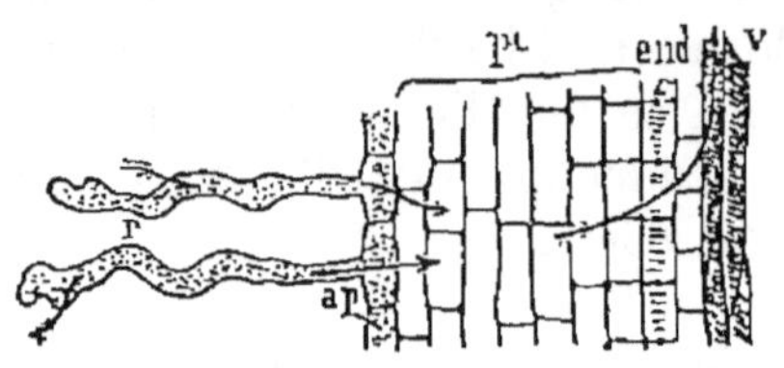

Fig. 37. — Figure théorique pour expliquer la marche de la sève brute dans la racine. — *p*, poils absorbants remplis de protoplasma; *ap*, assise pilifère; *end*, endoderme avec ses cellules à parois plissées; *v*, vaisseaux du bois destinés à porter la sève brute dans la tige et de là dans les feuilles; *pc*, parenchyme cortical. La marche des liquides du sol est indiquée par les flèches.

On a donné le nom de *sève ascendante* à la sève brute, et celui de *sève descendante* à la sève élaborée; mais la figure 87 fait voir que la dénomination de sève descendante n'est pas exacte.

45. Causes du mouvement ascensionnel de la sève. — Les causes qui sollicitent la sève à monter dans le corps de la plante, depuis la région pilifère jusqu'au bourgeon qui occupe le sommet de la tige, c'est-à-dire à une hauteur de 100 mètres dans certains cas, sont encore assez mal connues.

On peut cependant faire intervenir deux forces d'ordre physique : la *force osmotique* et la *capillarité;* puis une force d'ordre vital, l'*aspiration*, qui se produit sans cesse dans les feuilles par suite de la transpiration.

46. Expérience de Hales. — La force ascensionnelle de la sève a été mesurée pour la première fois par Hales.

L'expérience du botaniste anglais consiste à couper une plante en pleine végétation un peu au-dessus du sol (fig. 38), soit un cep de Vigne. On remplace la

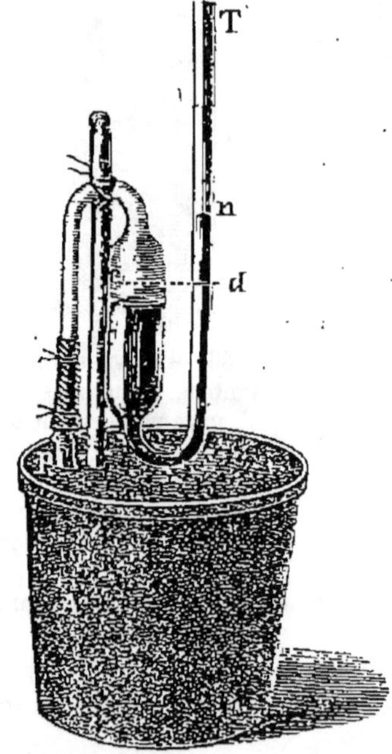

Fig. 38. — Appareil pour expliquer l'expérience de Hales. — A, vase contenant une plante *p*, en pleine végétation. Par suite de l'ascension de la sève, le niveau du mercure, d'abord en *cd*, s'est élevé de *d* en *n* dans le tube vertical T.

tige enlevée par un tube deux fois recourbé, contenant du

mercure, et qu'on attache solidement autour de la section, de façon que la partie coupée soit à l'intérieur du tube. L'appareil étant ainsi disposé, on voit bientôt le mercure s'élever de d en n sous l'action de la force osmotique.

La force osmotique peut être supérieure à une atmosphère, mais elle varie suivant les saisons et les différentes espèces de plantes. C'est à l'époque de l'épanouissement des bourgeons que l'ascension de la sève brute atteint son maximum d'intensité. L'action du mouvement diminue dès que les feuilles ont acquis leur développement complet, et il est à peu près nul en hiver.

47. Usages des racines. — Un grand nombre de racines sont utilisées, soit pour l'alimentation de l'homme et des animaux, soit en médecine, soit dans l'industrie.

Racines alimentaires. — Navet, Radis, Carotte, Salsifis, Manioc, etc.

Racines médicinales. — Guimauve, Consoude, Bardane, Aunée, Bryone, Aconit, Gentiane, Ipécacuanha, Valériane, Raifort, Rhubarbe, etc.

Racines industrielles. — Betterave, Garance, Orcanette, Curcuma, etc.

CHAPITRE III

LA TIGE

CARACTÈRES GÉNÉRAUX, STRUCTURE ET FONCTIONS

§ I

Caractères généraux de la tige.

48. Définition. — La tige est un membre de la plante qui se développe en sens inverse de la racine; elle porte des feuilles, mais elle est dépourvue de poils absorbants et de coiffe. Son accroissement est limité, comme celui de la racine.

49. Nœud et entre-nœud. — On a donné le nom de *nœud* (fig. 39) à la région de la tige où s'attachent une ou plusieurs feuilles, et celui d'*entre-nœud* à l'intervalle compris entre deux nœuds consécutifs. Sur une tige en voie de croissance, on remarque que la longueur des entre-nœuds va en diminuant de la base au sommet.

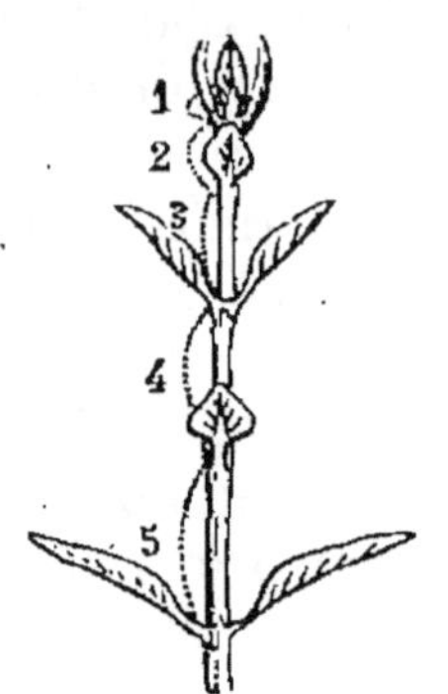

Fig. 39. — Extrémité d'une tige qui croît. La longueur des entre-nœuds 5, 4, 3, 2 et 1 va en diminuant à mesure qu'on approche du sommet.

50. Origine et accroissement de la tige. — La tigelle de l'embryon, en s'allongeant, forme la base de la tige ; le reste de la tige naît de la gemmule. La gemmule s'accroît par son sommet, comme la racine ; mais si, pour étudier l'accroissement, on répète l'expérience que l'on a faite sur la racine, on voit bientôt qu'en même temps que la tige s'accroît par la partie très voisine de son sommet, les entre-nœuds s'allongent aussi.

Cet allongement ultérieur des entre-nœuds dure longtemps ; les feuilles situées le long de la tige peuvent servir de point de repère.

Il y a donc deux accroissements pour la tige :

1° *Accroissement terminal*, qui superpose les éléments nouveaux ;

2° *Accroissement intercalaire*, ou élongation des éléments formés par l'accroissement terminal.

Le sommet végétatif étant dépourvu de coiffe, l'extrémité de la tige se trouve naturellement protégée par un ensemble de petites feuilles qui se recouvrent les unes les autres (fig. 40, D). A mesure que les plus extérieures s'épanouissent, il s'en forme d'autres, en sorte que l'appareil de protection existe toujours.

La coiffe est donc remplacée par un appareil protecteur peut-être plus efficace.

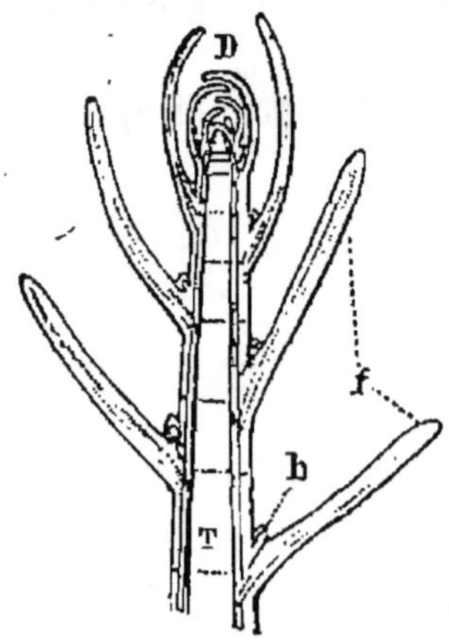

Fig. 40. — Extrémité d'une tige en voie de croissance. — T, tige principale ; *b*, bourgeon axillaire, dont le développement donnera une tige secondaire ou branche ; *f*, feuilles adultes ; D, bourgeon terminal, montrant les jeunes feuilles non encore développées et se superposant pour protéger le sommet végétatif.

51. Ramification de la tige. — La tige principale ou axe primaire de quelques plantes (Blé, Orge, Palmiers, etc.) reste toujours simple, tandis que celle de beaucoup d'autres se ramifie en produisant des tiges ou axes secondaires qui, à leur tour, peuvent se ramifier.

Les ramifications successives s'appellent *branches, rameaux, ramuscules*. Les tiges secondaires, tertiaires, etc., naissent en général immédiatement au-dessus de la feuille ; elles proviennent du développement des *bourgeons* (fig. 40, *b*).

52. Bourgeons. — Les *bourgeons* sont de petits corps ovoïdes se développant, soit à l'aisselle des feuilles, soit au sommet des axes. Ceux qui naissent à l'aisselle des feuilles sont appelés *bourgeons axillaires* ou *latéraux*, par opposition aux *bourgeons terminaux* situés au sommet des axes.

Dans le Lilas, et autres végétaux ligneux à feuilles opposées, il arrive fréquemment que le bourgeon terminal avorte ; dans ce cas, les deux bourgeons axillaires occupent le sommet de l'axe (fig. 41 et 42).

Tandis que les racines secondaires ont une origine profonde (fig. 31), les bourgeons, au contraire, et, par suite, les branches, ont une origine superficielle ; c'est dans la partie la plus externe de l'écorce qu'ils prennent naissance ; ils se montrent sous la forme d'une petite protubérance que recouvre l'épiderme de la tige (fig. 40, *b*), lequel n'est jamais rompu par le bourgeon ; il se prolonge sur la branche sans discontinuité ; les branches ont donc une

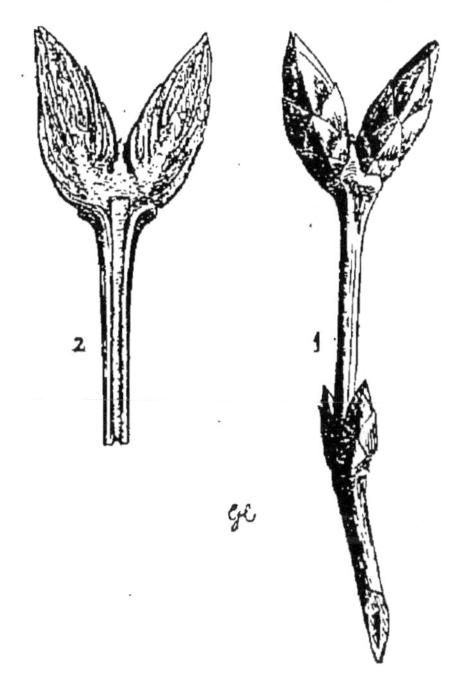

Fig. 41 et 42. — 1, extrémité d'un rameau de Lilas portant 4 bourgeons ; les deux supérieurs paraissent terminaux, par suite de l'avortement du bourgeon terminal. — 2, coupe longitudinale des deux bourgeons supérieurs, montrant le sommet végétatif protégé par les jeunes feuilles, ainsi que le bourgeon terminal avorté, figuré par un petit mamelon situé entre la section longitudinale des deux bourgeons latéraux.

formation exogène ; caractère qui distingue les racines des tiges. On ne connaît pas d'exception à cette origine exogène des bourgeons.

Ordinairement tous les bourgeons nés à l'aisselle des feuilles ne se développent pas. Un bourgeon peut rester très longtemps à l'état latent. C'est ce qui se produit pour la gemmule dans la graine, les bulbes, les tubercules, et pour certains bourgeons normaux, qui ne se développent qu'après plusieurs années, lorsque toute trace de leur origine a depuis longtemps disparu.

Les arbres fruitiers fournissent de nombreux exemples de bourgeons demeurés à l'état latent.

Les bourgeons situés vers le sommet des axes se développent avant les bourgeons inférieurs ; le Mélèze seul semble faire exception à cette règle.

On appelle *bourgeons adventifs* ceux qui se développent sur un point quelconque de la tige, c'est-à-dire ailleurs qu'à l'aisselle des feuilles et au sommet des rameaux. Il s'en produit un grand nombre quand on coupe le pied d'un arbre vigoureux, ou simplement une de ses branches (fig. 43). En général, les bourgeons adventifs peuvent se développer partout où se montrent les racines adventives.

Le Blé a des bourgeons adventifs à l'état latent à chaque nœud de la tige. Ces bourgeons, nourris par les racines adventives qui se développent quand on *roule* le Blé, fournissent d'autres tiges qui donnent autant d'épis.

On a donné le nom de *bourgeons foliifères* aux bourgeons qui ne produisent que des feuilles ; ceux qui produisent des fleurs sont désignés sous le nom de *bourgeons florifères* ; les *bourgeons mixtes* donnent à la fois des feuilles et des fleurs.

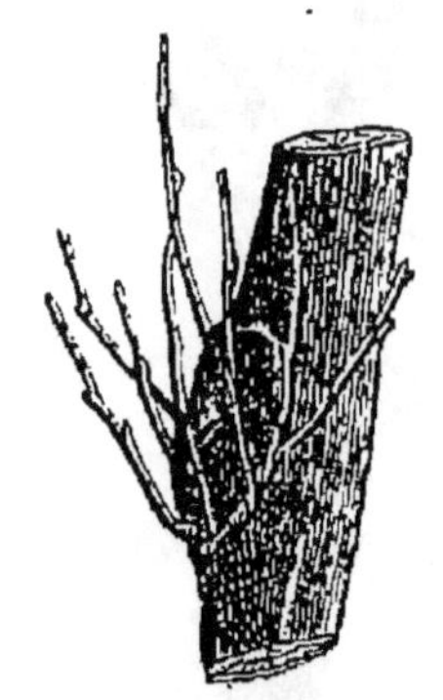

Fig. 43. — Bourgeons adventifs, développés autour de la cicatrice d'une branche coupée.

53. Différentes sortes de tiges. — D'après le milieu dans lequel elles se développent, on distingue des *tiges aériennes* et des *tiges souterraines.*

Parmi les tiges aériennes, il en est qui ne durent qu'une année ; à l'automne elles se flétrissent et se dessèchent. Ces tiges, le plus souvent vertes et de consistance molle, sont appelées *tiges herbacées.*

Les tiges des arbres et des arbustes vivant un grand nombre d'années, dont le tissu est formé de fibres et de vaisseaux à parois lignifiées, se nomment *tiges ligneuses.*

54. Tiges aériennes. — Les tiges aériennes se subdivisent en *tiges dressées*, en *tiges rampantes* et en *tiges grim-pantes*.

Tiges dressées. — Les *tiges dressées*, c'est-à-dire celles qui se développent verticalement, comprennent le *tronc*, le *stipe* et le *chaume*.

Le *tronc* est la tige des *arbres* (Chêne, Hêtre, Pin, Sapin, Mélèze). Il est caractérisé par sa forme conique, par le développement considérable qu'il acquiert en longueur et en diamètre, et par le grand nombre de ses branches. Il peut s'élever à une hauteur de 120 mètres (Séquoia, Eucalyptus), et peut atteindre 12 mètres de diamètre (Baobab).

Le *stipe* est ordinairement simple, cylindrique, plus rarement fusiforme ou conique; il est presque toujours couronné par un bouquet de grandes feuilles; c'est la tige des Palmiers et des Fougères arborescentes des régions tropicales.

Le *chaume* est une tige cylindrique, souvent creuse, présentant des nœuds pleins et renflés au niveau de la naissance des feuilles, qui sont engainantes. Le chaume est la tige des Graminées, comme le Blé, le Seigle, la Canne à sucre.

Tiges rampantes. — Les *tiges rampantes* sont celles qui, trop faibles pour pousser verticalement, restent toujours grêles et rampent sur le sol, où elles développent souvent de nombreuses racines adventives (Pervenche, Ronce, Quintefeuille, Fraisier, etc.).

On a donné le nom de *stolons* (fig. 44) à des rameaux qui naissent à l'aisselle des feuilles d'un plante rampante; les stolons

Fig. 44. — Tige rampante du Fraisier, offrant un exemple de stolons.

sont susceptibles de s'enraciner à leurs nœuds, pour produire de nouvelles plantes, qui deviennent indépendantes par la destruction des entre-nœuds.

Tiges grimpantes. — Les *tiges grimpantes*, comme les tiges rampantes, sont celles qui, n'étant pas assez fortes pour se soutenir dans l'air, s'élèvent en s'appuyant sur tous les supports qu'elles peuvent trouver.

Les appareils qui leur servent à grimper sont très variés; tantôt c'est au moyen de racines adventives appelées *crampons*

(Lierre, fig. 26); tantôt c'est à l'aide d'aiguillons arqués, développés sur la tige et souvent sur les feuilles (Ronce).

Chez d'autres tiges grimpantes, des feuilles ou des rameaux transformés, nommés *vrilles*, s'enroulent ou adhèrent aux supports; la plante s'élève ainsi et peut atteindre une grande longueur (Vigne, Bryone, Pois, etc.).

Dans la Bryone, par exemple, lorsqu'une de ses vrilles rencontre un support, son extrémité s'y enroule plusieurs fois, puis la vrille détermine dans toute sa longueur une torsion en hélice, destinée à la raccourcir, et, par suite, à rapprocher la plante de son appui.

Enfin, chez quelques plantes grimpantes, c'est la tige elle-même qui s'enroule autour du support (fig. 45). Ces tiges sont connues sous le nom de tiges *volubiles* (Liseron, Haricot, Houblon, etc.). Le sens de l'enroulement est constant pour chaque plante. Si la tige s'enroule de *gauche à droite*, c'est-à-dire dans le sens du filet d'une vis, ou dans le sens de la marche des aiguilles d'un cadran par rapport à son observateur, elle est dite *dextrorse* (Liseron, Haricot, Patate); si l'enroulement a lieu de *droite à gauche*, on dit la tige *sinistrorse* (Houblon).

Fig. 45. — Exemples de tiges volubiles. — D, tige volubile *dextrorse* (Liseron). — S, tige volubile *sinistrorse* (Houblon).

55. Tiges souterraines. — Les tiges souterraines sont celles qui se développent dans le sol, à une profondeur plus ou moins grande; elles portent toujours des feuilles réduites à des écailles.

Les principales tiges souterraines sont : les *rhizomes*, les *tubercules* et les *bulbes*.

56. Rhizomes. — Les *rhizomes* (fig. 46) sont des tiges qui rampent à l'intérieur du sol, où elles développent de nombreuses racines adventives et produisent des rameaux aériens ordinaires. Les racines adventives les plus éloignées du sommet meurent peu à peu, et le rhizome se détruit à sa partie postérieure, tandis que l'extrémité plus récente s'éloigne de plus en plus du point de départ. Ainsi, chaque année, les rameaux aériens se déve-

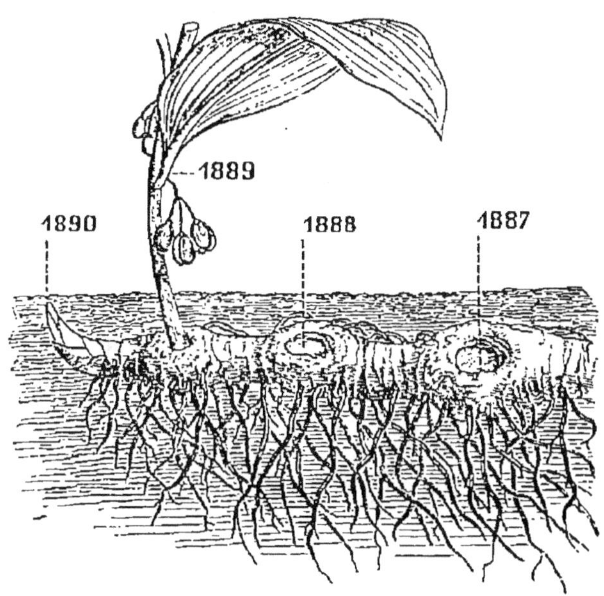

Fig. 46. — Rhizome du Sceau de Salomon, montrant de nombreuses racines adventives, ainsi que les cicatrices laissées par la destruction des rameaux aériens de 1887 et de 1888.

loppent à une place un peu différente de celle de l'année précédente. Le rhizome du Sceau de Salomon voyage de la sorte. On peut constater, sur ce rhizome, la place occupée par les rameaux aériens des années précédentes; les cicatrices y persistent comme des cachets; de là le nom de *Sceau de Salomon* donné à cette plante.

57. Tubercules. — Les *tubercules* (fig. 47) sont des tiges souterraines qui restent courtes et s'épaississent le plus souvent en renflements ou réservoirs nutritifs. Les tubercules portent de toutes petites feuilles transformées en écailles, à l'aisselle desquelles se

Fig. 47. — Tubercule de Pomme de terre montrant deux bourgeons en voie de développement.

montrent les bourgeons qui s'accroissent au printemps, en donnant des rameaux aériens (Pomme de terre, Topinambour, Patate, etc.).

58. Bulbes. — Le *bulbe* (fig. 48) peut être considéré comme un rhizome dont l'axe demeure très raccourci. Un bulbe est ordinairement arrondi, et se compose : 1º d'une *tige* ou *plateau*, portant à la face inférieure des racines nombreuses ; 2º de *tuniques* ou écailles charnues, libres ou soudées, dans lesquelles s'accumulent des matières nutritives ; 3º d'un *bourgeon* plus ou moins central protégé par les écailles. Sur les côtés du plateau, à l'aisselle des feuilles transformées en écailles, on trouve souvent des bourgeons latéraux adventifs nommés *caïeux*.

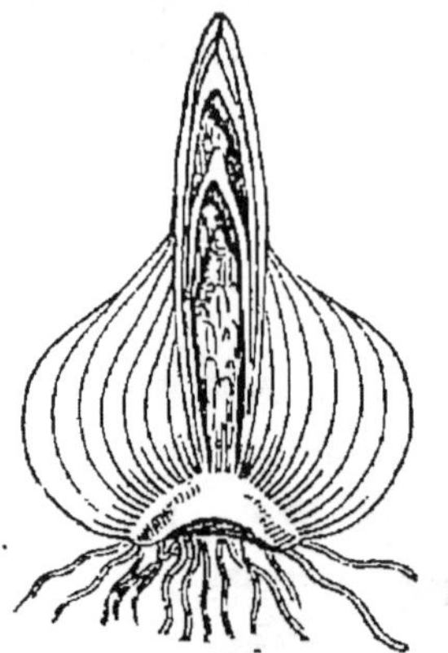

Fig. 48. — Bulbe tuniqué de l'Oignon.

On distingue ordinairement trois sortes de bulbes :

1º Le *bulbe tuniqué* (fig. 48), dans lequel les écailles concentriques se recouvrent complètement les unes les autres comme autant de tuniques (Poireau, Oignon, Jacinthe, etc.).

2º Le *bulbe écailleux* (fig. 49).

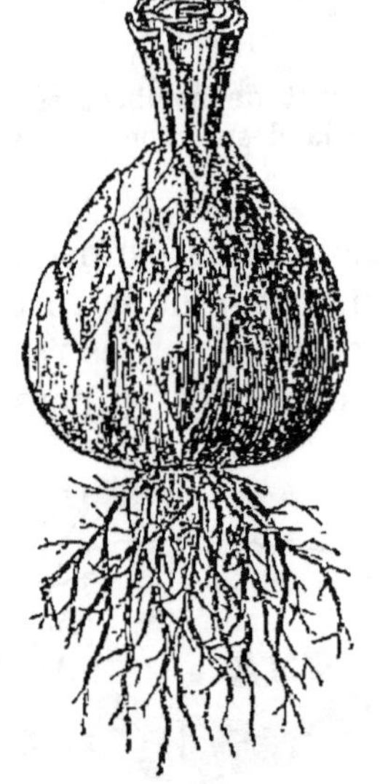

Fig. 49. — Bulbe écailleux du Lis.

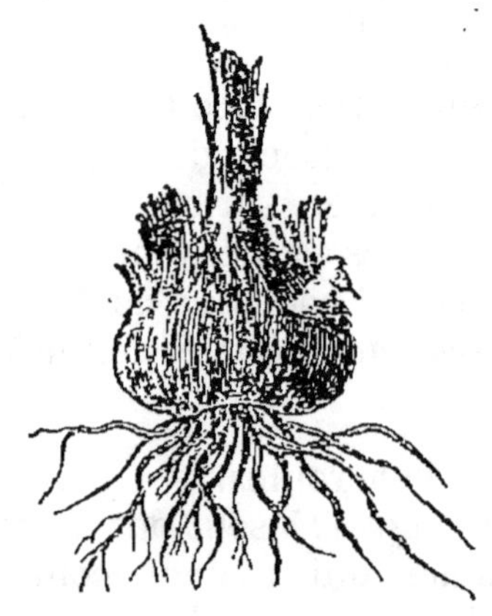

Fig. 50. — Bulbe solide du Safran.

dont les écailles charnues sont imbriquées à la manière des tuiles d'un toit (Lis blanc, Lis Martagon).

3º Le *bulbe solide* (fig. 50) est une tige souterraine renflée, formée par plusieurs entre-nœuds, et par un parenchyme cortical très épais, gorgé d'amidon ; le tout est enveloppé d'écailles minces et sèches, provenant de la base des feuilles anciennes. Le Safran, le Glaïeul, le Colchique, etc., sont pourvus d'un bulbe solide.

On a donné le nom de *bulbilles* ou *gemmes* à des bourgeons charnus qui se développent soit à la place des fleurs, comme dans quelques ails sauvages, soit à l'aisselle des feuilles (Ficaire, Saxifrage bulbifère, Lis bulbifère).

Lorsque les bulbilles sont parvenus à leur complet développement, ils tombent sur le sol et reproduisent une plante semblable à celle dont ils proviennent.

§ II

Structure de la tige.

59. Structure d'une jeune tige. — Sur une section transversale faite au milieu d'un entre-nœud d'une tige jeune (fig. 51), on voit qu'elle comprend deux parties, comme la racine : *l'écorce* et le *cylindre central*.

60. Écorce. — Dans l'écorce on distingue : 1° *l'épiderme*, 2° le *parenchyme cortical* et 3° *l'endoderme*.

1° L'*épiderme*, qu'il ne faut pas confondre avec l'assise pilifère de la racine, est formé par plusieurs assises de cellules, dont la face extérieure est plus ou moins subérifiée, et présente de nombreux orifices microscopiques appelés *stomates ;* la racine en est dépourvue.

2° Le *parenchyme cortical* comprend deux zones : 1° le *parenchyme cortical externe,* composé de cellules remplies de chlorophylle, ce qui lui a valu le nom de *couche herbacée.* Dans les jeunes tiges et dans les plantes herbacées, le parenchyme cortical externe se voit à travers l'épiderme transparent. Cette partie de l'écorce est le siège de l'élaboration de plusieurs produits (fécule, sucre, gomme, latex, et.). 2° Le *parenchyme cortical interne,* dont les cellules sont dépourvues de chlorophylle.

3° L'*endoderme* est l'assise la plus profonde de l'écorce ; les cellules plissées qui le constituent adhèrent solidement, et engrènent les unes avec les autres, comme dans l'endoderme de la racine ; ces cellules renferment habituellement des grains d'amidon. Les caractères de l'endoderme de la tige ne sont pas toujours aussi nets que dans la racine. Les cellules étant souvent dépourvues de plissements transversaux, on ne peut alors distinguer l'endoderme que par la présence de l'amidon qu'il renferme.

61. Cylindre central. — Dans le cylindre central on distingue : 1° le *péricycle*, 2° les *faisceaux libéro - ligneux*, 3° le *tissu conjonctif*.

1° Le *péricycle* est la partie extérieure du tissu conjonctif ; il est formé d'une ou plusieurs rangées de cellules étroitement unies, et sépare les faisceaux libéro-ligneux de l'endoderme.

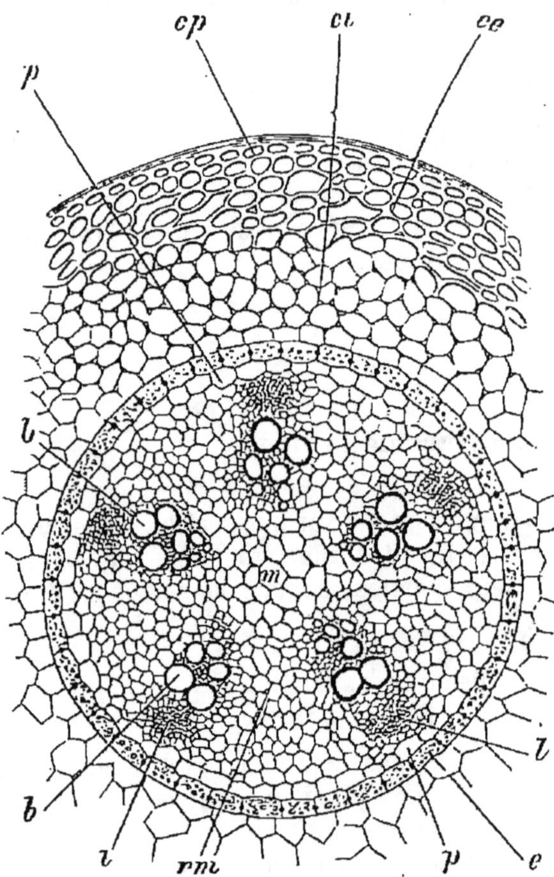

Fig. 51. — Coupe transversale d'une jeune tige. — *cp*, épiderme ; *ce*, parenchyme cortical externe ; *ci*, parenchyme cortical interne ; *e*, endoderme, dont les cellules renferment de l'amidon ; *l*, liber ; *b*, bois ; *p*, péricycle ; *rm*, rayons médullaires primaires ; *m*, moelle.

2° Les *faisceaux libéro - ligneux* sont formés, ainsi que le montre la coupe transversale (fig. 52, *B*), par la juxtaposition d'un faisceau ligneux et d'un faisceau libérien ; ainsi, au lieu d'être séparés et d'alterner comme dans la racine, les faisceaux ligneux et libériens sont accouplés en faisceaux libéro-ligneux, reliés en un tout continu par le tissu conjonctif, le *bois en dedans* et le *liber en dehors*. Le faisceau libérien présente à peu près la même forme que dans la racine, mais les éléments du faisceau ligneux sont disposés *en sens inverse*.

Dans la tige, en effet, les vaisseaux les plus petits, c'est-à-dire les vaisseaux annelés (*va*) et spiralés (*vs*) sont vers l'intérieur, et les plus gros, c'est-à-dire les vaisseaux ponctués (*vp*), vers l'extérieur ; c'est l'inverse dans la racine.

Enfin, le bois de la racine est formé uniquement de vaisseaux

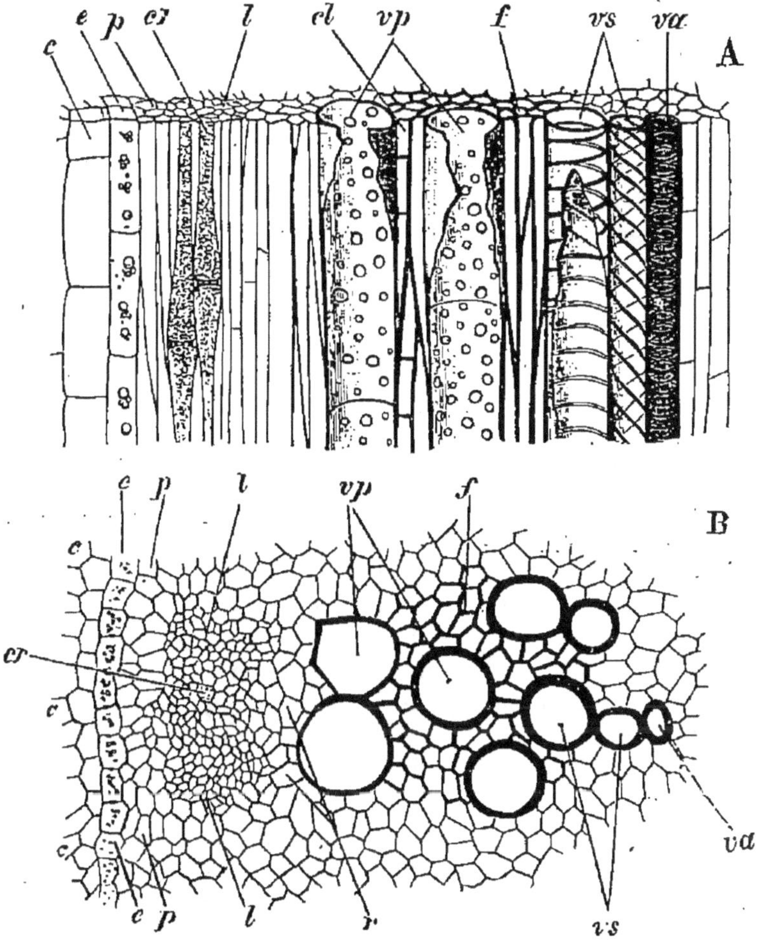

Fig. 52. — A, coupe longitudinale dans un faisceau libéro-ligneux. — *c*, parenchyme cortical interne ; *e*, endoderme, dont les cellules renferment de l'amidon ; *p*, péricycle ; *cr*, vaisseau criblé rempli de sève élaborée ; *l*, cellules libériennes ; *vp*, vaisseaux ponctués ; *cl*, cellules ligneuses ; *f*, fibres ligneuses ; *vs*, vaisseaux spiralés ; *va*, vaisseaux annelés. — B, coupe transversale dans le même faisceau ; l'un des tubes criblés, *cr*, a été coupé au niveau d'une cloison transversale ou crible ; *r*, fibres ligneuses à membrane peu lignifiée, comme le montre la coupe longitudinale.   (Gaston BONNIER.)

(fig. 29), tandis que celui de la tige comprend, outre les vaisseaux, des cellules ligneuses (*cl*), à parois lignifiées, et des fibres ligneuses (*f*) très allongées, terminées en pointe et à membranes fortement épaissies.

La partie libérienne du faisceau est formée de cellules (*l*) à parois molles et de vaisseaux criblés (*cr*).

3° Le *tissu conjonctif* forme le péricycle, les rayons médullaires primaires et la moelle. Il présente à peu près la même disposition que dans la racine. Le cylindre central étant en général plus large dans la tige que dans la racine de la même plante, le tissu conjonctif y est aussi plus développé. Le péricycle, comprenant plusieurs assises de cellules, renferme souvent des fibres plus ou moins lignifiées, qui se groupent sur les faces externes des faisceaux libériens, augmentant ainsi la solidité du cylindre central.

62. Résumé. — Les principaux caractères de la racine, comparés avec ceux de la tige, sont résumés dans le tableau suivant.

La racine :	*La tige :*
1° Se développe, en général, de haut en bas.	1° Se développe, en général, de bas en haut.
2° Ne porte jamais de feuilles.	2° Porte des feuilles.
3° Porte des poils absorbants sur une région appelée assise pilifère.	3° N'a pas d'assise pilifère.
4° Possède une coiffe.	4° Est dépourvue de coiffe.
5° Accroissement en longueur subterminal, localisé dans une région peu étendue au-dessus de la coiffe.	5° Accroissement en longueur terminal, se prolongeant sur une longueur de plusieurs entre-nœuds.
6° Absence d'épiderme et de stomates.	6° Possède un épiderme muni de stomates.
7° Faisceaux du bois alternant avec les faisceaux du liber.	7° Faisceaux libéro-ligneux, à bois vers l'intérieur et à liber vers l'extérieur.
8° Vaisseaux du bois disposés de façon que les plus petits soient vers l'extérieur.	8° Vaisseaux du bois disposés de façon que les plus petits soient vers l'intérieur.
9. Origine endogène des racines secondaires.	9° Origine exogène des branches.

63. Accroissement de la tige en épaisseur ou formations secondaires. — La tige ne garde pas longtemps la structure primaire que l'on vient d'examiner; comme la racine, elle s'épaissit par l'addition de nouveaux tissus, dont l'ensemble a reçu le nom de *formations secondaires*.

Les tissus secondaires de la tige sont le *liège*, le *bois se-*
condaire et le *liber secondaire*.

64. Développement du liège. — Le *liège* est un tissu d'origine
secondaire essentiellement protecteur. Dès qu'il est formé, les cellules
de l'écorce placées en dehors de lui meurent et se crevassent, sans
qu'il en résulte aucun dommage pour
les tissus sous-jacents de la tige.

Les cellules du liège ont les mêmes
caractères chimiques que les cellules
épidermiques ; elles sont aplaties, de
couleur foncée, et ne contiennent plus
trace de protoplasma ; elles ont leur membrane *subérifiée* et sont remplies d'air.

Le liège se forme aux dépens d'une
zone génératrice (fig. 53) nommée *mé-*
ristème subéreux, ou *cambium subé-*
reux. La zone génératrice développe
le liège à l'extérieur, et souvent aussi
elle produit, vers l'intérieur, un tissu
cortical qu'on a nommé *périderme her-*
bacé (*éc*), analogue à l'écorce. Dans
quelques cas, le développement du périderme herbacé détermine la chute de

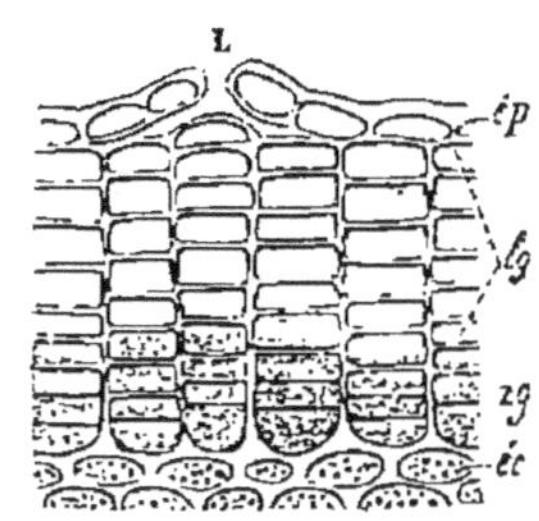

Fig. 53. — Figure montrant la
formation du liège. — *zg*, zone
génératrice du liège ou méristème subéreux ; *lg*, liège ; *ep*,
épiderme soulevé par le liège
et dont la déchirure constitue
une lenticelle L ; *éc*, écorce
secondaire ou périderme.

grands lambeaux d'écorce, comme cela se voit chaque année sur le
Platane.

La zone génératrice peut produire une ou plusieurs couches superposées ; quelquefois leur nombre est illimité. Le tubercule de la Pomme
de terre est protégé par une pelure formée de quatre à six couches
de cellules de liège ; l'écorce épaisse de certains arbres, tels que
le Chêne liège, le Bouleau, le Chêne, le Châtaignier, est formée
de liège ; il a, dans le Chêne liège, des qualités exceptionnelles qui le
font rechercher pour l'industrie ; c'est à la rapidité de sa croissance
qu'il doit sa légèreté et sa compressibilité. Le liège se régénère indéfiniment ; un Chêne liège d'une quinzaine d'années peut donner une
première récolte, mais de qualité inférieure ; les récoltes suivantes se
succèdent tous les sept ou huit ans. Pour enlever le liège, on pratique des incisions longitudinales et horizontales, de façon à circons-
crire des plaques rectangulaires. Dans cette opération, appelée *démas-*
clage, il faut avoir soin de ménager le cambium subéreux qui le
produit.

65. Formation du bois et du liber secondaires. — Entre le
liber et le bois de chaque faisceau libéro-ligneux, il existe une
assise de cellules (fig. 54), restées à l'état de méristème, se divisant continuellement vers l'extérieur pour former du liber, et
vers l'intérieur pour produire du bois. Par la façon dont se font
les divisions, *l'assise génératrice* reste toujours dans la même

2*

situation. Elle forme vers l'extérieur, du *liber secondaire* qui repousse le liber primitif, et vers l'intérieur du *bois secondaire*, s'appuyant sur le bois primaire. Tous les éléments du faisceau sont superposés dans le sens du rayon. Ce méristème particulier est appelé *cambium*. Chaque année, il se forme ainsi une couche de bois secondaire et une couche de liber secondaire.

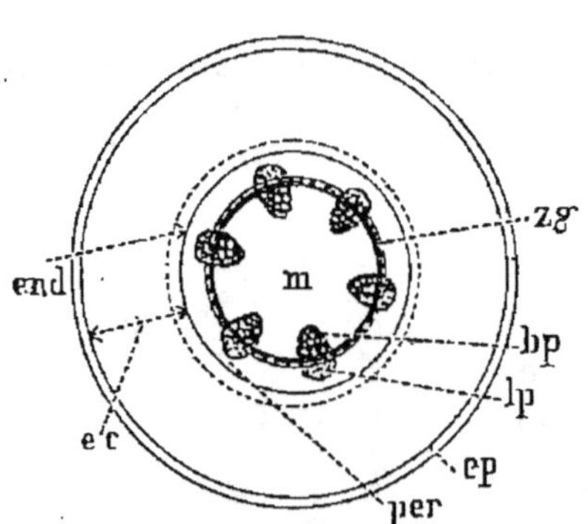

Fig. 54. — Coupe d'une jeune tige au moment de l'apparition de la zone génératrice. — *ep*, épiderme; *ec*, écorce; *end*, endoderme; *zg*, zone génératrice; *lp*, liber primaire; *bp*, bois primaire; *m*, moelle; *per*, péricycle situé entre l'endoderme et les faisceaux libéro-ligneux.

Lorsque le méristème du tissu conjonctif ne fournit de part et d'autre que du tissu conjonctif, les faisceaux restent toujours distincts entre eux, comme le montre la partie supérieure de la figure 55. C'est aussi ce qui arrive dans les plantes qui restent relativement grêles (Lin, Chanvre, Ortie).

Mais si le tissu conjonctif se différencie, comme à l'intérieur des faisceaux, en éléments libériens vers l'extérieur et en bois vers l'intérieur, on ne reconnaît plus alors nettement les faisceaux, parce qu'ils forment une zone continue (partie inférieure de la figure 55). Cependant on voit que la masse des formations secondaires reste toujours moins épaisse dans les parties qui étaient d'abord les rayons médullaires ; les faisceaux primaires du bois *bp* avancent leur pointe dans la moelle en formant l'*étui médullaire*.

66. Structure des tiges âgées. — Si l'on examine la coupe transversale d'une tige d'un an, on constate qu'elle présente, du centre à la périphérie, les tissus suivants : moelle, bois primaire, bois secondaire de la première année, zone génératrice, liber secondaire de la première année, liber primaire, écorce et épiderme.

Pendant l'hiver, les vaisseaux criblés (fig. 19) ne fonctionnent pas ; la zone génératrice ne reprend son activité qu'au printemps suivant. Alors elle forme vers l'intérieur une nouvelle couche de bois secondaire entourant le bois secondaire de la première année, et vers l'extérieur, une nouvelle couche de liber secondaire qui est à l'intérieur du liber secondaire de la première année.

Pendant l'hiver suivant, la zone génératrice reste encore inac-
tive, puis elle se réveille au printemps,
pour former une nouvelle couche de
bois et de liber secondaire, qui se
superposent au bois et au liber de
l'année précédente, et ainsi de suite
(fig. 56).

Il se forme donc, chaque année, une
couche de larges vaisseaux et une couche de vaisseaux plus étroits et plus
durs. L'arbre aura autant d'années
qu'il présentera de couches, à moins
que la zone génératrice en forme plu-

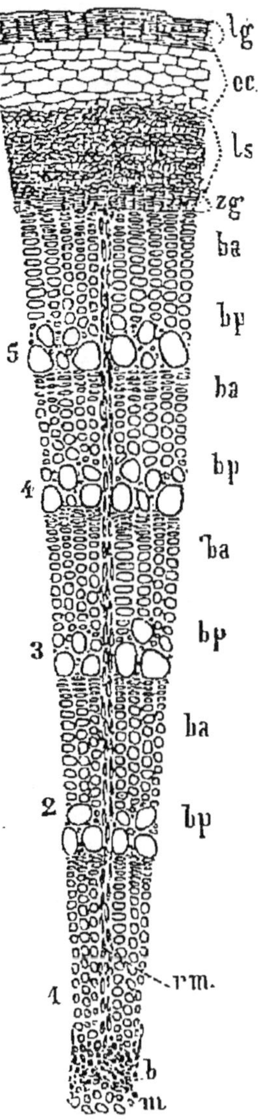

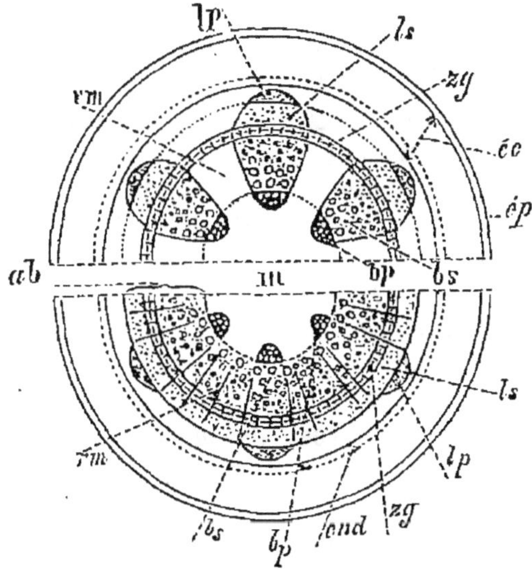

Fig. 55. — Figure théorique pour expliquer les
formations secondaires dans le cylindre central.
Dans la moitié supérieure de la figure, le liber
et le bois secondaires ne se forment qu'en face
des faisceaux libéro-ligneux primaires; les formations secondaires sont discontinues. Dans la
moitié inférieure de la figure les formations secondaires sont continues, elles se produisent à
la fois en face des faisceaux et aussi à gauche
et à droite, en formant une sorte de manchon.
— m, moelle; ab, épaisseur des formations
secondaires; rm, rayons médullaires; bs, bois
secondaire; bp, bois primaire; end, endoderme; zg, zone génératrice; lp, liber primaire; ls, liber secondaire; ep, épiderme; cc,
écorce.

Fig. 56. — Fragment de la section transversale d'une tige
de Châtaignier âgée de cinq
ans. — m, moelle; b, bois primaire; 1, 2, 3, 4 et 5, bois secondaire de la 1re, 2e, 3e, 4e et
5e année; rm, un rayon médullaire; bp, bois de printemps; ba, bois d'automne;
zg, zone génératrice; ls, liber
secondaire; cc, écorce; lg,
liège.

sieurs dans une année, comme cela arrive dans quelques cas particuliers.

Les couches successives du bois sont séparées sur la section par une limite nette ; cela résulte de ce qu'à l'automne, les sucs nutritifs étant peu abondants, il ne se forme que des vaisseaux étroits et surtout des fibres ; c'est le *bois d'automne*, riche en fibres et pauvre en vaisseaux ; il est dur et compact. Au printemps, la sève étant abondante, le bois est presque exclusivement formé de larges vaisseaux ponctués ou rayés ; c'est le *bois de printemps*, riche en vaisseaux et pauvre en fibres ; il est mou et peu compact.

Lorsque l'arbre a acquis une certaine épaisseur, les couches internes se durcissent en s'incrustant d'une matière brune (fig. 57). On appelle cette partie plus foncée le *cœur*, ou *duramen*. Les couches non encore incrustées, et de couleur plus pâle, forment l'*aubier*. Il n'y a de vivant alors que la couche génératrice et de part et d'autre quelques couches de bois et de liber.

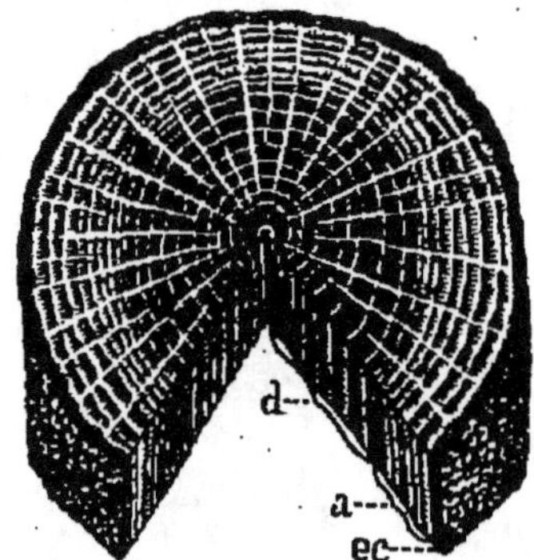

Fig. 57. — Quartier d'une tige ligneuse de dix ans. — *d*, duramen ; *a*, aubier ; *ec*, écorce. Les lignes circulaires blanches indiquent le bois de printemps ; les rayons médullaires sont marqués par les lignes blanches radiales.

Dans le bois et le liber secondaires, il reste des séries radiales de cellules dont l'ensemble forme les rayons médullaires secondaires ; ils se continuent dans le bois et le liber de plusieurs années successives, ainsi que le montre la figure 57.

67. Importance des formations secondaires. — Les formations secondaires des vaisseaux et des fibres ligneuses jouent un rôle très important dans la vie des plantes. Si l'on considère un arbre, il est facile de constater que le nombre de ses rameaux, et en même temps celui de ses feuilles, augmente chaque année. Or on verra plus tard que les feuilles transpirent un volume d'eau considérable ; par suite, l'eau qui vient remplacer celle qui est transpirée par ces feuilles, de plus en plus nombreuses, doit être elle-même de plus en plus abondante, et les vaisseaux qui la puisent dans le sol devront être plus nombreux ; de là, la nécessité des formations secondaires des vaisseaux ligneux.

De plus, l'arbre ayant à soutenir des branches dont le nombre s'accroît chaque année, il faut que sa solidité augmente dans la même proportion ; de là, la nécessité des formations secondaires des fibres ligneuses, pour fortifier l'appareil de soutien.

68. Structure d'une tige de plante Monocotylédone. — Dans les tiges des plantes Monocotylédones, le tissu conjonctif se transforme très souvent en fibres (fig. 58, *af*), surtout autour

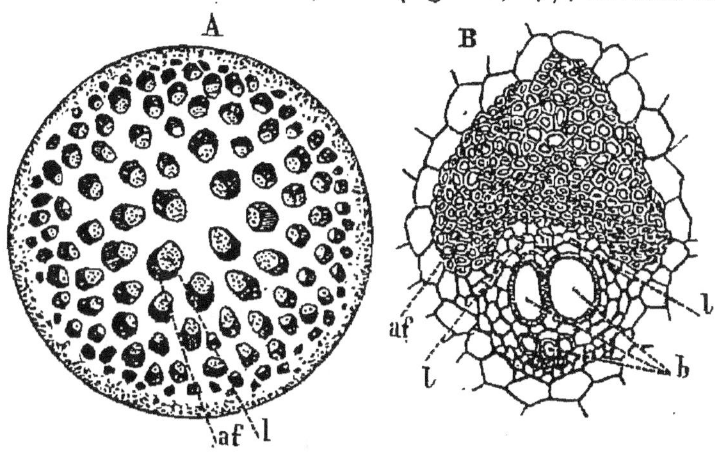

Fig. 58. — A, section transversale d'un stipe de Palmier. — *af*, arc fibreux de sclérenchyme entourant la partie extérieure des faisceaux libéro-ligneux ; *l*, faisceau libéro-ligneux. — B, un faisceau libéro-ligneux très grossi ; *af*, arc fibreux de sclérenchyme ; *l*, liber ; *b*, bois.

des faisceaux libéro-ligneux. C'est ainsi que, dans le stipe des Palmiers, le développement des fibres constitue, pour chaque faisceau libéro-ligneux, une sorte de gaine externe de sclérenchyme (fig. B, *af*) ; de plus, au lieu de former un cercle, on voit que les faisceaux libéro-ligneux sont disséminés sans ordre apparent dans la masse du tissu conjonctif, comme le montre la coupe transversale A.

Sur une section longitudinale (fig. 59), on constate que les faisceaux libéro-ligneux, au lieu d'avoir une direction rectiligne, comme dans les tiges des Dicotylédones (fig. 52, A), cheminent obliquement dans la tige avant de pénétrer dans les feuilles.

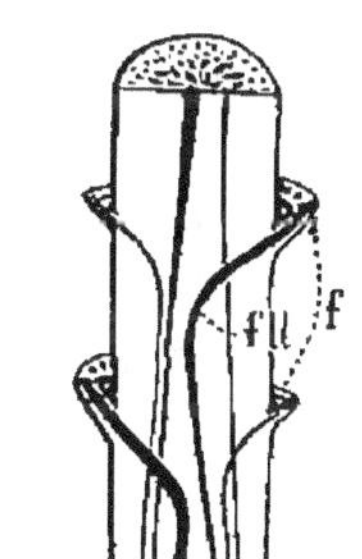

Fig. 59. — Coupe longitudinale d'une tige de Palmier, montrant la marche curviligne des faisceaux libéro-ligneux *ll*, avant d'entrer dans les feuilles *f*.

En général, les Monocotylédones n'ont pas de formations secondaires, et le corps ligneux est dépourvu de couches concentriques et de rayons médullaires.

Les faisceaux libéro-ligneux des tiges des Fougères sont entièrement entourés de sclérenchyme.

§ III

Fonctions de la tige.

69. Diverses fonctions de la tige. — Le rôle de la tige est de produire des feuilles, et de servir d'intermédiaire entre la racine et les feuilles.

C'est par la tige que la sève brute est transportée par les vaisseaux ligneux dans les feuilles, où les matières nutritives doivent être élaborées. C'est aussi par les vaisseaux libériens que la sève élaborée est distribuée dans tous les organes de la plante. Ainsi la tige joue un *rôle conducteur.*

Quelquefois la tige est encore un *organe de réserve*, comme c'est le cas des rhizomes, des tubercules et des bulbes, qui s'épaississent considérablement en mettant en réserve des substances nutritives, destinées à nourrir la plante lorsqu'elle développera les feuilles, les fleurs et les fruits. La tige aérienne du Chou-rave se renfle et constitue une provision de matières nutritives.

Les tiges de certaines *plantes grasses*; comme les *Cactus*, les *Cereus*, les *Echinocactus*, etc., sont renflées et gorgées de sucs, ce qui permet à ces végétaux des régions tropicales de résister à la sécheresse.

70. Usages des tiges. — Les tiges, de même que les racines, peuvent être *alimentaires, médicinales* ou *industrielles.*

Tiges alimentaires. — Asperges. Tiges tuberculeuses (Pomme de terre, Patate, Topinambour). Tiges des plantes fourragères, utilisées pour la nourriture des animaux (Trèfle, Luzerne, Sainfoin, Graminées).

Tiges médicinales. — Quinquina (écorce), Chiendent (rhizome), Iris de Florence (rhizome), Colchique (bulbe), Garou (écorce), Laitue vireuse (latex).

Tiges industrielles. — Chêne liège, Canne à sucre, bois de Campêche, Lin, Chanvre, Ramie, bois de chauffage, de charpente, de menuiserie et d'ébénisterie.

CHAPITRE IV

LA FEUILLE

CARACTÈRES GÉNÉRAUX ET STRUCTURE

§ I

Caractères généraux de la feuille.

71. Définition. — La feuille est un membre de la plante toujours porté par la tige, dans lequel on distingue une face supérieure et une face inférieure. Le plus souvent la feuille est aplatie et de couleur verte. Elle atteint assez vite sa grandeur définitive. Son accroissement est limité, tandis que la racine et la tige peuvent s'allonger en général indéfiniment.

72. Parties constitutives de la feuille adulte. — La feuille adulte (fig. 60) se compose assez souvent de trois parties : le *limbe*, le *pétiole* et la *gaine*.

Le *limbe* (*l*) est la partie élargie et aplatie de la feuille.

Dans le limbe on distingue deux faces ou côtés; d'un aspect plus ou moins différent : la *face inférieure* ou *externe*, tournée vers le sol, et la *face supérieure* ou *interne*, tournée vers le ciel. La face supérieure est presque toujours luisante et d'un vert plus foncé.

Le *pétiole* (*p*) est la partie allongée et étroite qui est au-dessous du limbe. Sa face inférieure est ordinairement ronde, tandis que la face supérieure est le plus souvent plane ou creusée en gouttière.

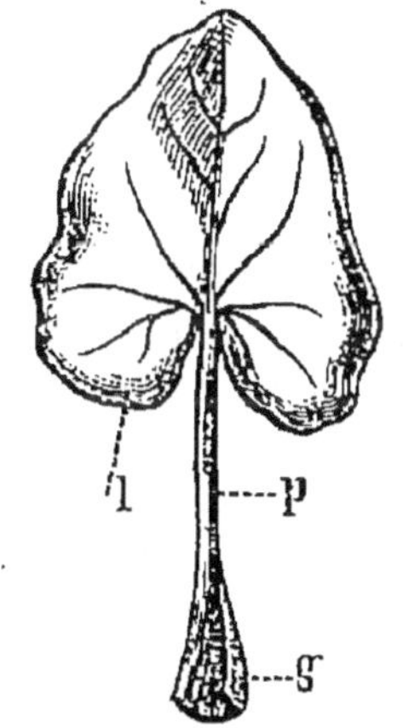

Fig. 60. — Feuille adulte de la Ficaire. — *l*, limbe; *p*, pétiole; *g*, gaine.

Une feuille pourvue d'un pétiole est dite *feuille pétiolée* (Poirier, Tilleul, Orme); si le pétiole manque, la feuille est *sessile* (Garance, Giroflée).

La *gaine* (*g*) est la partie de la feuille qui l'attache à la tige ; elle est formée par une dilatation de la base du pétiole.

Une feuille pourvue d'une gaine est dite *feuille engainante* (Ficaire, Blé, Grande Ciguë).

73. Stipules. — Les *stipules* (fig. 61), au nombre de deux en général, sont des appendices qui naissent de chaque côté de la base du pétiole ou de la gaine. Les stipules sont libres ou adhérentes entre elles, et paraissent être des expansions latérales de la gaine. Pendant le développement de la feuille, les stipules s'accroissent plus vite que le limbe et le protègent durant sa jeunesse.

Une feuille pourvue de stipules est dite *feuille stipulée* (Pensée, Rosier).

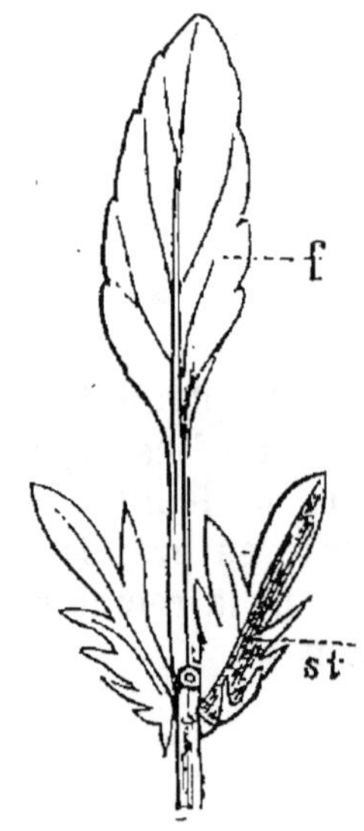

Fig. 61. — Feuille stipulée de la Pensée sauvage. — *f*, limbe de la feuille; *st*, stipule.

74. Nervures. — Les *nervures* (fig. 62) sont formées par les faisceaux libéro-ligneux venant de la tige ; elles constituent en quelque sorte le squelette du limbe. Elles partent toutes du pétiole, et se présentent sous la forme de petits filets résistants qui parcourent le limbe, en s'y ramifiant de diverses façons. Les nervures sont généralement saillantes et bien visibles à la partie inférieure du limbe ; la principale, qui fait suite au pétiole, plus grosse que les autres, se nomme *côte* ou *nervure médiane;* celles qui se détachent de la côte s'appellent *nervures secondaires.* Les petites nervures ne font plus saillie à la surface ; elles sont cachées dans l'épaisseur du limbe, où elles s'anastomosent en un réseau délicat et très élégant, comparable à une fine dentelle. Les mailles de ce réseau sont remplies de *parenchyme vert.* Si l'on détruit le parenchyme en faisant macérer le limbe dans l'eau, on obtient le réseau formé par les nervures et leurs ramifications.

Dans les feuilles du Maïs, du Blé et de la plupart des Monocotylédones, les nervures sont parallèles entre elles, au lieu de former un réseau.

Suivant que le limbe est formé d'une seule pièce, ou qu'il est divisé en plusieurs pièces distinctes insérées sur un pétiole

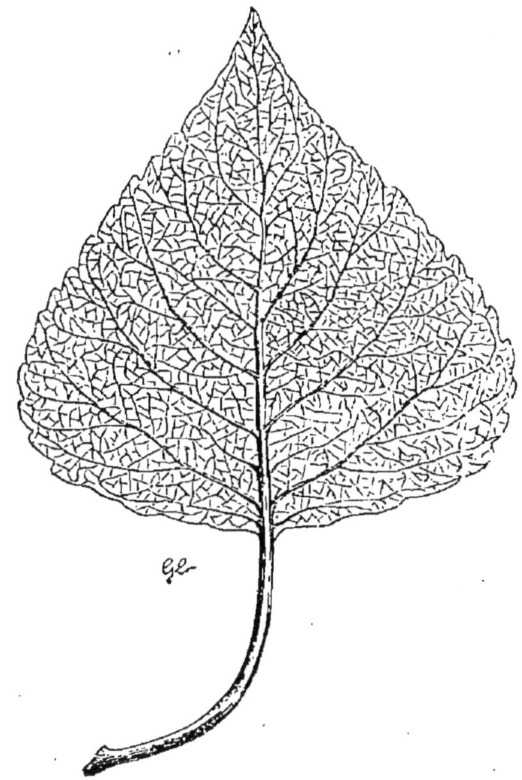

Fig. 62. — Nervation d'une feuille de Peuplier.

commun, on distingue des *feuilles simples* et des *feuilles composées*.

75. Feuilles simples. — D'abrès la forme du limbe les feuilles simples (fig. 63) son dites *subulées* (Pin, Sapin), *lancéolées* (Laurier rose), *spatulées* (Pâquerette), *ovales* (Grande Pervenche), *obovales* (Samole), *cordiformes* (Lilas), *réniformes* (Aristoloche), *peltées* (Capucine), *sagittées* (Sagittaire), *hastées* (Gouet).

Une feuille simple est dite *entière* lorsque le bord du limbe ne porte aucune découpure (Laurier rose, Lilas). La feuille est *dentée* si le bord du limbe porte de petites dents (Châtaignier, Ortie). Si les découpures du limbe sont profondes (Vigne, Chêne), la feuille est dite *lobée*.

76. Feuilles composées. — On appelle *feuilles composées* (fig. 64) celles dont le limbe est divisé en plusieurs parties distinctes insérées isolément sur un pétiole commun.

Chaque partie distincte se nomme *foliole*.

Les folioles peuvent être pétiolées ou sessiles sur leur sup-

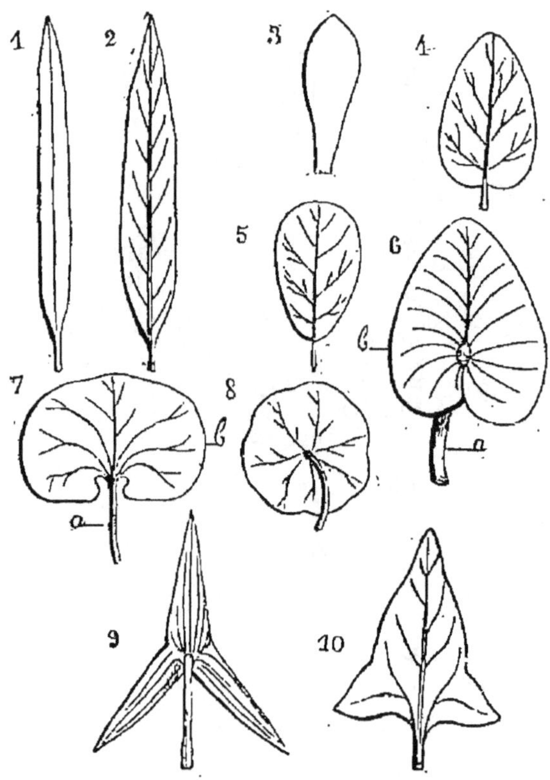

Fig. 63. — Principales formes de feuilles simples. — 1, feuille subulée. — 2, feuille lancéolée. — 3, feuille spatulée. — 4, feuille ovale. — 5, feuille obovale. — 6, feuille cordiforme. — 7, feuille réniforme. — 8, feuille peltée. — 9, feuille sagittée. — 10, feuille hastée.

port commun; elles sont constamment dépourvues de bourgeon à leur base, caractère qui les distingue des feuilles ordinaires.

Une feuille composée est dite *pennée* lorsque les folioles sont disposées sur deux rangées, l'une à droite et l'autre à gauche du pétiole commun (Acacia, Sainfoin).

Lorsque chaque foliole est divisée comme une feuille pennée, on dit que la feuille est *bipennée* (Sensitive).

Si les folioles sont disposées en éventail, la feuille est dite *digitée* (Marronnier).

Quand une feuille digitée est formée de trois folioles, on la nomme *feuille trifoliolée* ou *ternée* (Trèfle, Luzerne); si chaque

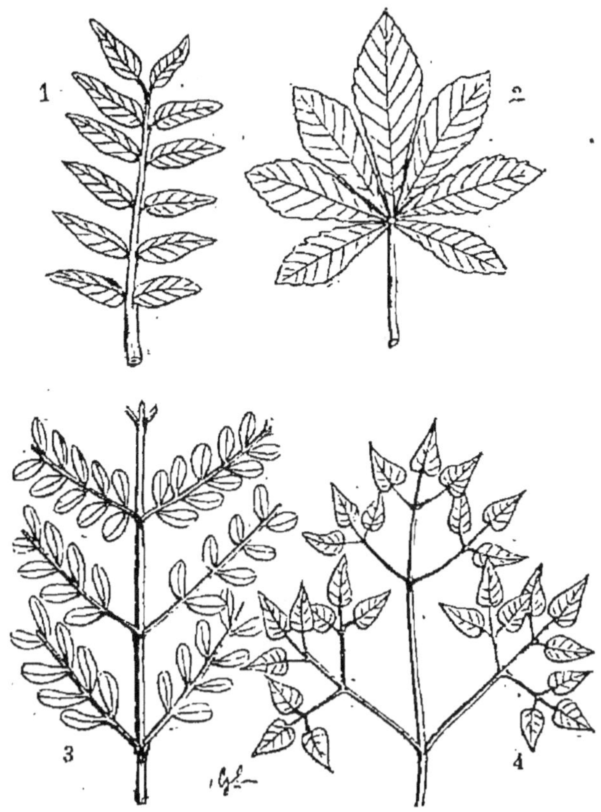

Fig. 64. — Diverses formes de feuilles composées. — 1, feuille pennée. — 2, feuille digitée. — 3, feuille bipennée. — 4, feuille triternée.

foliole se subdivise comme une feuille ternée, on la dit *biternée, triternée* (*Epimedium*).

77. Modifications des feuilles. — On verra plus loin que les feuilles se modifient pour former les différentes parties de la fleur.

Le limbe de plusieurs plantes aquatiques (Renoncules, Utriculaires, etc.), est presque dépourvu de parenchyme et réduit aux nervures.

Dans l'Asperge, l'Orobanche, etc., les feuilles sont transformées en écailles décolorées.

Chez beaucoup de plantes à tige faible, la feuille se modifie en vrille, comme dans la Bryone, la Gesse, etc.; dans le Pois, ce sont les folioles supérieures qui se transforment en vrilles.

Les écailles épaissies de l'Oignon et du bulbe du Lis sont encore des feuilles modifiées pour former des réserves de nourriture, destinées au premier développement de la tige et des feuilles vertes.

78. Disposition des feuilles sur la tige. — La disposition des feuilles sur la tige comprend deux types principaux : 1º les *feuilles alternes* ou *spiralées;* 2º les *feuilles verticillées.*

79. Feuilles alternes. — Dans cette disposition, chaque nœud de la tige ne porte qu'une seule feuille ; d'où il suit que les feuilles alternes se trouvent insérées sur les axes à des hauteurs différentes (Tilleul, Orme, Ronce, Graminées, etc.).

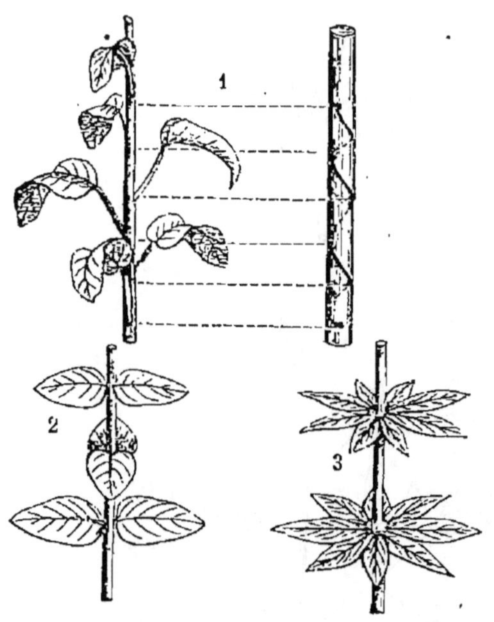

Fig. 65. — Disposition des feuilles sur la tige. — 1, feuilles alternes. — 2, feuilles opposées. — 3, feuilles verticillées.

Les points d'insertion des feuilles alternes sont disposés régulièrement suivant une ligne spirale continue autour de la tige; en outre, les points d'insertion sont situés de telle façon qu'ils se trouvent en même temps sur des lignes droites longitudinales et équidistantes (fig. 65, 1).

On appelle *cycle foliaire* un ensemble de feuilles alternes dans lequel, après un ou plusieurs tours de spire, on trouve une feuille superposée à celle qui a servi de point de départ.

La disposition des feuilles alternes s'exprime par une fraction. Le numérateur indique le nombre de tours de spire qu'on devra parcourir pour trouver deux feuilles superposées ; le dénominateur exprime le nombre de feuilles qui compose le cycle.

Ainsi, un cycle exprimé par $\frac{1}{2}$ signifie qu'après un tour de spire, on trouve une feuille superposée à la première et que le cycle est composé de deux feuilles ; la troisième commence un nouveau cycle.

La disposition représentée par $\frac{1}{2}$ s'appelle *distique* (Orme, Hêtre, Tilleul, Vigne, Graminées, etc.). Le cycle exprimé par

$\frac{1}{3}$ se nomme disposition *tristique* (Aulne, Bouleau, Carex, etc.).

Enfin, le cycle exprimé par $\frac{2}{5}$ a reçu le nom de disposition *quin-contiale* (Saule, Chêne, Poirier, Groseillier, etc.).

Les dispositions les plus répandues dans la nature sont exprimées par les fractions $\frac{1}{2}$, $\frac{1}{3}$, $\frac{2}{5}$, $\frac{3}{8}$, $\frac{5}{13}$ et $\frac{8}{21}$. On voit que chacune de ces fractions, à partir de la troisième, s'obtient en additionnant les deux termes respectifs des deux précédentes.

On appelle *angle de divergence* l'arc compris entre les points d'insertion de deux feuilles consécutives. La fraction qui donne la formule du cycle donne en même temps la mesure de l'arc de divergence. Par exemple, la fraction $\frac{1}{3}$ exprime un angle de divergence égal à

$$360° \times \frac{1}{3} = 120° \; ;$$

la fraction $\frac{2}{5}$ donnerait, pour l'angle de divergence, $360° \times \frac{2}{5} = 140°$ (fig. 66) et ainsi des autres.

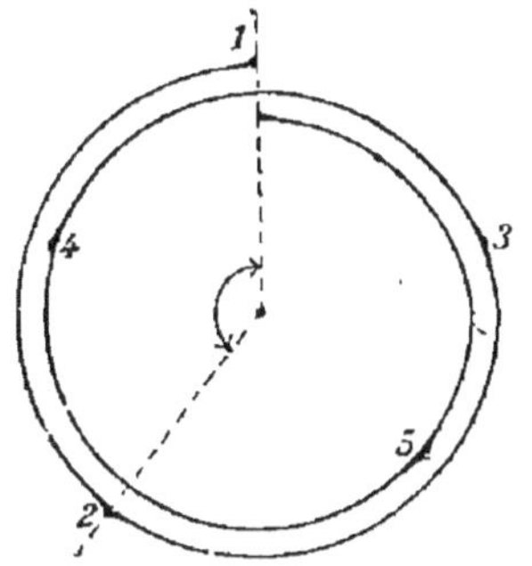

Fig. 66. — Disposition quinconciale exprimée par la fraction $\frac{2}{5}$.

80. Feuilles verticillées. — Dans la disposition des feuilles *verticillées*, chaque nœud de la tige porte plusieurs feuilles, ayant leurs points d'insertion situés sur une circonférence dont le plan est perpendiculaire à l'axe de la tige. L'ensemble des feuilles développées à un même nœud constitue un *verticille* (fig. 65, 3). Lorsque le verticille ne comprend que deux feuilles, elles sont toujours insérées aux deux extrémités d'un même diamètre ; on les dit *feuilles opposées* (fig. 65, 2) (Lilas).

Deux verticilles successifs sont alternes, c'est-à-dire que les feuilles de l'un correspondent aux intervalles des feuilles de l'autre. Le premier et le troisième, le deuxième et le quatrième sont superposés entre eux (fig. 65, 2 et 3).

On voit que les feuilles prennent toujours la position la plus favorable pour recevoir la lumière.

81. Mouvement de veille et de sommeil des feuilles ; phénomènes d'irritabilité. — Quand on regarde les feuilles d'un arbre qui reçoit la lumière d'un côté, on voit qu'elles orientent le limbe de façon à recevoir la plus forte somme de lumière par la face supérieure, la plus riche en chlorophylle. Cette face se dispose à peu près normalement à la direction des rayons incidents. Cette particularité est surtout remarquable chez les Légumineuses. Pendant la nuit, les folioles des feuilles de l'Acacia, par exemple, sont rabattues au-dessous du pétiole commun, de façon à s'appliquer l'une contre l'autre; c'est la *position de sommeil.* Dès le retour de la lumière les folioles se relèvent peu à peu et se disposent horizontalement; c'est la *position de veille.* Les folioles du Trèfle (fig. 67 et 68) présentent un phénomène analogue.

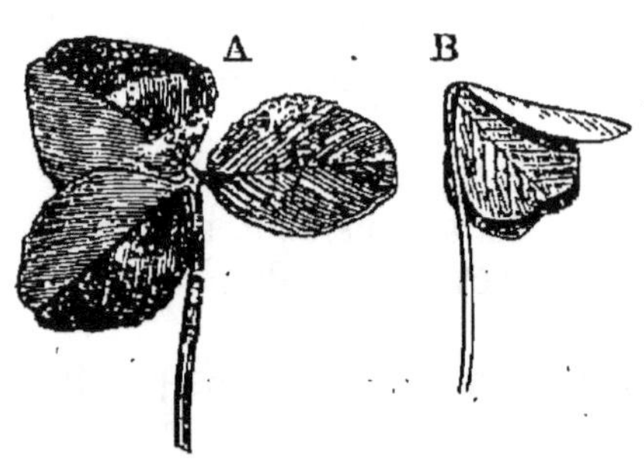

Fig. 67 et 68. — A, feuille de Trèfle à l'état de veille. — B, la même feuille à l'état de sommeil.

Les feuilles de quelques plantes exotiques, telles que la Sensitive et la Dionée Attrape-Mouche (fig. 69), sont douées d'une irritabilité très grande. Ainsi, les folioles des feuilles de la Sensitive se replient sous l'action du moindre choc, ou du plus léger contact d'un corps étranger, puis la feuille reprend peu à peu la position horizontale.

Les phénomènes que présente la Dionée ne sont pas moins remarquables. Les feuilles de cette plante sont terminées par un limbe formé de deux lobes ovales, dont les bords sont garnis d'épines; de chaque côté de la nervure se trouvent trois ou quatre poils glanduleux d'une irritabilité extrême. Lorsqu'un corps étranger, un insecte, par exemple, vient à toucher ces poils, les deux moitiés du limbe s'appliquent instantanément l'une contre l'autre, et l'insecte se trouve ainsi pris comme dans un piège. Dès que l'insecte ne manifeste plus de mouvements, les deux lobes de la feuille s'étalent de nouveau pour attendre une autre proie.

Fig. 69.
La Dionée Attrape-Mouche
(*Dionea muscipula*).

Le suc visqueux et acide sécrété par les poils ne tarde pas à décomposer le cadavre de l'insecte. Bientôt il ne reste plus trace de la victime, ce qui a donné lieu de croire, mais à tort, que la Dionée était carnivore.

Les poils glanduleux qui couvrent les feuilles des *Rossolis*, plantes de nos marais, jouissent de toutes les propriétés d'irritabilité de la Dionée.

82. Durée et chute des feuilles. — La vie de la feuille est toujours plus courte que celle de la tige qui lui a donné naissance. Si les feuilles ne vivent qu'une seule saison et tombent à l'automne, on les nomme *feuilles caduques* (Noyer, Platane, Acacia).

On a donné le nom de *feuilles persistantes* à celles qui vivent plus d'une saison. Comme elles ne meurent pas toutes à la fois, et que les anciennes sont remplacées par d'autres, au fur et à mesure qu'elles tombent, les arbres qui en sont pourvus sont dits *arbres verts* (Pin, Sapin, Houx, Buis).

Lorsque la feuille est arrivée à son déclin, et bien avant qu'elle soit flétrie, sa chute est déjà préparée par le développement d'une couche de liège qui se forme en travers de la base du pétiole, en obstruant les vaisseaux qui viennent de la tige. La feuille devient alors indépendante de l'axe qui la porte, et le moindre ébranlement peut occasionner sa chute.

Les feuilles des Palmiers et des Fougères arborescentes se désorganisent partiellement, et les débris des pétioles persistent sur le stipe.

§ II

Structure de la feuille.

83. Structure du pétiole. — Sur une coupe transversale du pétiole (fig. 70), on voit qu'il est formé d'un *épiderme* enveloppant un parenchyme, dans lequel sont disséminés les *faisceaux* libéro-ligneux. Ces faisceaux sont presque toujours en nombre impair, et sont disposés suivant un arc, dont la partie convexe correspond à la face inférieure de la feuille. La partie libérienne est tournée du côté de la face inférieure du pétiole correspondant à l'extérieur de la tige. La partie ligneuse est formée surtout de fibres ; les vaisseaux ponctués y sont rares.

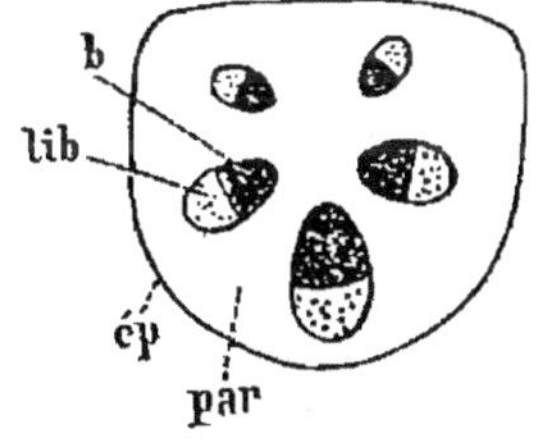

Fig. 70. — Section transversale d'un pétiole, montrant la disposition des faisceaux libéro-ligneux.— *lib*, liber ; *b*, bois ; *par*, parenchyme ; *ép*, épiderme.

Le pétiole ne comprend parfois qu'un seul faisceau libéro-ligneux (Pin, Œillet) ; le plus souvent trois ou cinq, rarement davantage.

84. Structure du limbe. — La structure du limbe (fig. 71) comprend, comme celle du pétiole : l'*épiderme*, le *parenchyme* et les *nervures*.

85. Épiderme. — L'épiderme est formé par des cellules ordinairement dépourvues de chlorophylle, et étroitement appliquées les unes contre les autres, sans laisser de méats intercellulaires; en outre, la face externe est toujours *cutinisée*. Dans les feuilles coriaces, comme celles du Houx, la couche de cutine est très épaisse, surtout à la face supérieure; elle donne à ces feuilles l'aspect luisant qu'on leur connaît.

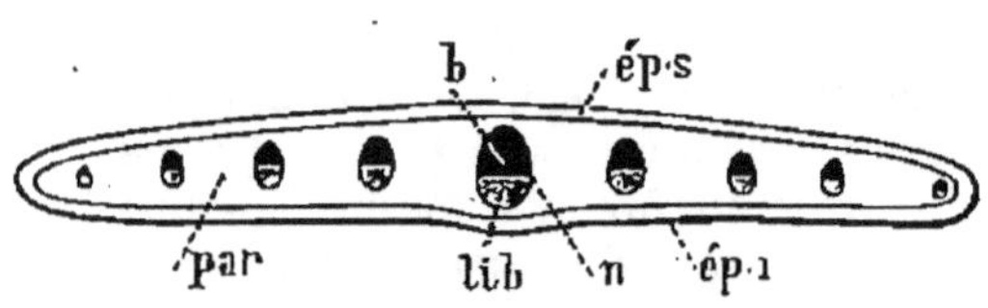

Fig. 71. — Section transversale du limbe d'une feuille, pratiquée perpendiculairement à la nervure principale du limbe. — *éps*, épiderme de la face supérieure; *épi*, épiderme de la face inférieure; *par*, parenchyme; *n*, faisceau libéro-ligneux de la nervure principale; *lib*, liber; *b*, bois.

Les formations épidermiques les plus importantes sont les *stomates*.

86. Stomates. — Les *stomates* (fig. 72) sont des orifices microscopiques formés dans l'épaisseur de l'épiderme. C'est par les stomates que la plante respire et qu'elle se débarrasse de l'eau en excès.

Un stomate est constitué par deux cellules épidermiques en forme de croissant, s'appuyant par leur bord concave de façon à limiter entre elles une fente appelée *ostiole*. Les deux *cellules stomatiques* contiennent le plus souvent de la chlorophylle, ce qui permet, outre leur forme spéciale, de les distinguer facilement des autres cellules épidermiques.

Au-dessous de chaque stomate se trouve un petit espace produit par l'écartement des cellules sous-jacentes, et qu'on appelle *chambre à air* ou *sous-stomatique*. La chambre sous-stomatique communique avec les méats du parenchyme (fig. 73, *ch*).

Les stomates abondent surtout à la face inférieure des feuilles. Dans la plupart des cas, leur nombre est compris entre 30 et 300 par millimètre carré; mais ce nombre peut s'élever à 700 chez certaines plantes (Olivier). La face supérieure en est parfois entièrement dépourvue. Chez les feuilles flottantes (Nénuphar), c'est la partie supérieure, au contraire, qui porte seule les stomates. Dans les feuilles submergées, les deux faces en sont dépourvues.

Des observations attentives ont permis de constater que l'ostiole se ferme dans l'obscurité ou dans un milieu privé de vapeur d'eau, et qu'il s'ouvre à la lumière ou dans un milieu humide.

Outre les stomates proprement dits, ou *stomates aérifères*, la plante possède encore des *stomates aquifères* (fig. 80), situés ordinairement à l'extrémité des nervures des feuilles. Les stomates aquifères sont destinés à débarrasser la plante de l'eau absorbée en excès, en la rejetant à l'état liquide.

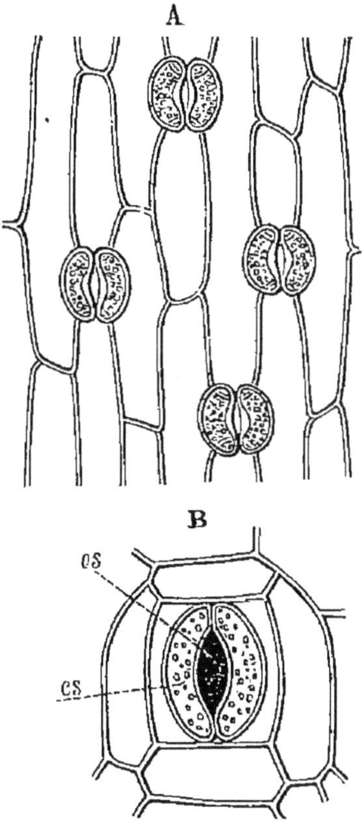

87. Parenchyme. — Le *parenchyme* d'une feuille coriace, comme celle du Houx, montre deux structures différentes. Vers la face supérieure de la feuille (fig. 73), le parenchyme est formé de deux ou trois rangées de cellules plus longues que larges et disposées perpendiculairement à la surface du limbe; c'est le *parenchyme en palissade*, riche en chlorophylle et ne présentant que des méats très étroits. Vers la face inférieure, au contraire, le parenchyme est constitué par des cellules polyédriques très lâchement unies entre elles, et formant un tissu spongieux creusé de nombreuses cavités aérifères communiquant avec les stomates ; c'est le *parenchyme lacuneux*, moins riche en chlorophylle que le tissu en palissade ; c'est pour cela que la face inférieure de la feuille est ordinairement d'une couleur plus pâle.

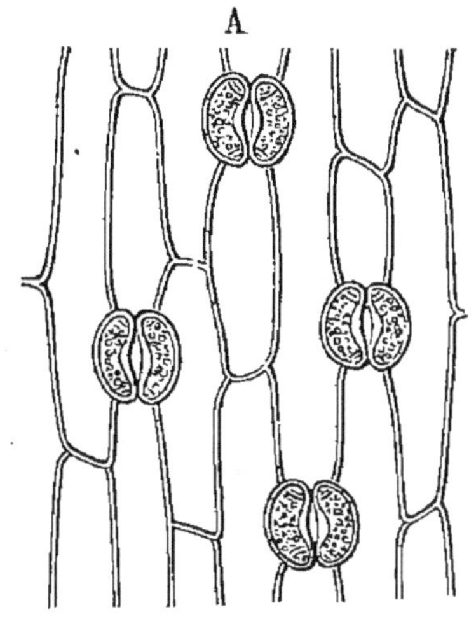

Fig. 72. — A, lambeau d'épiderme d'Iris, portant quatre stomates très grossis. — B, un stomate isolé; *cs*, cellule stomatique remplie de chlorophylle; *os*, ostiole.

Dans les *plantes aquatiques*, le parenchyme lacuneux occupe la partie supérieure de la feuille, si elle est flottante (Nénuphar). Si la feuille est submergée, le parenchyme est souvent nul, et le limbe se réduit aux nervures (Renoncule aquatique). Lorsque le limbe existe, il ne présente pas de stomates (Potamogétons),

et le parenchyme contient de grands canaux aérifères qui dimi-
nuent la densité des feuilles et les empêchent de demeurer au
fond de l'eau.

La structure des nervures du limbe est identique à celle des

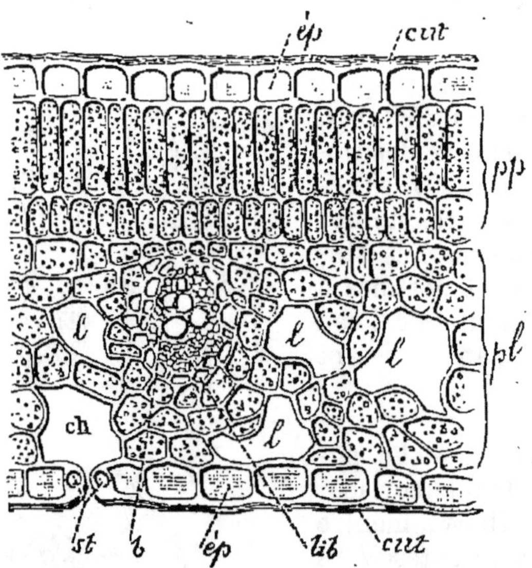

Fig. 73. — Coupe transversale du limbe d'une feuille. *cut*, cuticule; *ép* (en
haut), épiderme de la face supérieure; *pp*, parenchyme en palissade; *pl*, parenchyme lacuneux; *l*, lacunes; *ép*, épiderme de la face inférieure; *st*, stomate; *ch*, chambre sous-stomatique; *lib*, liber d'un faisceau libéro-ligneux;
b, bois.

faisceaux qui constituent le pétiole, dont elles ne sont que la
continuation et l'épanouissement. Les vaisseaux ligneux s'y
trouvent, par suite, orientés vers la face supérieure, et les vaisseaux libériens vers la face inférieure.

CHAPITRE V

FONCTIONS DE LA FEUILLE

88. Diverses fonctions de la feuille. — Dans quelques cas,
les feuilles jouent le rôle d'*organes protecteurs*, ainsi qu'on le
voit dans les feuilles modifiées en écailles enveloppant les bourgeons. Ailleurs, elles constituent des *organes de réserves nutri-*

tives, comme cela a lieu pour les écailles épaissies des bulbes (Lis, Jacinthes, Oignons) et les cotylédons du Haricot. Quelquefois elles se transforment en vrilles, et deviennent des *organes de fixation* (Pois, Gesse, Bryone). Enfin, elles sont le siège principal de la *respiration*, de la *transpiration* et de l'*assimilation chlorophyllienne*.

§ I

Respiration.

89. Nature de cette fonction. — Par la *respiration*, *toutes les cellules vivantes* du végétal absorbent de l'oxygène et dégagent de l'acide carbonique.

L'absorption de l'oxygène est une propriété inhérente à la vie du protoplasma, c'est pourquoi la respiration est une fonction générale à tous les êtres vivants ; sans la respiration, aucun autre phénomène vital ne peut se produire.

C'est par les stomates, et le plus généralement à l'état libre dans l'air, que les plantes puisent directement l'oxygène qui leur est nécessaire.

Si la plante n'a pas à sa disposition de l'oxygène libre, elle peut l'enlever à des combinaisons faibles, plus ou moins voisines des sucres. C'est ainsi que la *levure de bière*, Champignon microscopique, plongée dans le *moût de bière*, liquide sucré, dédouble le sucre pour lui prendre son oxygène, et le décompose en alcool et en acide carbonique. De même, la Bactérie du Charbon, microbe végétal qui provoque une maladie contagieuse redoutable pour l'homme et les animaux, en vivant dans les veines et les artères, enlève l'oxygène des globules du sang, et tue l'animal par asphyxie.

Fig. 74. — 'Une allumette s'éteint quand on la plonge dans un flacon dans lequel on a fait germer des graines. L'oxygène de l'air, absorbé par les graines germant, a été remplacé par de l'acide carbonique, provenant de la respiration des plantules.

L'oxygène absorbé par les cellules vivantes est le premier aliment de la plante, comme il est facile de le constater en faisant germer des graines dans un flacon (fig. 74).

90. Constatation de la respiration. — Pour vérifier la respiration des plantes, on place un végétal vivant sous une cloche

Fig. 75. — Appareil pour constater la respiration des plantes. L'eau de baryte contenue dans le verre se trouble par suite de la formation de carbonate de baryte.

reposant sur une plaque de verre, et l'on met à côté de la plante un verre contenant de l'eau de baryte (fig. 75). Il faut avoir soin de mastiquer la cloche, afin de soustraire son contenu à l'accès de l'air extérieur. L'appareil étant ainsi disposé, on ne tarde pas à voir l'eau de baryte se troubler par la formation d'un précipité blanc de carbonate de baryte, résultant du dégagement d'acide carbonique. En même temps, le végétal a absorbé de l'oxygène, comme le prouve l'analyse de l'air restant. Si l'expérience se prolongeait, la plante périrait par défaut d'oxygène.

La respiration présente le maximum d'intensité dans les organes en voie de croissance active, par exemple dans les bourgeons au moment de l'éclosion.

Le rapport $\dfrac{CO^2}{O}$, c'est-à-dire le rapport du volume d'acide carbonique dégagé au volume d'oxygène absorbé, est indépendant de la température, de la pression et de l'éclairement. En général, $\dfrac{CO^2}{O} < 1$, ce qui prouve que tout l'oxygène absorbé n'est pas utilisé à produire de l'acide carbonique; dans les plantes en voie de germination (fig. 74), le rapport $\dfrac{CO^2}{O}$ peut égaler $\dfrac{1}{2}$; d'où il résulte qu'à cette époque il se produit des oxydations énergiques dans les tissus de la plante; au moment de la floraison $\dfrac{CO^2}{O}$ est, au contraire, très voisin de l'unité.

§ II

Transpiration.

91. Nature de cette fonction. — La *transpiration* est une fonction par laquelle la plante se débarrasse de l'excès d'eau absorbée par les racines, en l'exhalant sous forme de vapeur par les stomates aérifères.

92. Constatation de la transpiration. — Pour constater la transpiration et mesurer en même temps le volume d'eau exhalé par les feuilles en un temps donné, on adapte à l'une des branches d'un tube en U rempli d'eau (fig. 76), l'extrémité inférieure d'un rameau garni de feuilles fraîches, puis on ajoute à l'autre branche un tube capillaire horizontal contenant aussi de l'eau. La vapeur d'eau qui se dégage des feuilles est remplacée dans le rameau par l'eau du tube.

A mesure que l'eau est absorbée dans la branche verticale, on voit l'extrémité de la

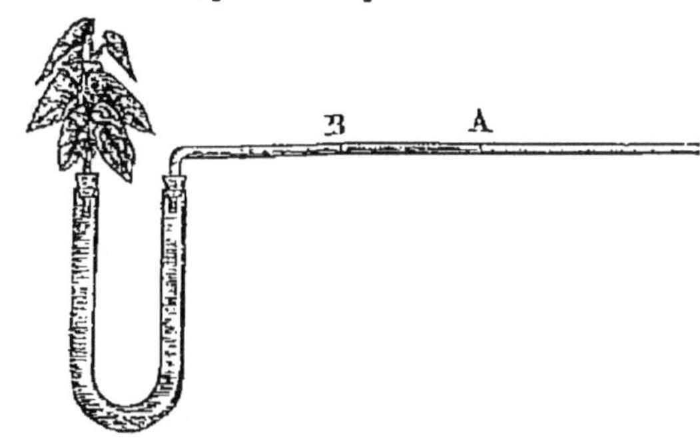

Fig. 76. — Appareil destiné à mesurer le volume d'eau exhalé par les feuilles en un temps donné. L'eau, d'abord en A, se déplace dans le sens des feuilles et arrive en B. — (Expérience de Sachs.)

colonne d'eau se déplacer de A en B dans le tube capillaire horizontal.

En mesurant ce déplacement, on connaîtra le volume d'eau exhalé par les feuilles en un temps donné.

On peut mesurer le poids de vapeur d'eau dégagée par les feuilles au moyen de l'expérience suivante. Sur l'un des plateaux d'une balance (fig. 77), on place une plante contenue dans un vase vernissé. On a soin de couvrir, avec une plaque de verre, l'ouverture du vase, afin que l'évaporation ne puisse se produire que sur la surface des feuilles. Sur l'autre plateau, on met des poids marqués pour établir l'équilibre. L'appareil étant ainsi disposé, on constate, après un certain temps, que le plateau portant la plante s'est élevé. La valeur des poids marqués qu'il faudra ajouter sur le plateau *b*, pour rétablir l'équilibre, égalera évidemment le poids de l'eau exhalée en un temps donné.

Fig. 77. — Appareil destiné à évaluer le poids d'eau exhalé par les feuilles. Au début de l'expérience, la plante placée sur le plateau *b* faisait équilibre aux poids marqués du plateau *a*. Après un certain temps, la plante ayant exhalé de l'eau en transpirant, le poids du vase est maintenant inférieur aux poids marqués ; le poids qu'il faut ajouter au plateau *b*, pour rétablir l'équilibre, est égal au poids de l'eau transpiré. — (Expérience de Hales.)

Dans les conditions normales, il s'établit un état d'équilibre entre la quantité d'eau que les racines introduisent dans les tissus du végétal et celle qui est exhalée dans l'atmosphère par la transpiration. Cet état d'équilibre est indispensable au fonctionnement régulier des organes de la plante. Lorsque l'équilibre est rompu en faveur de la quantité d'eau absorbée, comme cela se produit parfois au printemps à l'occasion des pluies abondantes et prolongées, l'assimilation des matières nutritives est incomplète. On voit les champs de Blé, les Vignes, etc.,

prendre un aspect jaunâtre et maladif, présage d'une mauvaise récolte. Une transpiration trop active n'est pas moins funeste à la plante. On sait, en effet, que pendant une période de sécheresse les feuilles des arbres et les plantes herbacées se flétrissent et meurent ; de là résultent l'utilité et la raison des arrosages.

93. Variations de la transpiration. — L'intensité de la transpiration est variable, ainsi qu'on peut le constater, en notant les quantités d'eau transpirées par une même plante, aux différentes heures de la journée. On trouve, en effet, que la transpiration est très faible au lever du soleil, et qu'elle augmente ensuite jusqu'à trois heures du soir, puis elle diminue jusqu'au lever du soleil du lendemain. D'où l'on conclut que la transpiration présente un maximum d'intensité vers trois heures du soir, et un minimum au lever du soleil.

Les lignes verticales de la figure 78 représentent les intensités de la transpiration aux heures inscrites sur la ligne horizontale, et elles permettent en même temps de tracer la courbe indiquant les variations de la transpiration, pendant une période de vingt-quatre heures.

94. Conditions qui modifient la transpiration. — La transpiration est d'autant plus active, que la lumière est plus vive. Elle diminue par un ciel nuageux et cesse à peu près pendant la nuit, car on sait que les stomates aérifères, organes actifs de la transpiration, se ferment à l'obscurité. Elle cesse également dans une atmosphère saturée de vapeur d'eau.

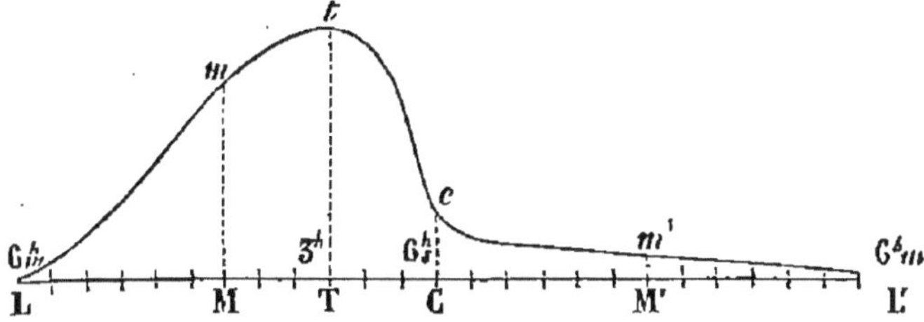

Fig. 78. — Courbe représentant les variations de la transpiration pendant une période de vingt-quatre heures. — L, lever du soleil à six heures; M, midi; T, trois heures du soir; C, coucher du soleil, à six heures; M', minuit; L' lever du soleil.   (D'après Gaston BONNIER.)

Une température élevée, une atmosphère relativement sèche, l'agitation de l'air et la lumière, sont les conditions extérieures les plus favorables à la transpiration.

Les circonstances qui modifient la transpiration, en dehors des conditions extérieures, sont : l'absorption par les racines, l'étendue de la surface des feuilles, et la nature de la surface épidermique. Pour deux plantes de même poids, l'activité de la transpiration est en raison directe des surfaces foliaires, et en raison inverse de l'épaisseur de la cuticule.

95. Expérience de Garreau. — Les stomates étant moins nombreux sur la face supérieure de la feuille que sur la face inférieure, celle-ci doit transpirer plus de vapeur d'eau que la face opposée. Il est facile, d'ailleurs, de vérifier ce fait au moyen de l'*expérience de Garreau* (fig. 79). Pour cela, on adapte une cloche en verre sur

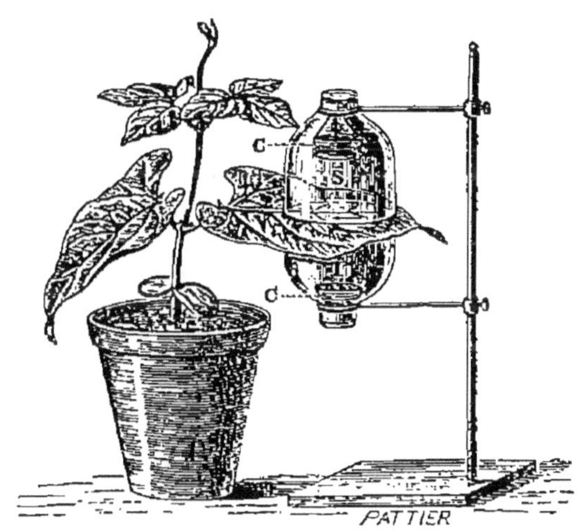

Fig. 79. — Expérience de Garreau, pour constater qu'une feuille transpire plus par sa face inférieure que par sa face supérieure.

chacune des faces d'une feuille adulte, et dans chacune de ces cloches, S, I, on place une soucoupe contenant *un même poids* de chlorure de calcium C, destiné à absorber la vapeur d'eau dégagée.

Après un certain temps, on trouve que le poids du chlorure de calcium, contenu dans la soucoupe de la cloche inférieure I, est supérieur à celui que contient la soucoupe de la cloche S.

96. Importance et utilité de la transpiration. — D'après des recherches faites sur la transpiration, on a trouvé qu'un pied de Blé exhale 7 kilogrammes de vapeur d'eau pendant une période de six mois; un champ de Maïs de 1 hectare, *contenant 30 pieds par mètre carré*, rejette 35 mètres cubes d'eau dans un intervalle de douze heures, pendant une journée sèche et chaude. En prenant le poids d'une plante *pour unité, on a constaté que le Chêne transpire, en un* an, 220 fois son poids d'eau; l'Érable, 450 fois. On comprend, d'après ces résultats, quelle énorme quantité de vapeur d'eau doit répandre *dans l'atmosphère une végétation puissante*; pourquoi les régions boisées sont d'une grande humidité, et comment le reboisement d'une contrée sèche et aride peut en modifier le climat.

Le phénomène de la transpiration contribue d'une façon considérable à la nutrition du végétal. Pour s'en convaincre, il suffit d'observer que l'eau exhalée dans l'atmosphère est constamment remplacée par la sève brute absorbée par les racines; par conséquent, il s'établit un courant à travers le corps de la plante, et les matériaux nutritifs du sol sont ainsi transportés des racines jusqu'aux feuilles, où ils sont élaborés.

97. Émission de l'eau à l'état liquide. — Lorsque les conditions de l'atmosphère cessent d'être favorables à la transpiration, il arrive que les feuilles sont impuissantes à rejeter l'excès d'eau absorbée par les racines; dans ce cas, l'eau s'échappe de la plante sous forme de gouttelettes. Pour permettre l'écoulement de cette eau, les extrémités des nervures du limbe sont pourvues, on le sait, de *stomates aquifères* (fig. 80).

Il ne faut pas confondre la *transpiration* avec l'*évaporation*; ces deux phénomènes sont de nature différente et absolument indépendants l'un de l'autre; ils diffèrent principalement par l'action que la *lumière exerce sur eux*. Ainsi, l'influence de la lumière est nulle sur l'évaporation, tandis qu'elle est considérable sur la transpiration, en particulier sur celle des plantes à *chlorophylle*. La *transpiration est une fonction d'ordre* vital, et l'évaporation est un phénomène purement physique.

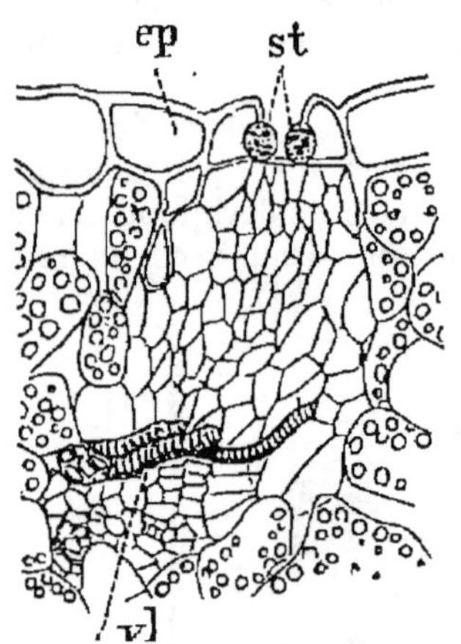

Fig. 80. — Stomate aquifère. *ep*, épiderme; *st*, stomate; *vl*, vaisseaux ligneux de l'extrémité d'une nervure; ils déversent l'excès d'eau dans un parenchyme situé sous le stomate, et qui occupe la place de la chambre sous-stomatique.

§ III

Assimilation chlorophyllienne.

98. La chlorophylle. — C'est à la *chlorophylle* ($C^{36}H^{34}AzO^4$) que les plantes doivent leur couleur verte. Vue au microscope, la matière verte se montre sous forme de petits grains protoplasmiques, appelés *grains chlorophylliens* ou *chloroleucites*.

Les chloroleucites se forment aux dépens des leucites qui, d'abord incolores, ne tardent pas à se colorer en jaune par une matière appelée *xantophylle;* puis, sous l'action de la lumière, les leucites jaunes deviennent verts et constituent les chloroleucites (fig. 81).

La substance qui les forme est azotée comme le protoplasma; elle vit et s'accroît comme lui dans la cellule.

Les chloroleucites traités par l'alcool ou par la benzine deviennent incolores, et l'on constate que ces granulations décolorées possèdent toutes les propriétés du protoplasma. La matière verte, dont l'alcool a pris la couleur, constitue seule la chlorophylle. Il en résulte que les chloroleucites doivent être

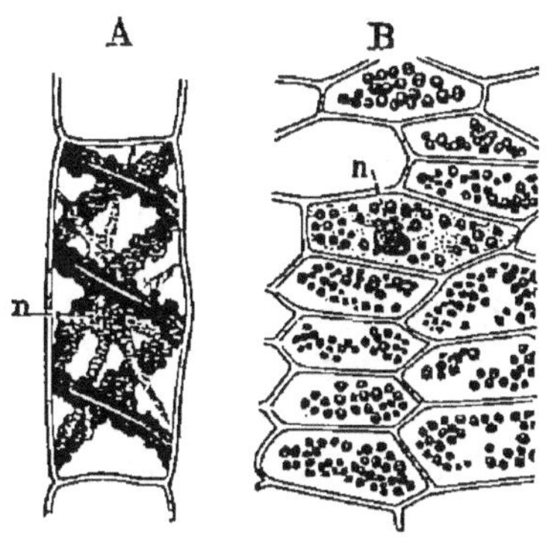

Fig. 81. — A, une cellule d'Algue (Spirogyre), contenant des chloroleucites en forme de rubans; *n*, noyau. — B, cellules de *Marchantia* (Hépatique), contenant des chloroleucites en forme de grains; *n*, noyau.

considérés comme de petites masses protoplasmiques ordinaires qui, dans certaines conditions, s'imprègnent d'une matière verte soluble dans l'alcool.

La chlorophylle exige pour se former une certaine intensité de lumière, variable suivant les plantes; pour acquérir la coloration verte, certains végétaux, comme beaucoup de Muscinées et quelques Fougères, n'ont besoin que d'une lumière diffuse très affaiblie; mais la plupart des végétaux supérieurs demandent un éclairement beaucoup plus intense. En général, à l'obscurité, il ne se forme que de la *xantophylle,* la plante ne verdit pas; les Betteraves, entassées pendant l'hiver dans l'obscurité des silos ou des caves, produisent des feuilles décolorées. La Pomme de terre, placée dans ces conditions, développe au printemps des tiges très longues, mais qui demeurent tendres, molles et blanchâtres. On dit alors que la plante est *étiolée*. La culture maraîchère a su tirer parti de cette propriété de la chlorophylle pour obtenir des légumes particulièrement tendres en les privant de la lumière (Salade, Céleri, Chou-fleur, etc.).

Pour préparer de la chlorophylle, il suffit de traiter des feuilles hachées par de l'alcool ; les feuilles se décolorent et l'alcool prend la couleur verte de la chlorophylle. Si on ajoute de la benzine et qu'on agite, la dissolution se sépare en deux liquides : le plus dense est jaunâtre, c'est l'alcool avec la xantophylle ; le liquide supérieur est d'un beau vert, c'est la benzine avec la chlorophylle. On peut séparer les deux matières et les faire cristalliser.

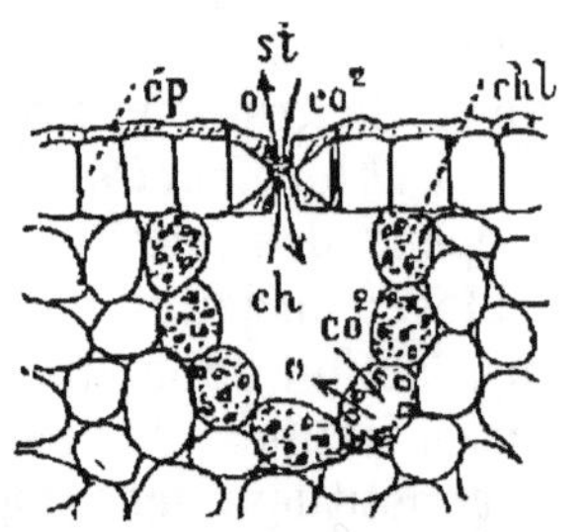

Fig. 82. — Figure théorique pour expliquer le mécanisme de l'assimilation chlorophyllienne. — *st*, stomate ; *ch*, chambre sous-stomatique limitée par des cellules à chlorophylle *chl* ; *ep*, épiderme de la feuille. La direction des flèches indique la circulation des gaz dans le tissu à chlorophylle.

L'assimilation chlorophyllienne est une fonction par laquelle toutes les parties vertes de la plante, exposées à la lumière, absorbent l'acide carbonique de l'air, le décomposent, retiennent le carbone et dégagent l'oxygène (fig. 82).

99. Constatation de l'assimilation chlorophyllienne. — Pour constater que la fonction chlorophyllienne est bien une absorption d'acide carbonique et un dégagement corrélatif d'oxygène, on place une plante *verte vivante* dans une éprouvette remplie d'un mélange d'eau ordinaire et d'eau de seltz, et on expose le tout au soleil (fig. 83). On voit bientôt de nombreuses petites bulles de gaz qui se détachent de la surface de la plante et viennent se réunir au sommet de l'éprouvette ; ce gaz est de l'oxygène, comme il est facile de le vérifier. De plus, on trouve que l'acide carbonique dissous

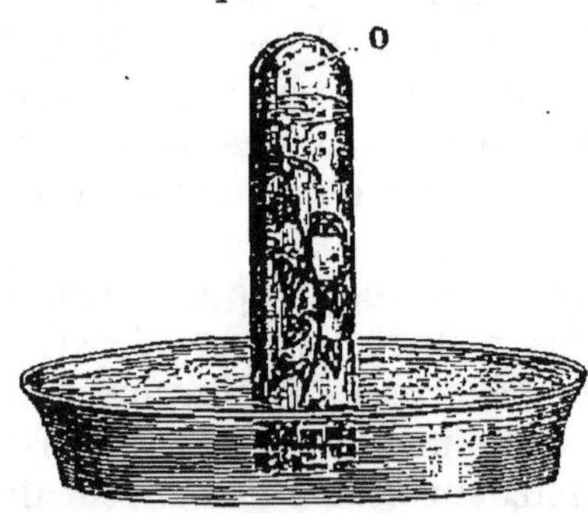

Fig. 83. — Expérience pour constater que les feuilles vertes, sous l'influence de la lumière, absorbent de l'acide carbonique et dégagent de l'oxygène *o*.

dans l'eau a considérablement diminué, et l'on a pu s'assurer, par des mesures précises, que le volume d'acide carbonique absorbé est à peu près égal à celui de l'oxygène dégagé.

Au lieu d'une plante vivante verte, si l'on prend une plante privée de chlorophylle, une Cuscute ou une Orobranche, par exemple, on ne constate ni dégagement d'oxygène ni absorption d'acide carbonique. De même, si l'on soustrait la plante verte à l'action de la lumière solaire, en la plaçant à l'obscurité, il n'y a pas de dégagement de gaz, parce que l'acide carbonique produit par la respiration se dissout dans l'eau.

Dans cette expérience, au lieu de placer la plante dans une éprouvette remplie d'eau, on pourrait la mettre sous une cloche contenant une certaine proportion d'acide carbonique ; au bout de quelque temps, on trouverait que la cloche contient moins d'acide carbonique et plus d'oxygène qu'avant d'exposer l'appareil à la lumière.

En résumé, *les parties vertes des plantes exposées à la lumière solaire absorbent de l'acide carbonique et dégagent de l'oxygène.*

100. Distinction de l'assimilation chlorophyllienne et de la respiration. — Il ne faut pas confondre la fonction chlorophyllienne avec la respiration, comme on le faisait autrefois. La respiration est une fonction commune à tout ce qui vit ; elle s'accomplit à tous les instants de la vie ; elle est indépendante de la lumière et de la présence de la chlorophylle. La fonction chlorophyllienne est beaucoup plus spéciale ; elle ne s'accomplit que par la chlorophylle et sous l'action de la lumière, comme il arrive pour beaucoup d'autres actions chimiques, telles que la combinaison du chlore avec l'hydrogène et la décomposition des sels d'argent ; d'ailleurs, il est facile de montrer que les deux fonctions se produisent en même temps. Dans l'expérience que l'on a faite pour constater la respiration (fig. 75), le précipité blanc de carbonate de baryte, obtenu en exposant à la lumière une plante vivante verte, prouve que la plante respire à la lumière en même temps qu'elle décompose l'acide carbonique.

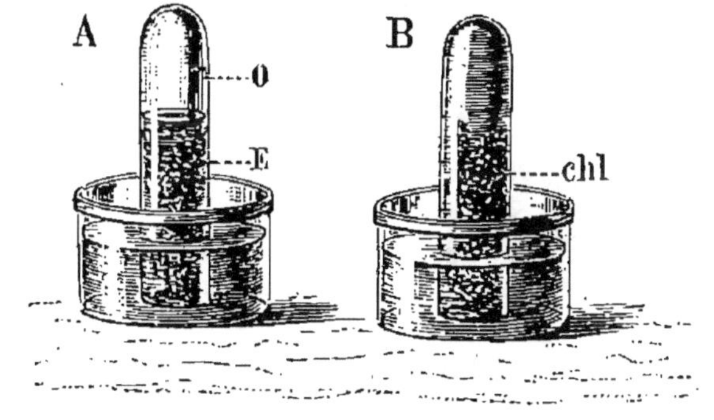

Fig. 84. — Expérience de Claude Bernard. — A, dans l'eau pure E, il y a dégagement d'oxygène O. — B, dans l'eau chloroformée *chl*, il n'y a pas de dégagement d'oxygène.

101. Expérience de Claude Bernard. — On peut, à l'aide de l'expérience de Claude Bernard (fig. 84),

suspendre la fonction chlorophyllienne sans modifier la respiration ;
il suffit de placer deux plantes vertes, l'une dans une éprouvette remplie d'eau pure, la seconde dans une autre éprouvette contenant de
l'eau avec une proportion convenable de chloroforme, et d'exposer le
tout au soleil. Dans la première éprouvette, on obtient un dégagement d'oxygène, tandis que dans l'éprouvette contenant l'eau chloroformée, il y a eu absorption d'oxygène et dégagement d'acide carbonique ; d'où l'on conclut que la plante respire à la lumière comme
à l'obscurité, que la respiration et la fonction chlorophyllienne sont
deux fonctions indépendantes et inverses, s'accomplissant en même
temps sous l'action de la lumière.

102. Spectre d'absorption de la chlorophylle. — On vient de vérifier que la fonction chlorophyllienne s'effectue sous l'action de la
lumière solaire. Or on fait voir en physique que la lumière blanche
se décompose, en traversant un prisme, en un certain nombre de
radiations diversement colorées constituant le *spectre solaire.*

Si, au lieu d'exposer une plante à la lumière blanche, on lui laisse
recevoir seulement certaines radiations, la quantité d'acide carbonique
décomposé varie beaucoup, suivant la radiation colorée avec laquelle
on a opéré. On constate, en effet, que dans la radiation rouge du
spectre, par exemple, la fonction chlorophyllienne se produit avec
intensité, tandis que dans la radiation verte la décomposition de
l'acide carbonique est nulle.

Maintenant, si l'on fait passer la lumière blanche à travers une dissolution de chlorophylle dans l'alcool, puis que l'on décompose par
le prisme la lumière qui a ainsi traversé la chlorophylle, on voit que
certaines radiations sont absorbées par la dissolution ; les radiations
absorbées sont remplacées dans le spectre par des bandes noires.
L'ensemble de ces bandes constitue le *spectre d'absorption de la
chlorophylle* (fig. 85). La bande la plus noire, I, correspond à la radia-

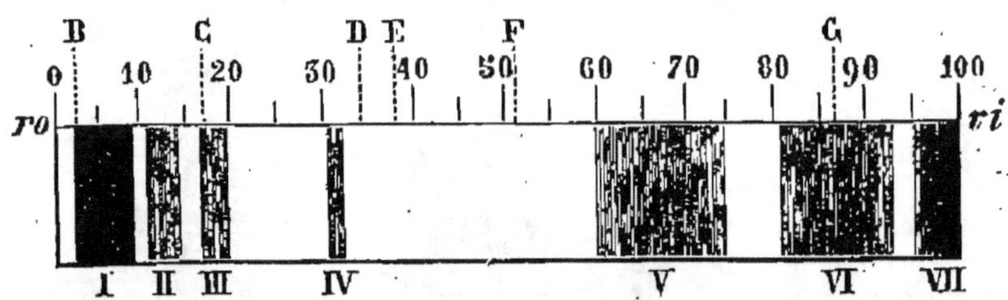

Fig. 85. — Spectre d'absorption de la chlorophylle. — *ro*, partie rouge du
spectre solaire ; *vi*, partie violette ; I, II, III, IV, V, VI, VII, bandes d'absorption de le chlorophylle. (D'après Gaston BONNIER.)

tion rouge, *ro*, du spectre solaire ; puis, dans le jaune, on voit d'autres
bandes moins noires II, III et IV. Enfin, dans la partie violette *vi*,
se trouvent des bandes plus larges, mais moins foncées, V, VI et VII.
La partie verte est dépourvue de bandes. Ce sont précisément les

radiations absorbées par la chlorophylle, c'est-à-dire le rouge, le violet et le jaune, qui provoquent la décomposition de l'acide carbonique.

La xantophylle présente seulement les trois bandes V, VI et VII, situées dans la partie la plus réfrangible du spectre.

103. Transformation de la sève brute en sève élaborée. — Les deux principales fonctions qui concourent à la transformation de la *sève brute* en *sève élaborée* sont la transpiration et l'assimilation chlorophyllienne.

On a vu que l'eau du sol contient en dissolution diverses substances nutritives, en particulier des sels minéraux ; ce liquide, ou sève brute, est absorbé par les racines et monte jusqu'aux feuilles, à travers les faisceaux ligneux de la racine et de la tige. Lorsque la sève brute est arrivée dans les feuilles, la transpiration la débarrasse de l'eau en excès qui avait servi à transporter les sels minéraux, et qui maintenant serait nuisible à la santé de la plante.

Pendant que la transpiration élimine l'eau en excès, l'acide carbonique de l'air est décomposé par la chlorophylle sous l'influence de la lumière ; c'est l'assimilation chlorophyllienne, dont le rôle est de fournir au végétal l'un des éléments les plus essentiels de sa nutrition, le *carbone*. Le carbone *assimilé* par la plante se combine avec les substances minérales de la sève brute, et, par une série de transformations chimiques encore inconnues, forme des composés organiques tels que la cellulose, l'amidon, les sucres, que l'on a désignés sous le nom d'*hydrates de carbone*. L'ensemble de ces diverses substances constitue la *sève élaborée*.

La sève élaborée, liquide épais, riche en substances nutritives, est ensuite distribuée par les vaisseaux libériens (fig. 86) sur tous les points de la plante en

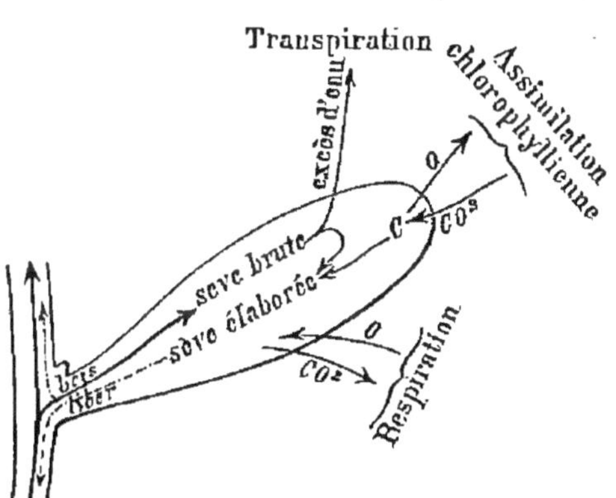

Fig. 86. — Figure théorique pour expliquer les trois fonctions principales de la feuille. Les flèches indiquent la marche des liquides et des gaz.

voie de croissance active, principalement dans les bourgeons, aux extrémités des racines, et dans les organes qui s'accroissent en épaisseur pour former des réserves nutritives.

Les hydrates de carbone, quelle que soit leur nature, peuvent servir immédiatement à nourrir le végétal. Une plante vivante, exposée pendant le jour à la lumière solaire, renferme le soir beaucoup d'amidon dans toutes ses parties vertes et dans les parties voisines ; mais, après la nuit, une partie au moins de cet amidon a disparu ; il a servi, soit à former les parois de cellulose qui limitent les cellules, soit à accroître les tissus.

On le voit, l'assimilation chlorophyllienne est une fonction de nutrition, et c'est avec raison qu'on lui donne aussi le nom d'*assimilation chlorophyllienne*. Elle remplace la digestion chez les êtres qui n'ont pas de tube digestif, à la condition qu'ils soient pourvus de matière verte.

La figure 86, dont les principaux détails sont empruntés à M. Gaston Bonnier, permet de résumer les fonctions de la feuille, en particulier la transformation de la sève brute en sève élaborée.

104. Variation de l'assimilation chlorophyllienne. — L'intensité de l'assimilation chlorophyllienne varie suivant la température et le degré de l'éclairement, et aussi suivant les plantes. Les végétaux qui croissent habituellement dans les lieux ensoleillés, comme les céréales et toutes les plantes des régions découvertes, se trouvent dans les conditions les plus favorables quand ils reçoivent l'action directe des rayons solaires. Pour les plantes, au contraire, qui se développent sous bois, telles que les Mousses, les Fougères et un grand nombre de Phanérogames, la fonction chlorophyllienne atteint le maximum d'intensité lorsqu'elles sont à la lumière diffuse.

105. Importance de l'assimilation chlorophyllienne. — L'assimilation chlorophyllienne joue un rôle fondamental dans la nature ; c'est à elle qu'est dévolu le soin de fournir aux plantes tout le carbone qui entre dans la composition de leurs tissus et des composés ternaires qu'elles élaborent. C'est la fonction chlorophyllienne qui opère la décomposition de ces masses énormes d'acide carbonique déversées dans l'atmosphère par la respiration des animaux et des plantes elles-mêmes, et par la combustion des matières organiques. C'est enfin à l'oxygène fourni par l'assimilation chlorophyllienne que l'équilibre de la composition de l'air atmosphérique doit de se maintenir dans les conditions nécessaires à la respiration, c'est-à-dire à la vie des êtres organisés. Ainsi, par une économie admirable de la Providence, l'acide carbonique, qui serait un élément de mort pour le règne animal, devient, grâce à l'assimilation chlorophyllienne, un principe de vie pour la plante et l'animal.

La quantité d'acide carbonique fixée par les plantes vertes peut être calculée approximativement, soit en mesurant directement le volume d'acide carbonique décomposé, soit en évaluant le poids du carbone incorporé dans les tissus. D'après de nombreuses expériences, il est prouvé qu'un mètre carré de feuilles de Laurier rose décompose, en une heure, au moins un litre d'acide carbonique. Dans une prairie d'un hectare, la quantité de carbone fixée annuellement peut atteindre 4 500 kilogrammes, correspondant à 16 500 kilogrammes d'acide carbonique, ou, en volume, à 1 080 mètres cubes. Ces chiffres nous donnent une idée de l'importance du rôle réparateur de la fonction chlorophyllienne.

106. Plantes dépourvues de chlorophylle. — Les plantes qui n'ont pas de matière verte, comme les Cuscutes, les Orobanches, et tous les Champignons, sont nécessairement privées de l'assimilation chlorophyllienne. Chez ces végétaux, la respiration n'est jamais masquée par un phénomène inverse, la lumière n'a qu'une action très faible sur la transpiration, et les échanges gazeux sont à peu près identiques à la lumière et à l'obscurité. Ces végétaux ne peuvent pas vivre dans un milieu exclusivement minéral ; ils se nourrissent aux dépens des matières assimilées ou mises en réserve par d'autres plantes vivantes ou mortes. Les Champignons, qui se développent dans l'obscurité des caves ou sous l'ombre des forêts, vivent aux dépens des détritus abandonnés par les êtres vivants, végétaux ou animaux ; la Cuscute prend à la Luzerne ou au Trèfle tout ce qu'elle assimile, et les tue en les épuisant ; les Orobanches agissent de même, ce sont des *plantes parasites*.

107. Usages des feuilles. — Les feuilles, comme les racines et les tiges, peuvent être *alimentaires, médicinales* ou *industrielles*.

Feuilles alimentaires. — Épinards, Oseille, Rhubarbe, Choux, Pissenlit, Laitue, Chicorée, Cresson, Thé, Mélisse, Persil, Cerfeuil, Estragon, Laurier sauce, Sarriette, Ciboule, Céleri, etc.

Feuilles médicinales. — Digitale pourprée, Belladone, Jusquiame, Stramoine, Sauge officinale, etc.

Feuilles industrielles. — Tabac, Alpha, Indigotier, Pastel, Mûrier, etc.

CHAPITRE VI

NUTRITION DES PLANTES ET LEUR MULTIPLICATION AU MOYEN DE LEURS ORGANES VÉGÉTATIFS

§ I

Nutrition des plantes.

108. Substances nutritives des plantes. — Les principaux aliments des plantes sont d'abord : l'*oxygène*, l'*hydrogène*, l'*azote*, le *carbone*, le *soufre* et le *phosphore*, indispensables à la composition du protoplasma et aux produits de son activité.

Il existe encore quelques corps simples qui, sans faire partie directement de la constitution du protoplasma, paraissent être nécessaires à son activité, puisqu'on les trouve dans tous les végétaux; ce sont : le *fer*, le *potassium*, le *calcium*, le *chlore*, le *silicium* et le *manganèse*.

C'est de la combinaison de ces douze corps simples que résulte la formation de tous les tissus et de tous les produits des végétaux, tels que la cellulose, l'amidon, les sucres, les substances albuminoïdes, les alcaloïdes, les matières grasses, les sels, les gommes, les cires, les résines, etc.

L'analyse des cendres végétales décèle encore la présence de plusieurs autres corps, tels que le *sodium*, l'*iode*, le *brome*, le *baryum*, le *strontium*, l'*aluminium*, etc.; mais leur présence ne paraît pas indispensable au développement du végétal, et le rôle qu'ils jouent dans l'économie de la plante n'est pas connu.

109. Origine des aliments des plantes. — Les plantes puisent leurs aliments dans l'atmosphère et dans le sol.

L'*oxygène* est pris dans l'atmosphère par la respiration, et dans la décomposition de l'acide carbonique de l'air par l'assimilation chlorophyllienne; l'eau du sol absorbée par les racines en fournit aussi une quantité considérable.

L'*hydrogène* provient également de l'eau puisée par les racines, et des substances ammoniacales très répandues dans les débris organiques provenant des végétaux et des animaux morts.

L'*azote* est fourni exclusivement par les nitrates de potasse et de soude répandus à la surface du sol, ou contenus dans les engrais.

Le *carbone*, l'un des aliments les plus importants, est fourni par l'acide carbonique de l'air et par celui qui se trouve en dissolution dans les liquides du sol.

Le *soufre* provient des sulfates solubles contenus dans le sol, en particulier du sulfate de chaux.

Le *phosphore* est introduit à l'état de phosphates de chaux, de potasse, de soude et de magnésie, plus ou moins abondants dans le sol.

Le *chlore*, le *fer*, le *sodium*, le *potassium*, etc., sont encore fournis par le sol, où ils se trouvent ordinairement à l'état de composés solubles. Lorsque ces combinaisons sont insolubles, l'organe d'absorption les digère préalablement.

110. Digestion des réserves nutritives. — La plante ne peut utiliser les matières nutritives qu'après les avoir digérées. Le phénomène de la digestion est absolument chez les plantes ce qu'il est chez les animaux. Lorsque la plante passe de l'état de vie latente à l'état de vie active, il se forme des ferments solubles destinés à digérer les matériaux de la nutrition; ces substances nutritives peuvent être *amylacées, sucrées, grasses* ou *albuminoïdes*. Chacune d'elles est rendue soluble par un *principe digestif* particulier.

L'*amidon* ou *fécule*, l'un des principaux aliments des végétaux, est digéré par la *diastase*, ferment analogue à la *ptyaline* de la salive, et que l'on a découvert d'abord dans l'Orge en germination. Sous son action, les substances féculentes insolubles sont transformées en *glucose* soluble et absorbable. C'est grâce à la diastase que le tubercule de la Pomme de terre en germination digère l'amidon qui le compose, pour le faire servir à la nourriture des tiges qui se développent au printemps.

Les *substances grasses*, pour être absorbées, ont besoin d'être *émulsionnées*, c'est-à-dire divisées en globules d'une petitesse extrême. Le principe digestif des substances grasses est le *ferment émulsif*, qui se trouve dissous dans le suc cellulaire.

Enfin les *substances albuminoïdes* ou *azotées* sont digérées par la *pepsine*, principe analogue à la pepsine du suc gastrique.

Dans les plantes pourvues de feuilles vertes, ces organes sont le siège principal de la digestion des réserves nutritives.

111. Assimilation des aliments digérés. — Les réserves nutritives, une fois digérées, constituent dans leur ensemble la *sève élaborée*, capable de nourrir le végétal.

Les substances digérées sont utilisées immédiatement pour former de nouveaux tissus, ou employées à reconstituer de nouvelles réserves nutritives; dans tous les cas, la sève élaborée se dirige, des feuilles où elle se forme, vers les points d'utilisation, en particulier dans les bourgeons et à l'extrémité des racines.

On a donné le nom d'*assimilation* à l'ensemble des phénomènes qui s'accomplissent dans les organes de la plante par la transformation des substances digérées en tissus vivants; la nature intime de ces modifications chimiques est inconnue.

3*

Les phénomènes d'assimilation ne se produisent que sous l'influence directe des radiations lumineuses et de la chlorophylle. Lorsque le tubercule de la Pomme de terre développe des tiges à l'obscurité, cette assimilation ne s'accomplit que grâce aux réserves nutritives contenues dans le tubercule. Dès que cette provision alimentaire est épuisée, la plante s'arrête forcément dans sa croissance et ne tarde pas à périr.

112. Résumé. — La nutrition des plantes peut se résumer ainsi :

Le végétal puise sa nourriture dans l'atmosphère et dans le sol (nᵒˢ 108 et 109).

L'atmosphère lui fournit l'*oxygène*.

La plante, comme tous les êtres vivants, absorbe de l'oxygène et émet de l'acide carbonique ; en d'autres termes, elle présente le phénomène de la *respiration* (nᵒˢ 89 et 90).

Les aliments fournis par le sol sont introduits dans le corps de la plante par la *sève*.

113. La sève. — On distingue deux sortes de sèves : la *sève brute* et la *sève élaborée*.

Sève brute. — La *sève brute* n'est autre chose que l'eau du sol, tenant en dissolution des sels minéraux (nitrates, phosphates, carbonates, sulfates, substances ammoniacales, etc.) ; elle contient aussi les éléments nutritifs des roches attaquées par le suc digestif sécrété par les poils absorbants (nᵒ 42).

La sève brute est absorbée par les racines (nᵒ 40), et le siège de l'absorption est localisé dans la région pilifère (nᵒ 41).

Les liquides du sol, puisés par les poils absorbants, pénètrent dans le corps de la plante par *osmose*, ainsi que le prouve l'expérience de Dutrochet (nᵒ 43).

C'est par les vaisseaux du bois de la racine et de la tige que la sève brute arrive dans les feuilles (nᵒ 44, fig. 37 et 87).

Les forces qui font monter la sève brute depuis les poils absorbants jusqu'au sommet de la tige sont : la *force osmotique*, la *capillarité* et la *transpi-*

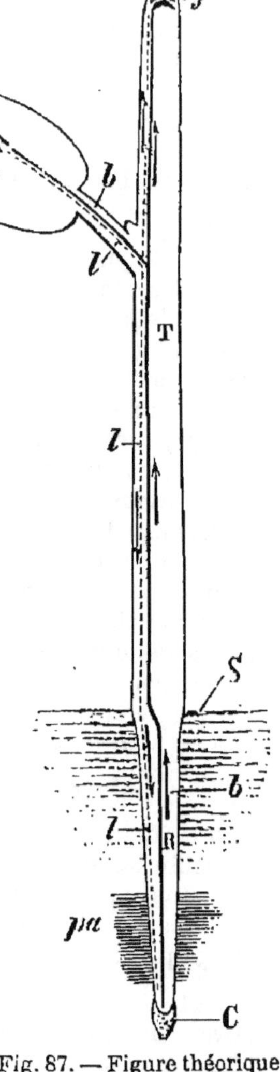

Fig. 87. — Figure théorique pour servir à expliquer la marche de la sève dans la plante. — C, coiffe ; *pa*, poils absorbants ; R, racine ; S, niveau du sol ; *b*, vaisseaux du bois ; *l*, vaisseaux libériens. — T, tige. — F, feuille ; *bg*, bourgeon.

ration des feuilles, dans lesquelles la sève brute se transforme en *sève élaborée* (n° 45). — Expérience de Hales (n° 46).

Sève élaborée. — La sève brute arrivée dans les feuilles y subit une série de modifications chimiques, dont le résultat final est la formation de composés organiques, tels que l'amidon, le sucre, les matières albuminoïdes, etc.

Ainsi transformée et débarrassée de son excès d'eau, la sève brute prend le nom de *sève élaborée*, liquide épais et riche en substances nutritives.

La transformation de la sève brute en sève élaborée se fait sous l'influence de la lumière et de la chlorophylle. Les deux fonctions qui concourent à cette transformation sont : 1° la *transpiration* et l'émission de l'eau à l'état liquide (n°s 91 à 98), qui éliminent l'excès d'eau contenu dans la sève brute (expérience de Garreau, n° 95); 2° l'*assimilation chlorophyllienne* (n°s 98 à 106), qui décompose l'acide carbonique de l'air; le carbone se combine avec les sels contenus dans la sève brute, et l'oxygène est rejeté.

La circulation de la sève élaborée se fait par les vaisseaux du liber (fig. 86 et 87), dont le rôle est de conduire les substances nutritives dans toutes les parties de la plante, où l'*assimilation* (n° 111) les transforme en nouveaux tissus et en réserves nutritives.

§ II

Multiplication des plantes au moyen des organes végétatifs.

114. Divers modes de multiplication. — Les plantes se multiplient naturellement au moyen de leurs graines ou encore à l'aide des tubercules et des bulbes. On peut aussi les multiplier au moyen de certaines opérations artificielles, telles que la *greffe,* la *bouture* et la *marcotte.*

115. Greffe. — On a donné le nom de *greffon* à un bourgeon ou à un rameau que l'on détache d'un végétal pour le transplanter sur un autre nommé *sujet* ou *sauvageon.*

Cette opération porte le nom de *greffe.*

La greffe a pour but de conserver et de multiplier les *bonnes variétés* de fleurs et de fruits, lesquelles ne peuvent se reproduire par la graine, en vertu du *principe du retour au type sauvage.*

D'après ce principe, quelles que soient les modifications que la culture fasse éprouver à un végétal, celui-ci revient infailliblement au type sauvage dès qu'il cesse d'être soumis aux soins de la culture. C'est ainsi qu'après un certain nombre de semis successifs, les nombreuses variétés de Pommes et de Poires cultivées reprennent les caractères du type sauvage, à fruits petits et acerbes, tels qu'on les retrouve dans les bois et les haies; d'ailleurs, c'est un fait qui s'observe tous les jours pour les plantes qui s'éloignent des cultures. Les Pensées, cultivées dans les parterres, en fournissent un exemple remarquable.

Le principe du retour à l'espèce, diamétralement opposé à la théorie transformiste, s'applique au règne animal comme au règne végétal.

Pour que l'opération de la greffe puisse réussir, il faut :

1º Que la zone génératrice du sujet et celle du greffon soient en contact.

2º Que le sujet soit en sève en même temps que le greffon ;

3º Qu'il y ait certains rapports d'affinité naturelle entre les deux plantes, c'est-à-dire qu'elles appartiennent l'une et l'autre au même genre, ou au moins à la même famille. Ainsi, par exemple, on greffe le Rosier sur un Rosier, le Cerisier sur un Cerisier; on peut même greffer le Lilas sur le Frêne, le Poirier sur le Cognassier, et aussi le *Datura*, l'Aubergine, la Tomate sur la Pomme de terre.

116. Principales sortes de greffes. — Les principales sortes de greffes sont : la *greffe par approche*, la *greffe en fente* ou *par rameau* et la *greffe en écusson* ou *par bourgeons* (fig. 88).

La *greffe par approche* consiste à unir deux plantes voisines par des entailles qui se correspondent. Lorsque la soudure est complète, on supprime un des sujets en le coupant au-dessous de l'entaille. Cette sorte de greffe est em-

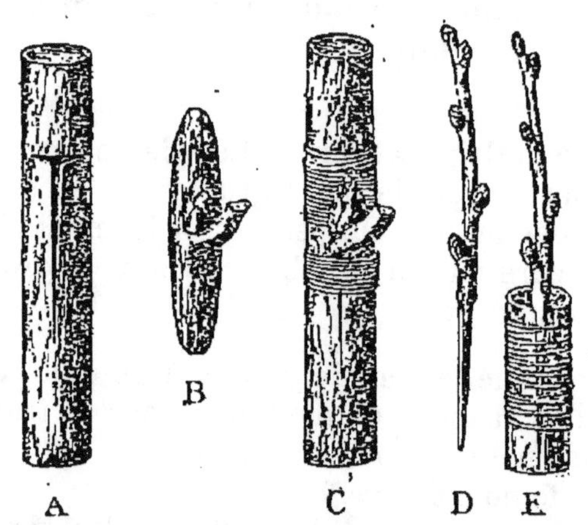

Fig. 88. — A, B, C, greffe en écusson ou par bourgeons. — D, E, greffe en fente ou par rameau.

ployée principalement pour les plantes herbacées. Les tiges, les racines, les feuilles, les fleurs et les fruits peuvent se souder ainsi. Parfois la greffe par approche s'opère naturellement dans les forêts entre les branches du même arbre, ou entre des arbres voisins de même nature.

La *greffe en fente* ou *par rameau*, appliquée surtout aux arbres fruitiers, consiste à détacher un rameau et à le transplanter sur un autre sujet. Pour établir les contacts nécessaires à la réussite de l'opération, on taille en biseau la partie inférieure du greffon, et on l'introduit dans une fente pratiquée dans l'écorce du sujet, et pénétrant jusqu'au bois ; dans ce cas, on a la *greffe en fente* ; si l'on fait une section transversale de la tige, et qu'on implante un certain nombre de greffons tout autour de la section, la greffe en fente devient la *greffe en couronne.*

Dans tous les cas, il faut avoir soin de disposer le greffon de manière que ses tissus vivants coïncident le mieux possible avec ceux du sujet ; on recouvre ensuite les plaies de mastic pour les soustraire à l'action de l'eau.

La greffe par rameau peut réussir aussi bien sur une racine que sur une tige.

La *greffe en écusson* ou *par bourgeon* se fait en pratiquant sur l'écorce une entaille en forme de T, dans laquelle on insinue une plaque d'écorce munie d'un bourgeon nommé *écusson*. Il faut avoir soin de bien enlever l'aubier qui pourrait adhérer au liber sans endommager le tissu verdâtre situé à la base interne du bourgeon ; puis on rapproche les lèvres de l'entaille au moyen d'une ligature faite avec un fil de laine, que l'on choisit de préférence à cause de son élasticité. Au bout de quelque temps, une soudure complète s'est produite, et le bourgeon greffé se développe, nourri par la racine du sujet sauvage.

La greffe par bourgeons est principalement employée pour le Rosier.

117. Bouture. — La bouture est un rameau, ordinairement muni d'un nœud et de jeunes bourgeons, qui, détaché du végétal et planté dans la terre, produit des racines adventives et se développe en un individu identique à celui dont il provient.

Le procédé de multiplication au moyen de la bouture se nomme *bouturage.* Ce mode de reproduction est pour certains arbres, tels que le Saule, le Peuplier, etc., beaucoup plus avantageux que le semis, en raison de la rapidité de la croissance.

C'est aussi un moyen précieux pour reproduire et multiplier les plantes qui ne fructifient pas sous nos climats ou pour conserver des variétés que le semis ne reproduirait pas ; d'ailleurs il est peu de plantes qui se refusent à cette opération.

Pour favoriser le développement des racines adventives sur la partie souterraine, il faut avoir soin de couvrir la bouture d'une cloche de verre ; sans cette précaution, la transpiration pourrait être supérieure à l'absorption, et la bouture serait exposée à périr ; c'est encore pour parer à cet inconvénient que les horticulteurs ne laissent qu'une ou deux feuilles, afin de réduire autant que possible la transpiration sans compromettre la vitalité de la bouture. La multiplication de la Pomme de terre, du Topinambour, etc., n'est qu'un bouturage naturel.

118. Marcotte. — On donne le nom de *marcotte* à un rameau que l'on fait enraciner comme une bouture avant de le détacher de la plante mère.

Le procédé de multiplication au moyen de la marcotte s'appelle *marcottage ;* on le nomme *provignage* lorsqu'il est appliqué à la Vigne.

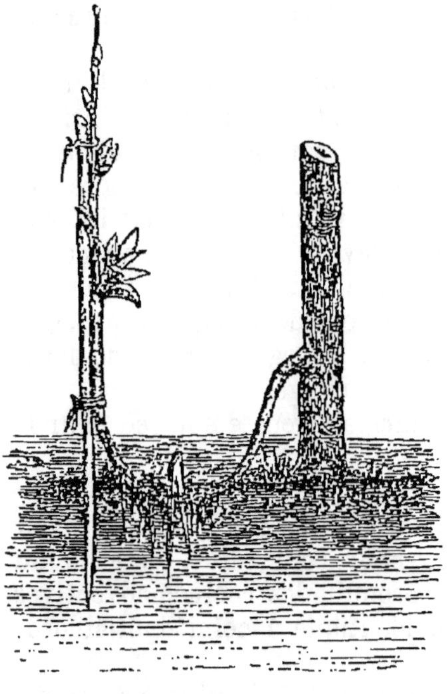

Pour obtenir une marcotte (fig. 89), on courbe le rameau pour l'enfoncer dans la terre, où il est fixé à l'aide d'un crochet ; la partie aérienne est maintenue dressée au moyen d'un tuteur. Lorsque la marcotte est suffisamment enracinée, on la sépare de la plante mère pour former un végétal indépendant. Quand le rameau est placé à une hauteur trop considérable de la surface du sol, on le fait passer dans un vase rempli de terre humide.

Le marcottage et le bouturage sont basés sur la faculté que possèdent les bourgeons de se développer en branches et de donner

Fig. 89. — Marcotte.

naissance à des racines adventives. La multiplication du fraisier est un marcottage naturel (fig. 44).

119. Durée des plantes. — Par rapport à sa durée, une plante est dite *annuelle*, lorsqu'elle fructifie et meurt la même année (Haricot, Blé, Sarrasin); *bisannuelle*, quand, la première année, elle ne produit que des feuilles et meurt la seconde année, après avoir fleuri et fructifié (Carotte, Salsifis, Betterave); *vivace*, si la racine vit indéfiniment, soit que la tige persiste, soit qu'elle périsse chaque année (Oseille, Houblon, Topinambour). Une plante ligneuse est évidemment vivace.

Ces trois dénominations de plantes annuelles, bisannuelles et vivaces ne sont pas absolues. Une même plante, en effet, peut être vivace et même ligneuse dans une contrée et annuelle sous un climat plus froid; le Ricin, par exemple, est de ce nombre.

La durée d'une plante vivace est théoriquement indéfinie par le développement successif de nouveaux bourgeons, d'où il suit que des circonstances extérieures seules peuvent exposer le végétal vivace, herbacé ou ligneux, soit à une destruction brusque et violente, soit à une mort lente, qui a lieu lorsque le milieu extérieur cesse d'être propre à l'exercice des fonctions de la nutrition.

CHAPITRE VII

LA FLEUR

§ I

Caractères généraux de la fleur.

120. Différentes parties de la fleur. — La fleur est l'ensemble des organes qui concourent à la formation de la graine destinée à reproduire la plante.

Une fleur se compose de plusieurs parties qu'il est facile de distinguer les unes des autres. Si l'on examine, par exemple, une fleur de Fraisier (fig. 90, B), on voit qu'elle se trouve au sommet d'une ramification de la tige; c'est le *pédoncule* pd.

A l'extérieur de la fleur, on trouve d'abord cinq petites feuilles vertes s, indépendantes les unes des autres, dont l'ensemble a reçu le nom de *calicule*.

A l'intérieur du calicule, on voit cinq autres pièces vertes c; ce sont les *sépales*, dont l'ensemble constitue le *calice*, première enveloppe de la fleur.

En détachant le calicule et le calice, on trouve encore cinq pièces distinctes l'une de l'autre et de couleur blanche ; ce sont les *pétales*, dont l'ensemble forme la *corolle* cr (fig. 90, A), ou seconde enveloppe de la fleur.

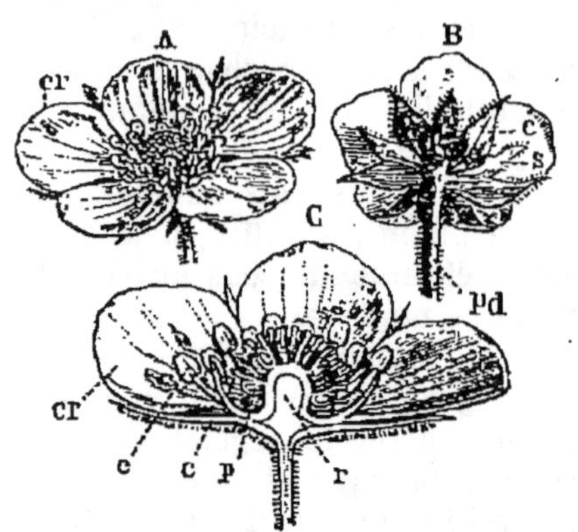

Fig. 90. — Fleur de Fraisier. — B, fleur montrant le pédoncule *pd*, le calicule *s* et le calice *c*. — A, fleur entière, montrant la position concentrique des quatre verticilles floraux, dont l'ensemble forme une rosace. — C, coupe longitudinale de la fleur montrant le calice *c*; la corolle *cr*; l'anthère d'une étamine *e*; l'ovule de l'un des carpelles qui constituent le pistil *p*; le réceptacle *r*, formé par un renflement du sommet du pédoncule et sur lequel sont insérés les verticilles floraux.

En enlevant maintenant les cinq pétales, on voit un grand nombre de petits filaments renflés au sommet et de couleur jaune ; chacun d'eux est une *étamine* (fig. 90, C, *e*) ou organe mâle ; l'ensemble des étamines s'appelle *androcée*. La partie allongée de l'étamine est le *filet*, et la partie renflée s'appelle *anthère*. Lorsque la fleur est épanouie, l'anthère s'ouvre, et il en sort une poussière jaune nommée *pollen*.

Enfin, en détachant les étamines, il ne reste plus au centre de la fleur qu'un certain nombre de petits corps verdâtres, disposés les uns à côté des autres ; ce sont les *carpelles*, dont l'ensemble constitue le *pistil* ou organe femelle. Chaque carpelle est formé à la base d'une cavité nommée *ovaire*, renfermant une petite masse ronde, nommée *ovule*, ou jeune graine ; l'ovaire est surmonté d'une partie plus étroite appelée *style* ; le style est terminé par un petit renflement visqueux, le *stigmate*.

En résumé, on voit que la fleur du Fraisier se compose de quatre enveloppes concentriques ou verticilles floraux, savoir :

Le *calice*, formé de cinq *sépales*, et entouré d'un *calicule*, ou calice accessoire, lequel ne se trouve que dans quelques fleurs.

La *corolle*, formée de cinq *pétales* ;

L'*androcée*, formée d'*étamines* nombreuses ;

Le *pistil*, formé d'un grand nombre de *carpelles*.

Ces quatre verticilles sont insérés sur la partie terminale et renflée du pédoncule nommée *réceptacle* (fig. 90, C, *r*).

Le calice et la corolle, connus encore sous le nom d'*enveloppes florales*, ne sont que des parties secondaires, destinées à protéger les étamines et le pistil avant l'épanouissement de la fleur. Les étamines et les carpelles sont les organes essentiels. Le rôle des étamines est de former et de disséminer le pollen. Le rôle du pistil est de former le *fruit* ; celui de l'ovule de se transformer en graine. On peut supprimer le calice et la corolle sans nuire à la formation du fruit et de la graine.

121. Fleur complète et fleur incomplète. — Une fleur, comme celle du Fraisier, qui comprend le calice, la corolle, les étamines et le pistil, est une *fleur complète*. Si une ou plusieurs enveloppes manquent, la fleur est *incomplète* (fig. 91).

Lorsque les étamines et le pistil sont réunis dans la même fleur, on l'appelle *fleur hermaphrodite* (Fraisier, Renoncule, Blé).

Lorsque les étamines et le pistil se trouvent sur des fleurs séparées, les fleurs à étamines sont dites *fleurs staminées*, et les fleurs à pistil *fleurs pistillées*. Quand les fleurs staminées et les fleurs pistillées sont réunies sur la même plante, la plante est dite *monoïque* (fig. 92) ; on l'appelle *dioïque*

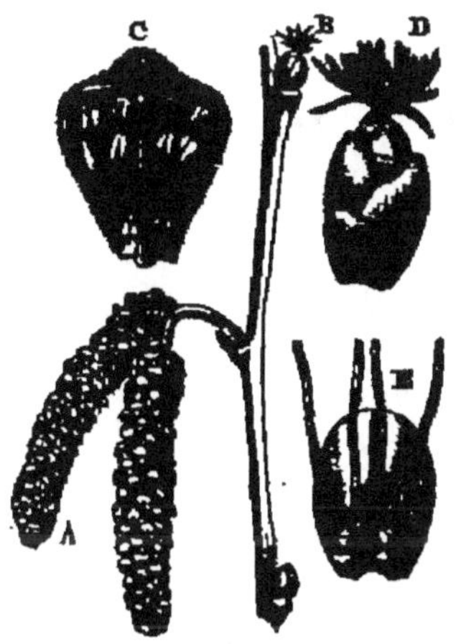

Fig. 91. — Fleur du Populage des marais. Les étamines et le pistil ne sont entourés que par une seule enveloppe florale ; c'est une fleur incomplète.

Fig. 92. — Exemple d'une plante monoïque. Fragment d'un rameau de Noisetier, portant des fleurs staminées A, disposées en chatons cylindriques. — B, groupe de fleurs pistillées renfermées dans une sorte de bourgeon écailleux. — C, une fleur staminée isolée et grossie. — D, groupe de fleurs pistillées. — E, une fleur pistillée isolée. Les figures C, D, E, sont vues à la loupe.

si les deux sortes de fleurs sont portées par des plantes différentes (Chanvre, Saule).

122. Bractées. — On appelle *bractées* (fig. 93) des feuilles rudimentaires, souvent peu apparentes, verdâtres, colorées ou incolores, situées presque toujours au voisinage des fleurs.

Lorsque plusieurs bractées sont réunies en forme de verticille autour d'une ou plusieurs fleurs, l'ensemble porte le nom d'*involucre* (Persil, Petite Pâquerette).

123. Spathe. — On a donné le nom de *spathe* (fig. 97) à une grande bractée enveloppant entièrement une ou plusieurs fleurs avant l'éclosion (Gouet, Narcisse, Ail, Maïs, etc.).

124. Cupule. — La *cupule* est un involucre en forme de coupe, provenant de plusieurs bractées soudées, qui persistent ou accompagnent le fruit, en le recouvrant en tout ou en partie (Chêne, Hêtre, Noisetier, Châtaignier).

125. Nectaires. — Les *nectaires* (fig. 94) sont de petits organes glanduleux, sécrétant un liquide sucré appelé *nectar*, très recherché des papillons et des abeilles. Les nectaires sont situés généralement à la base des divers organes de la fleur. Dans beaucoup de Renoncules, ils occupent la base interne des pétales.

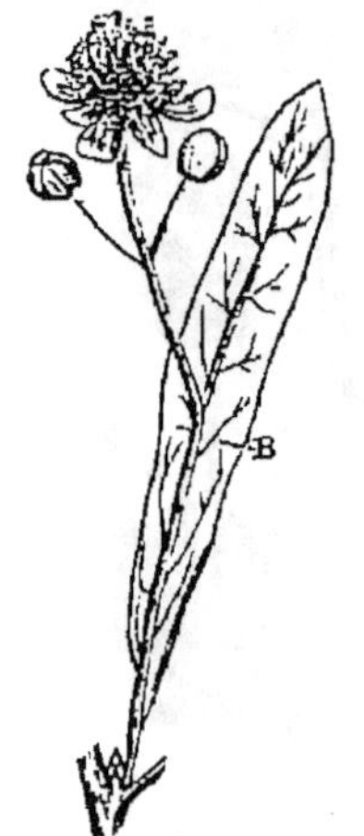

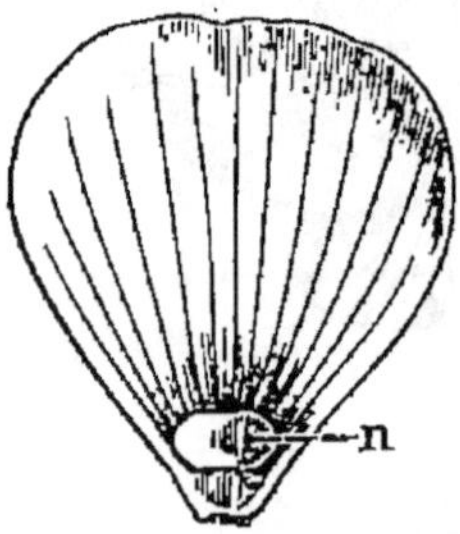

Fig. 93. — Fleur de Tilleul, munie d'une bractée B.

Fig. 94. — Pétale d'une renoncule portant un nectaire *n*, à la base interne.

126. Origine foliaire des verticilles floraux. — Les verticilles floraux ne sont que des feuilles plus ou moins modifiées. Dans certains cas, le passage est brusque et nettement tranché (Coquelicot); ailleurs il s'opère progressivement, et on trouve tous les intermédiaires de la feuille aux organes de la fleur, sans qu'il soit possible de dire exactement où celle-ci commence, comme le montre l'Ellébore.

Dans le Nénuphar blanc (fig. 95) il est facile de suivre le passage des sépales aux pétales, et de ceux-ci aux étamines. Chez cette fleur, les transitions sont si bien ménagées, qu'il est souvent difficile de déterminer la ligne de démarcation entre les trois premiers verticilles de la fleur. Enfin, on peut voir dans le Rosier, la Tulipe, la Joubarbe, le passage de l'étamine au carpelle.

C'est à Gœthe, naturaliste et poète allemand, qu'on doit d'avoir établi l'origine foliaire de toutes les parties de la fleur; avant lui, un botaniste français, Adanson, avait cependant émis l'avis que les sépales ne sont que des feuilles modifiées.

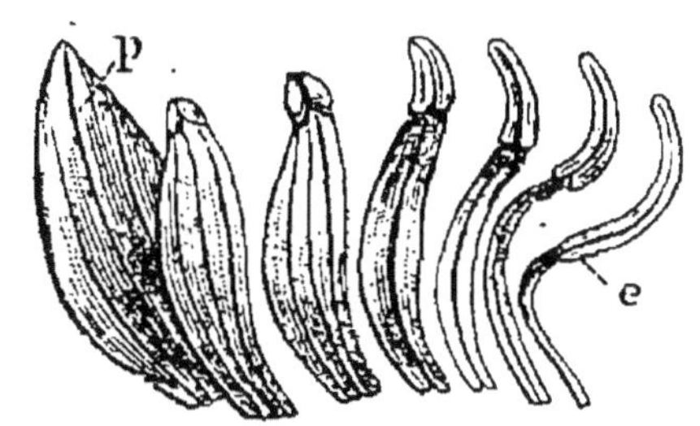

Fig. 95. — Pétale *p*, du Nénuphar blanc, passant insensiblement à l'étamine *e*.

En résumé, les organes floraux tirent leur origine de la feuille, et la fleur pourrait être définie : un rameau contracté dont les feuilles sont métamorphosées en vue de la production de la graine.

127. Inflorescence. — On a donné le nom d'*inflorescence* à la disposition des fleurs sur la plante.

Suivant que les fleurs sont terminales ou axillaires, on distingue deux sortes d'inflorescences : *l'inflorescence définie* ou *terminale,* et *l'inflorescence indéfinie* ou *axillaire*.

128. Inflorescence définie. — Dans *l'inflorescence définie*, connue encore sous le nom de *cyme*, les axes de divers ordres sont terminés chacun par une fleur qui en arrête le développement ; l'accroissement du végétal se fait alors par la production succesive de nouveaux axes qui se forment à la base des feuilles ou des bractées.

Dans ce mode d'inflorescence, si les feuilles sont opposées, la plante se développe par une série de subdivisions par deux, et on donne à l'ensemble le nom de *cyme dichotome*, ou *cyme biparé dichotome* (Petite Centaurée) (fig. 96, A).

A l'inflorescence définie se rapporte encore la *cyme uniparé scorpioïde* ou *en crosse* (fig. 96, B), dans laquelle chaque ramification ne donne naissance qu'à un axe de l'ordre suivant. L'axe primaire est terminé par une fleur ; à la base de son pédicelle se trouve une bractée à l'aisselle de laquelle naît un axe secondaire qui, par son développement vigoureux, usurpe la place de l'axe primaire et le rejette de côté ; un nouvel axe tertiaire se comporte comme l'axe précédent, et ainsi de suite.

Il résulte de là une série d'axes échelonnés l'un sur l'autre, et se développant tous du même côté, ce qui donne à l'ensemble une configuration spirale à la manière de la queue d'un scorpion,

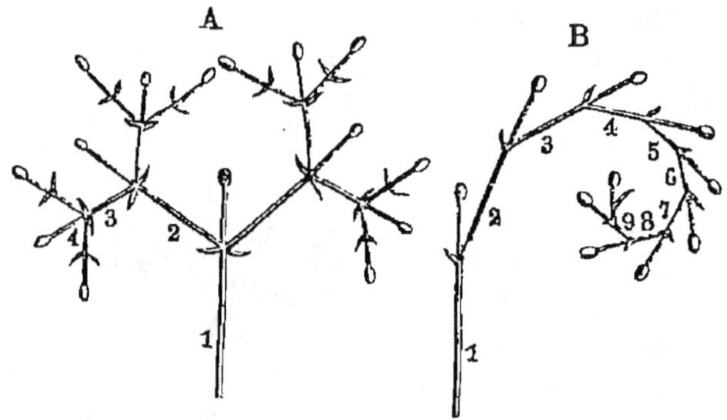

Fig. 96. — A, cyme bipare dichotome. — B, cyme unipare scorpioïde : on voit
que les axes se développent successivement à l'aisselle d'une bractée, et qu'ils
sont toujours terminés par une fleur.

d'où le nom de *cyme unipare scorpioïde* (Héliotrope, Myosotis).

La figure théorique 96 peut servir à expliquer le mode de
développement des cymes bipare et unipare.

129. Inflorescence indéfinie. — L'*inflorescence indéfinie* ou
axillaire est constituée par des fleurs disposées en spirales
autour d'axes indéfinis, c'est-à-dire toujours terminés par un
bourgeon qui tend à les allonger indéfiniment ; dans ce cas,
l'accroissement des axes ne s'arrête que par le défaut de développement du bourgeon terminal.

L'inflorescence indéfinie comprend deux groupes principaux :
l'*épi* et la *grappe*.

130. L'épi et ses modifications. — L'*épi* (fig. 98, A) est une
inflorescence indéfinie dans laquelle les fleurs sont sessiles ou à
peu près sur l'axe primaire. Les principales modifications de
l'épi sont : le *chaton*, le *spadice*, le *cône* ou *strobile*, le *capitule*
et le *sycone*.

Le *chaton* (fig. 92 A) est un épi à fleurs staminées ou pistillées, articulé à sa base, et se détachant d'une seule pièce
après la floraison. Le Noyer, le Châtaignier, le Saule, le Peuplier, le Noisetier en présentent des exemples.

Le *spadice* (fig. 97) est un épi dont l'axe, épais et charnu, est
terminé par une sorte de massue ; à la base se trouvent deux
groupes de fleurs, les unes staminées, les autres pistillées ; le
tout est entouré par une spathe membraneuse (Gouet).

Le *cône* ou *strobile* est un chaton non articulé à sa base, à écailles grandes, plus ou moins épaisses et ligneuses (Pin, Sapin).

Le *capitule* (fig. 98, G) est un épi dont les fleurs sessiles sont disposées en tête sur un réceptacle commun. Dans cette inflorescence l'axe primaire s'est, pour ainsi dire, refoulé sur lui-même de haut en bas (Chardons, Petite Pâquerette, Bleuet, Pissenlit).

Le *sycone* est une sorte de capitule dont les fleurs sont insérées à la surface interne d'un réceptacle clos, ayant la forme d'une Poire (Figue). Dans la Figue, les fleurs staminées oc-cupent la partie supérieure de la surface interne, et les fleurs pistillées la partie inférieure.

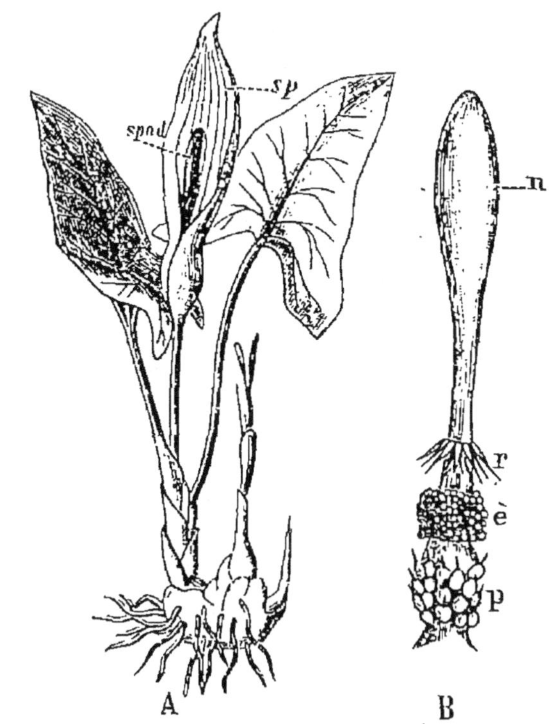

Fig. 97. — A, pied fleuri de Gouet; *spad*, spadice; *sp*, spathe. — B, spadice dépourvu de la spathe; *p*, fleurs pistillées; *e*, fleurs staminées; *r*, fleurs rudimentaires; *n*, appendice charnu.

131. La grappe et ses modifications. — La *grappe* (fig. 98, B, C.), est une inflorescence indéfinie dans laquelle l'axe primaire se subdivise en axes secondaires simples ou ramifiés.

Les principales modifications de la grappe sont : la *panicule*, le *corymbe* et l'*ombelle*.

La *panicule* est une *grappe composée*, constituée par un axe primaire allongé, subdivisé en axes secondaires simples ou ramifiés, allant en décroissant de bas en haut, ce qui donne à l'inflorescence une forme conique (Avoine).

Le *corymbe* (fig. 98, D) est une sorte de grappe dans laquelle les axes secondaires, simples ou ramifiés, sont insérés le long de l'axe primaire, et s'élèvent à peu près à la même hauteur, en formant une espèce de parasol à rayons inégaux (Aubépine, Sureau).

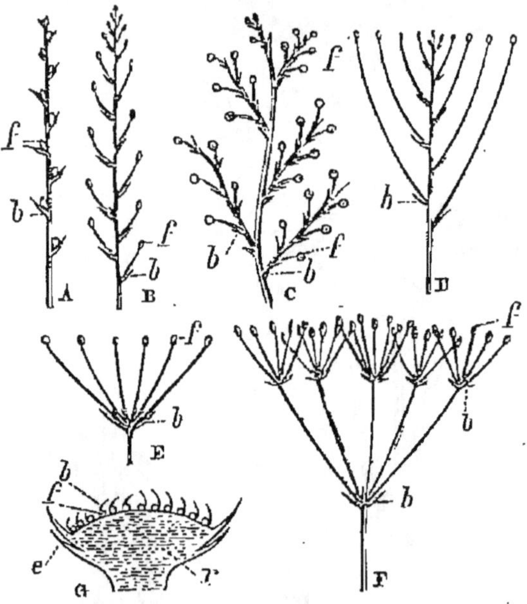

Fig. 98. — A, épi. — B, grappe simple. — C, grappe composée.—D, corymbe simple. — E, ombelle simple.—F, ombelle composée. — G, capitule; *e*, écaille de l'involucre; *b*, bractée de la fleur; *f*, fleur; *r*, réceptacle. On voit que le pédicelle de la fleur *f* se développe toujours à l'aisselle d'une bractée *b*.

L'*ombelle* (fig. 98, E, F) est un modification du corymbe dans laquelle les axes secondaires, égaux entre eux, naissent tous du sommet de l'axe primaire et arrivent à la même hauteur, en divergeant comme les rayons d'un parasol. Lorsque les axes secondaires ne se subdivisent pas, l'ombelle est *simple* (Lierre). Elle est *composée* lorsque les axes secondaires forment autant d'ombelles *simples*, nommées *ombellules* (Carotte, Ciguë, Persil, Fenouil).

La figure théorique 98 résume les principales modifications de l'épi et de la grappe.

132. Diagramme floral. — On a donné le nom de *diagramme floral* ou *plan floral* (fig. 99) à un dessin représentant, au moyen de signes conventionnels, les diverses dispositions des verticilles floraux.

Les sépales sont indiqués

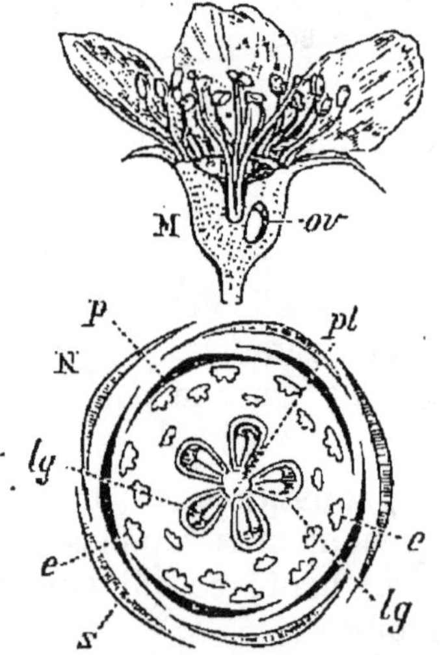

Fig. 99. — Diagramme de la fleur du Poirier. — M, fleur coupée en long; *ov*, ovule. — N, diagramme; *s*, sépale; *p*, pétale; *e*, étamine; *lg*, loge de l'ovaire renfermant les ovules; *pl*, placenta.

par des croissants gris; les pétales, par des croissants noirs; les étamines, par une section horizontale de l'anthère; le pistil, par une section transversale de l'ovaire; les ovules, par des points qui indiquent leur position, et par suite le mode de placentation.

§ II

Caractères particuliers et structure des verticilles floraux.

133. Calice. — Le *calice* est l'enveloppe extérieure de la fleur; il est ordinairement de couleur verte, parfois cependant il se nuance avec la corolle, comme on le voit dans le Lis, la Tulipe, le Grenadier, le Pied d'Alouette, etc.

Lorsque le calice est formé de sépales libres, on l'appelle *dialysépale* ou *polysépale* (fig. 100, A) (Giroflée, Renoncule, Chélidoine); quand les sépales sont plus ou moins soudés par leurs bords, il est dit *gamosépale* ou *monosépale* (fig. 100, B) (Primevère, Tabac, Œillet).

Le calice est *régulier* lorsqu'il est formé de sépales ou de lobes égaux disposés symétriquement (Giroflée, Bourrache); dans le cas contraire, il est *irrégulier* (Sauge, Pois, Acacias).

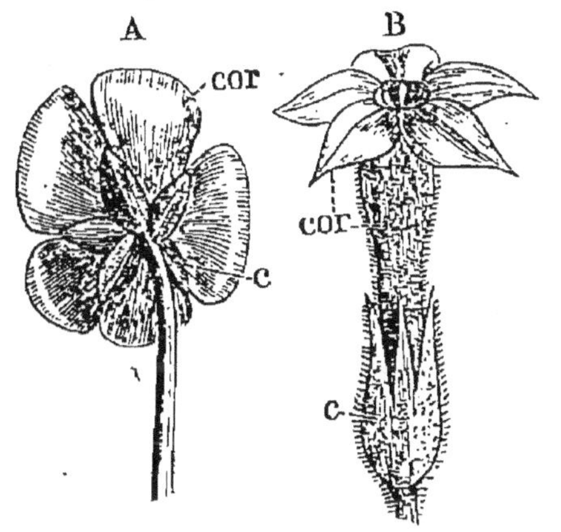

Fig. 100. — A, fleur de Renoncule ayant un calice *c*, dialysépale, et une corolle *cor* dialypétale. — B, fleur de Tabac; *c*, calice gamosépale; *cor*, corolle gamopétale.

D'après les diverses formes qu'il présente, le calice est *tubuleux* (Primevère), *étalé* (Bourrache), *vésiculeux* (Alkékenge) *labié* (Sauge).

Calicule. — On a donné le nom de *calicule* (fig. 90), à un ensemble de bractées ou de stipules constituant une sorte de calice accessoire placé à l'extérieur du calice proprement dit (Fraisier, Potentille, Mauve).

134. Corolle. — La corolle est le second verticille de l'enveloppe florale ; elle est ordinairement d'une coloration variée et brillante.

Lorsque la corolle est constituée par des pétales libres, on l'appelle *dialypétale* ou *polypétale* (fig. 100, A), si les pétales sont plus ou moins soudés par leurs bords, elle est dite *gamopétale* ou *monopétale* (fig. 100, B).

La corolle est *régulière* lorsqu'elle est formée de pétales ou de lobes égaux disposés symétriquement (Rose, Œillet, Primevère) ; elle est *irrégulière* si les pétales sont inégaux et disposés sans symétrie (Violette, Acacia, Aconit).

Dans un pétale (fig. 101) on distingue ordinairement une partie inférieure allongée et rétrécie appelée *onglet*, et une partie supérieure plus ou moins élargie nommée *limbe* ou *lame*. La corolle peut être *labiée* (Lamier, Sauge), *personnée* (Muflier), *cruciforme* (Choux, Giroflée), *rosacée* (Fraisier), *papilionacée* (Acacia).

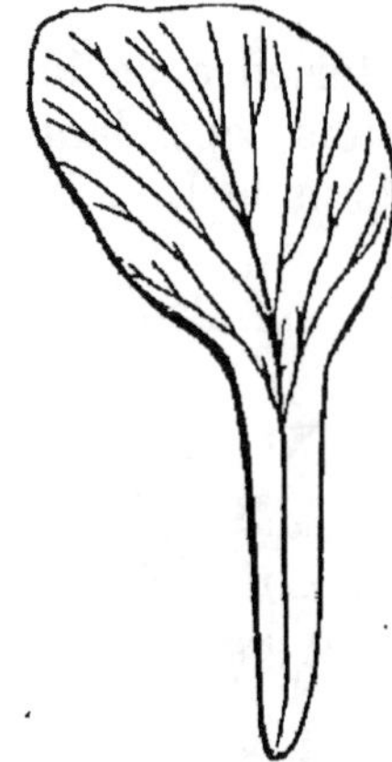

Fig. 101. — Un pétale d'une fleur de Giroflée, montrant une partie élargie, le *limbe*, et une partie inférieure rérécie qui est l'*onglet*.

135. Développement et structure des deux enveloppes florales. — Les deux enveloppes florales apparaissent d'abord sous la forme de petits mamelons qui recouvrent le sommet de l'axe ; c'est le bouton floral. Lorsque la croissance reste localisée dans chaque mamelon, le calice et la corolle sont respectivement dialysépale et dialypétale. Quand elle s'étend à toute la région basilaire commune aux divers mamelons, il en résulte un calice gamosépale et une corolle gamopétale.

Les sépales et les pétales n'étant que des feuilles modifiées, leur structure anatomique diffère peu de celle des feuilles végétatives ; ainsi, les faisceaux libéro-ligneux s'y ramifient de la même manière et sont orientés comme dans la feuille (fig. 101). Le parenchyme est recouvert d'un épiderme pourvu de stomates sur les deux faces. Les pétales sont le plus souvent privés de chlorophylle, et, lorsqu'elle existe, elle est presque toujours masquée par des matières colorantes contenues en dissolution dans le suc cellulaire.

136. Androcée. — L'endrocée est formée par une ou plusieurs étamines.

Quand le nombre des étamines ne dépasse pas dix, elles sont *définies* (Giroflée, Primevère, Mélisse) ; s'il y en a un plus grand nombre, elles sont *indéfinies* (Renoncule, Aubépine, Coquelicot).

142. Pollen. — Le *pollen* est une matière ordinairement pulvérulente contenue dans les loges de l'anthère. Il est formé de cellules isolées ayant l'aspect de petits granules, nommés *grains de pollen*, analogues à une fine poussière.

Le pollen est ordinairement jaune, quelquefois bleuâtre (Épilobe), blanc (Liseron), violacé (Coquelicot).

La forme des grains de pollen est très variable d'une plante à l'autre ; ainsi elle peut être globuleuse, ellipsoïde, trigone, polyédrique, plus rarement filiforme. La surface est presque toujours hérissée de tubercules, de poils, d'aiguillons, etc., dont le rôle est de faciliter le transport des grains par le vent et de les fixer au stigmate sur lequel ils tombent. La surface offre encore des ponctuations translucides plus ou moins nombreuses nommées *pores* ou *oscules* (fig. 107, P).

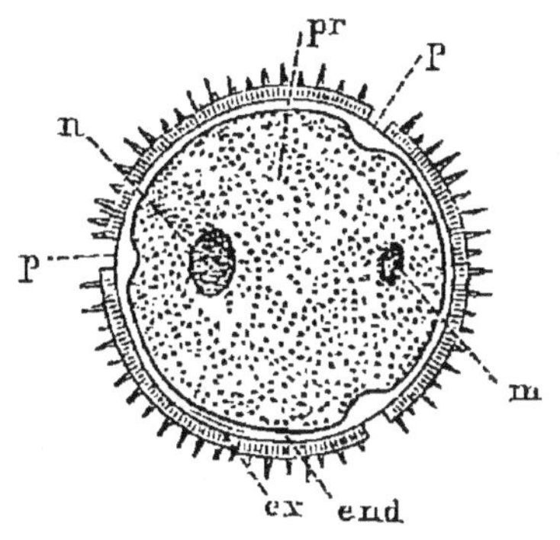

Fig. 107. — Coupe d'un grain de pollen : *cx*, exine ; *end*, intine ; *p*, pore ; *pr*, protoplasma ; *m*, *n*, noyaux.

143. Structure d'un grain de pollen. — Un grain de pollen mûr (fig. 107) est une cellule composée de deux membranes étroitement appliquées l'une sur l'autre, entourant un protoplasma épais, qu'on a cru, mais à tort, devoir désigner sous le nom de *fovilla*. Au milieu du protoplasma on distingue ordinairement deux noyaux. La membrane externe, appelée *exine*, est épaisse, peu extensible, colorée, opaque, et se déchire facilement quand on la distend. La membrane interne, nommée *intine*, est mince, lisse, incolore, diaphane, très extensible ; elle enveloppe directement le protoplasma.

144. Tubes polliniques. — Lorsqu'un grain de pollen est déposé sur une surface humide, il se gonfle peu à peu, se distend, et l'intine, refoulée du dedans au dehors, se fait jour çà et là par les pores de l'exine, en produisant de petites saillies diaphanes, qui s'allongent progressivement et deviennent bientôt des tubes grêles remplis de protoplasma ; ce sont les *tubes polliniques* (fig. 108). Les deux noyaux de la cellule se rendent à l'extrémité du tube pollinique.

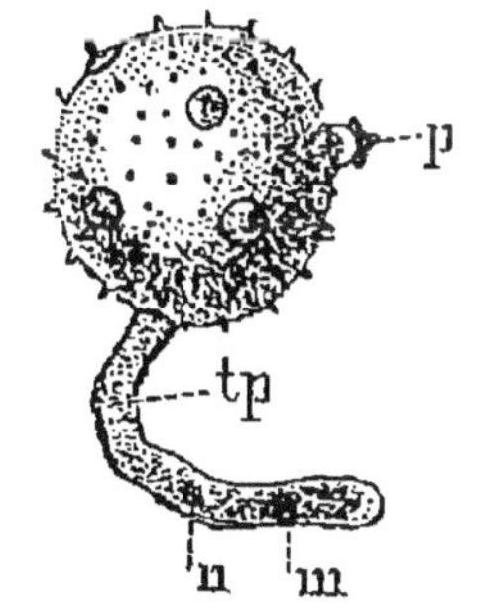

Fig. 108. — Grain de pollen germant. — *p*, pore ; *tp*, tube pollinique ; *n*, *m*, noyaux.

Si l'exine est dépourvue de pores, elle se déchire en un ou plusieurs points, à travers lesquels l'intine sort et s'allonge en tubes polliniques.

145. Formation des grains de pollen. — En examinant la coupe transversale d'un sac pollinique jeune à un fort grossissement (fig. 109, R), on voit, en dedans de l'épiderme *ep*, une assise de cellules *as*, c'est l'*assise nourricière*, et au centre plusieurs grandes cellules, connues sous le nom de *cellules mères des grains de pollen*.

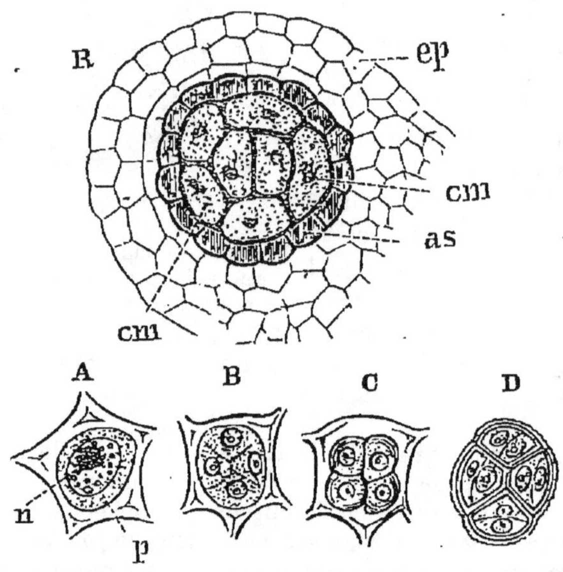

Fig. 109. — R, coupe transversale d'un sac pollinique jeune; *ep*, épiderme; *as*, assise nourricière; *cm*, cellules-mères. — A, une cellule-mère isolée; *p*, protoplasma; *n*, noyau. — B, le noyau de A s'est divisé en quatre. — C, chacun des noyaux de B s'est entouré d'une membrane. — D, les quatre grains de pollen sont libres de toute adhérence entre eux, par suite de la gélification de la partie moyenne de leurs parois, et de la membrane de la cellule mère.

Le noyau de chaque cellule mère (fig. 109, A) se divise en quatre (B); puis, chacun des quatre noyaux s'entoure de protoplasma et d'une membrane (C); bientôt la partie moyenne des parois qui séparent les quatre grains de pollen d'une même cellule mère se gélifie, et chaque grain est désormais libre de toute adhérence avec ses voisins (D). Pendant ce temps les parois de la cellule mère se sont aussi gélifiées; l'assise nourricière se détruit également, et contribue à former une substance nutritive servant d'aliment aux grains de pollen, qui acquièrent en peu de temps leurs dimensions définitives.

146. Insertion des étamines. — Les étamines, par rapport à l'ovaire, peuvent être : *hypogynes, périgynes, épigynes*, ou *gynandres* (fig. 110).

Les étamines sont dites *hypogynes* lorsqu'elles sont insérées

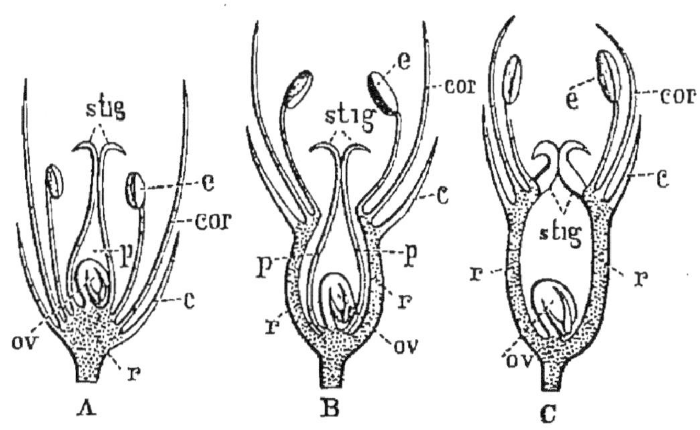

Fig. 110. — Figures théoriques pour expliquer l'insertion des étamines. — A, étamines hypogynes. — B, étamines périgynes. — C, étamines épigynes ; *r*, réceptacle ; *c*, calice ; *cor*, corolle ; *e*, étamine ; *p*, pistil ; *ov*, ovule, renfermé dans l'ovaire ; *stig*, stigmate.

sur le réceptacle de la fleur. Dans ce mode d'insertion, on peut enlever le calice sans entraîner les étamines (Coquelicot, Œillet, Giroflée, fig. 110).

Les étamines *périgynes* sont fixées, ainsi que les pétales, sur le bord du tube du calice, développé en forme de coupe, au fond de laquelle est attaché l'ovaire (Prunier, Cerisier) (fig. 110, B).

Dans l'insertion *épigyne*, les étamines sont insérées, comme dans le cas précédent, sur le bord du tube du calice, lequel est soudé avec l'ovaire (Pommier, Melon, Chèvrefeuille, (fig. 110, C.)

Enfin les étamines sont dites *gynandres* lorsqu'elles sont insérées sur l'ovaire (Orchis, Aristoloche).

147. Pistil. — Le *pistil* (fig. 111) est formé par un ou plusieurs carpelles. Un carpelle comprend ordinairement trois parties : l'*ovaire*, le *style* et le *stigmate*.

148. Ovaire. — L'*ovaire*, partie inférieure du pistil, est une petite cavité close contenant des *ovules* destinés à se transformer en graines. L'ovaire est formé par le limbe d'une feuille modifiée nommée *feuille carpellaire* (fig. 112), repliée d'ordinaire suivant la nervure médiane. Les bords renflés de la feuille carpellaire portent les ovules, et le prolongement de la nervure médiane constitue le style et le stigmate.

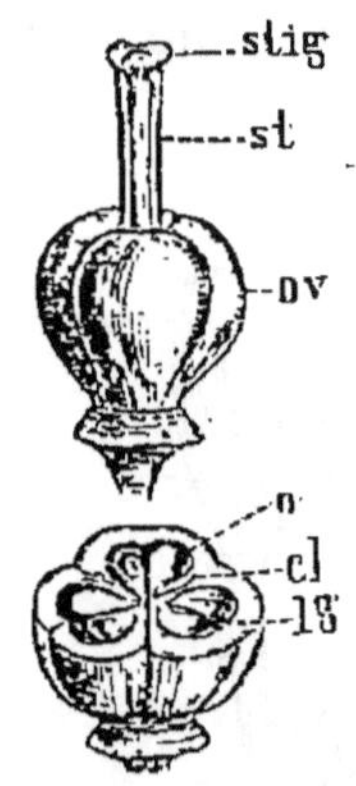

Fig. 111. — Pistil de Jacinthe. En haut, pistil complet; *ov*, ovaire; *st*, style; *stig*, stigmate. La figure inférieure est une coupe transversale du même ovaire. On voit qu'il est formé de trois carpelles soudés; *lg*, loge; *cl*, cloison; *o*, ovules ou jeunes graines.

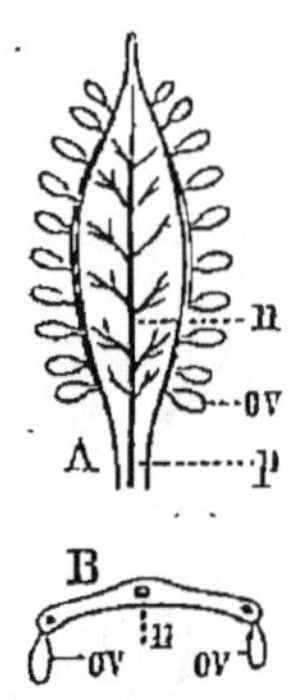

Fig. 112. A, feuille carpellaire étalée, portant les ovules *ov* sur les bords; *p*, pétiole de la feuille carpellaire; *n*, nervure. — B, coupe transversale de la feuille carpellaire; *ov*, ovules; *n*, nervure.

Lorsque plusieurs carpelles se soudent, il en résulte un ovaire à plusieurs cavités nommées *loges*, séparées les unes des autres par des lames verticales appelées *cloisons*. Les cloisons sont formées par l'adhérence de deux feuilles carpellaires repliées vers le centre. Si les bords de toutes les feuilles carpellaires se soudent en un centre commun, les cloisons sont *complètes*, et il y a autant de loges distinctes que de carpelles soudés.

L'ovaire est dit *uniloculaire*, *biloculaire*, *triloculaire*, *multiloculaire*, suivant qu'il offre une ou plusieurs loges.

149. Ovaire libre et ovaire adhérent. — Par rapport aux autres verticilles floraux, l'ovaire est tantôt *libre* ou *supère*, tantôt *adhérent* ou *infère*.

L'ovaire est libre (fig. 113,

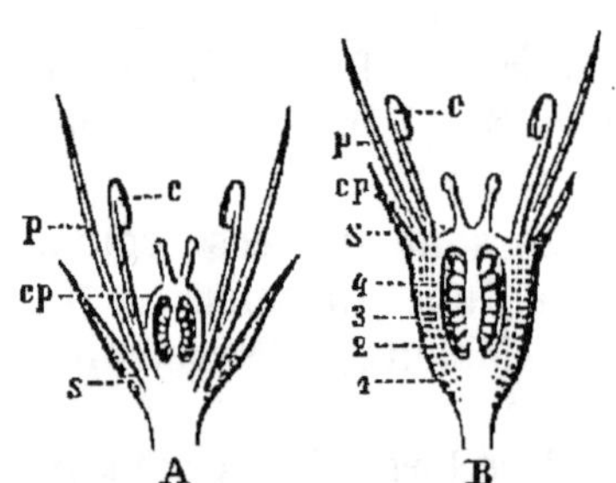

Fig. 113. — A, coupe théorique d'une fleur à ovaire libre; *s*, sépale; *p*, pétale; *e*, étamine; *cp*, carpelle renfermant les ovules. — B, 1, 2, 3 et 4, parties des sépales, pétales, étamines et carpelles qui sont soudées entre elles pour constituer l'ovaire adhérent.

A) lorsque le pistil est isolé au milieu de la fleur (Coquelicot).

L'ovaire est *adhérent* (fig. 113, B), lorsqu'il est soudé au tube du calice ; dans ce cas, on ne voit au milieu de la fleur que le style et le stigmate (Poirier, Carotte).

Dans l'ovaire adhérent, on admet que le calice, la corolle et les étamines se sont soudés à l'ovaire ; de telle sorte que ce qu'on voit dans la partie inférieure de la fleur n'est pas seulement l'ovaire, mais l'ensemble des quatre verticilles floraux soudés en une seule masse, comme le montre la figure théorique 113, B.

150. Style. — Le *style* est un prolongement plus ou moins développé de la nervure médiane de la feuille carpellaire ; il surmonte l'ovaire et supporte le stigmate. Sa longueur peut atteindre jusqu'à 20 centimètres dans le Colchique d'automne, le Crocus, etc.; ailleurs, au contraire, il peut être réduit à un simple étranglement entre l'ovaire et le stigmate (Renoncule, Tulipe, Réséda), ou même manque tout à fait (Coquelicot).

151. Stigmate. — Le *stigmate* est la partie supérieure du carpelle. Sa surface est toujours couverte de papilles enduites d'un liquide visqueux et sucré, destiné à retenir les grains de pollen et à favoriser le développement des tubes polliniques. Lorsque le style manque, le stigmate est dit *sessile* (Coquelicot).

152. Placentation. — On appelle *placenta* la partie de l'ovaire sur laquelle les ovules sont insérés ; on donne le nom de *placentation* (fig. 114) à la disposition des placentas dans l'ovaire. La placentation peut être *axile*, *pariétale* ou *centrale*.

Lorsque le pistil est formé par un ou plusieurs carpelles libres, chaque feuille carpellaire replie son limbe suivant la nervure médiane, soude ses bords l'un à l'autre, et, sur la ligne de suture, les ovules sont attachés sur un cordon qui n'est autre que le placenta.

Si les carpelles se soudent entre eux, il en résulte un ovaire pluriloculaire, et le placenta unique provenant de la soudure des deux placentas marginaux est situé, dans chaque loge, à l'angle formé par la réunion des deux bords de chaque feuille carpellaire ; ainsi les placentas du verticille qui constitue l'ovaire pluriloculaire seront rangés autour de l'*axe* de la fleur, et la placentation sera *axile* (fig. 114, A), (Lis, Tulipe, Pommier, Haricot).

Lorsque les feuilles carpellaires ne forment pas chacune une loge complète, et qu'elles restent au contraire plus ou moins étalées, en se soudant seulement par leurs bords voisins, l'ovaire est uniloculaire ; les ovules sont alors fixés sur les *parois* de la cavité ovarienne, le long des placentas longitudinaux, appartenant à la fois à deux ovaires consécutifs; dans ce cas, la placentation est dite *pariétale* (Violette, Coquelicot) (fig. 114, B, D, E).

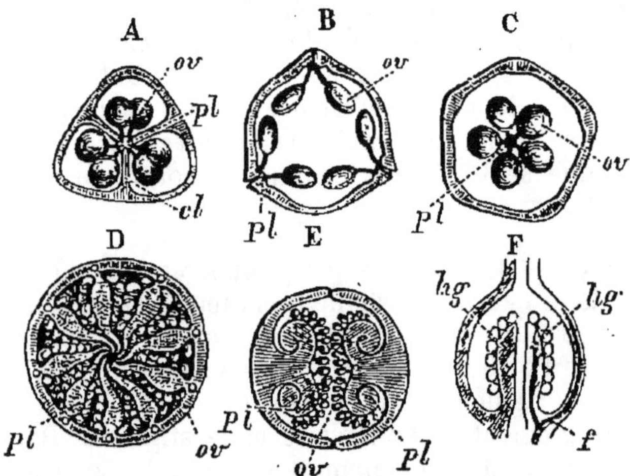

Fig. 114. — Divers modes de placentation. *pl*, placenta; *ov*, ovules. — A, placentation axile du Lis; *cl*, cloison. — B, placentation pariétale de la Violette. — D, placentation pariétale du Pavot. — E, placentation pariétale du Muflier. — C, placentation centrale de la Primevère. — F, coupe longitudinale de l'ovaire de la Primevère, pour montrer la formation du placenta central; *f*, faisceaux libéro-ligneux se distribuant à la fois dans les parois de l'ovaire et dans le placenta central; *lig*, ligule des feuilles carpellaires, constituant le placenta central.

Enfin il peut arriver parfois que le placenta s'élève comme une colonne au *centre* de l'ovaire, qui est alors uniloculaire, et la placentation est dite *centrale* (Primevère, fig. 114, C).

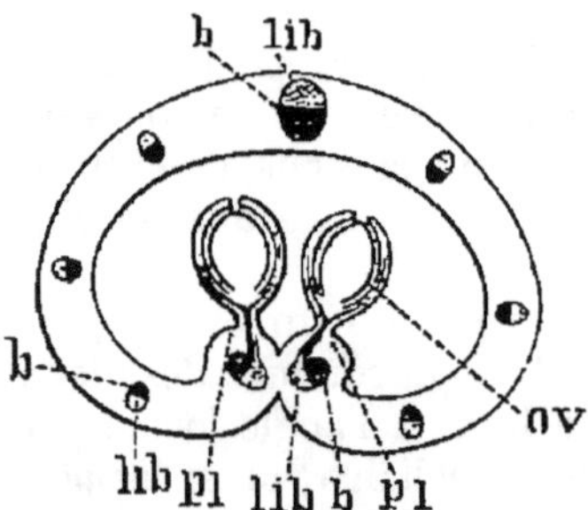

Fig. 115. — Coupe transversale théorique d'un carpelle. *lib*, *b*, liber et bois des faisceaux libéro-ligneux des nervures de la feuille carpellaire; *pl*, placenta; *ov*, ovule.

L'ovaire uniloculaire de la Primevère peut être considéré comme étant formé par cinq feuilles carpellaires soudées bord à bord, lesquelles, au lieu de porter les ovules sur des placentas marginaux, les portent sur un prolongement de leur base, analogue à la *ligule* de la feuille des Graminées; le placenta central est dû à la soudure de ces diverses ligules (fig. 114, F).

153. Structure d'un carpelle. — Un carpelle étant formé par une feuille modifiée, sa structure se rapproche, dans ses traits essentiels, de celle de la feuille. Une coupe transversale d'un carpelle de Haricot (fig. 115), par exemple, montre un épiderme pourvu de stomates, un parenchyme formé de cellules à chlorophylle, et enfin des faisceaux libéro-ligneux disposés symétriquement par rapport à un plan. On voit aussi que la feuille carpellaire est recourbée de telle sorte que l'extérieur du carpelle correspond à la face inférieure de la feuille ; les faisceaux libéro-ligneux sont donc orientés de manière que le liber *lib* est vers l'extérieur et le bois *b* vers l'intérieur.

La cavité de l'ovaire se prolonge quelquefois dans le style, mais très rarement ; le plus souvent le style est plein. Le tissu qui en constitue le centre a reçu le nom de *tissu conducteur ;* les cellules qui le forment sont très peu cohérentes, et, au moment de l'épanouissement de la fleur, elles se dissocient et leurs parois se gélifient.

Le stigmate, qui termine le style, est presque toujours recouvert de cellules plus ou moins allongées vers l'extérieur ; ces cellules ont reçu le nom de *papilles stigmatiques.* Les papilles sont en général humides et servent à retenir les grains de pollen sur le stigmate au moment de la déhiscence de l'anthère.

154. Développement de l'ovule. — Les *ovules* sont de petits corps arrondis qui se développent sur le bord de la feuille carpellaire. On sait qu'ils sont destinés à se transformer en graines pour reproduire la plante.

Dans un bouton de fleur très jeune, on ne voit pas d'ovule sur les bords du placenta. Un peu plus tard, l'ovule se montre d'abord sous la forme d'un petit mamelon constitué uniquement par du tissu cellulaire (fig. 116, A, *n*) ; ce noyau primitif a reçu le nom de *nucelle.* Bientôt il se forme à la base du nucelle un premier bourrelet circulaire qui se développe peu à peu en une petite membrane appelée *secondine* (B, *sc*) ; puis un deuxième bourrelet apparaît à l'extérieur du précédent, et forme une autre membrane nommée *primine* (C, *pr*). Ces deux membranes finissent par envelopper entièrement

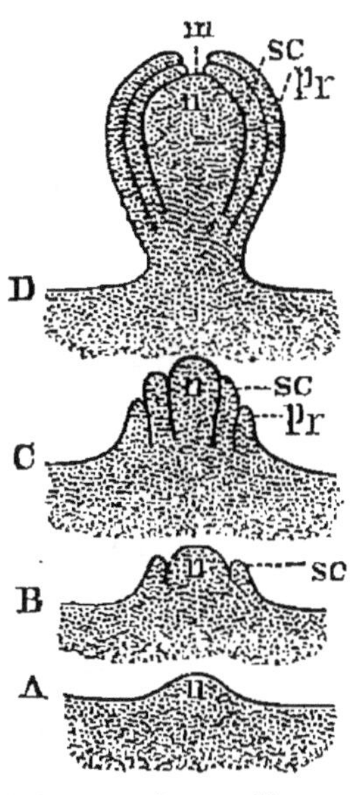

Fig. 116. — A, le nucelle apparaît d'abord sous la forme d'un petit mamelon *n*, à la surface du placenta. — B, apparition de la secondine *sc*. — C, apparition de la primine *pr*. — D, l'ovule est complètement formé ; on voit que la primine et la secondine se sont développées plus vite que le nucelle et l'enveloppent complètement, excepté au sommet, où elles laissent un petit orifice *m*, le micropyle.

le nucelle, en ne laissant au sommet qu'une petite ouverture appelée *micropyle* (D, *m*). Dès que la secondine et la primine ont acquis leur développement définitif, l'ovule possède sa forme normale (D).

155. Structure générale de l'ovule. — L'ovule ainsi développé

(fig. 117) comprend un noyau central cellulaire, le *nucelle*, enveloppé
par deux membranes, la *secondine* à l'intérieur et la *primine* à l'extérieur; elles laissent au sommet un orifice, le *micropyle*, qui donne

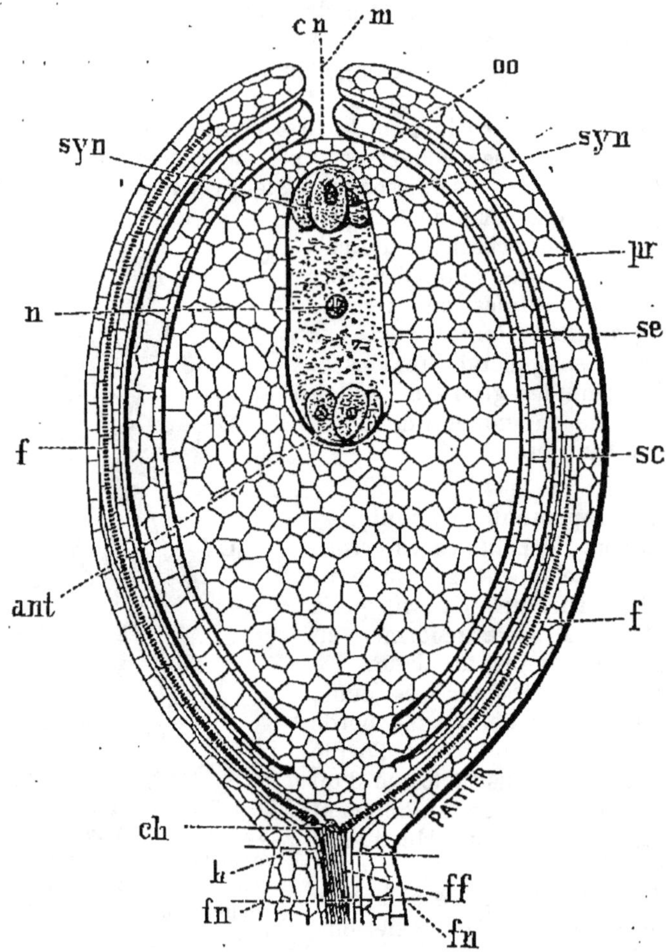

Fig. 117. — Coupe longitudinale d'un ovule; *pr*, primine; *sc*, secondine; *cn*,
nucelle; *m*, micropyle; *se*, sac embryonnaire; *oo*, oosphère; *syn*, synergides;
n, noyau secondaire; *ant*, antipodes; *ch*, chalaze; *h*, hile; *fn*, funicule;
ff, faisceau du funicule; *f*, faisceau de la primine.   (Gaston BONNIER.)

accès sur le nucelle. L'intérieur du nucelle renferme une grosse cellule appelée *sac embryonnaire*, au sommet de laquelle, près du
micropyle, se trouvent trois masses protoplasmiques; celle du milieu
est nommée *oosphère* ou *vésicule embryonnaire*; les deux latérales
sont appelées *synergides* ou *cellules accessoires*; enfin, au milieu de
la masse protoplasmique remplissant le sac embryonnaire, se trouve

un noyau volumineux, nommé *noyau secondaire,* et au fond du sac, trois autres cellules connues sous le nom de *cellules antipodes.*

L'ovule est fixé au placenta par un filet très court, le *funicule,* parcouru par un faisceau libéro-ligneux ; le point où le funicule s'attache sur la primine se nomme *hile* ou *ombilic.* On a donné le nom de *chalaze,* ou base du nucelle, au point où le faisceau libéro-ligneux se divise pour pénétrer dans la primine.

C'est au moment où la fleur s'épanouit que l'ovule présente la structure que l'on vient de résumer.

156. Différentes sortes d'ovules. — Par rapport à sa forme extérieure, l'ovule peut être *orthotrope, campylotrope* ou *anatrope.*

L'ovule est *orthotrope* ou *droit* (fig. 118, A), lorsqu'il se développe

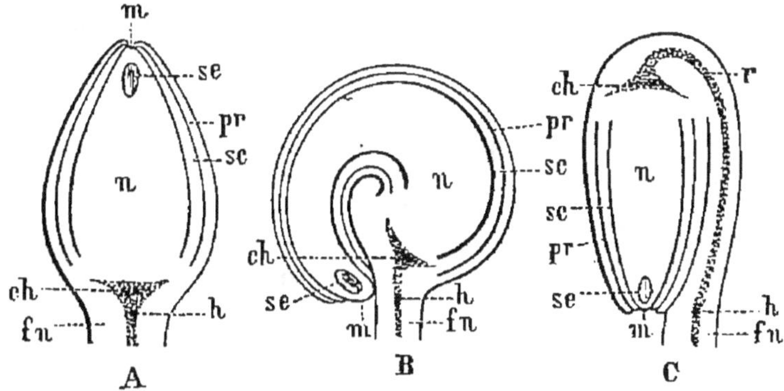

Fig. 118. — Les trois sortes d'ovule. — A, ovule orthotrope. *fn,* funicule ; *h,* hile ; *ch,* chalaze ; *pr,* primine ; *sc,* secondine ; *m,* micropyle ; *se,* sac embryonnaire ; *n,* nucelle. — B, ovule campylotrope. — C, ovule anatrope ; *r,* raphé.

uniformément dans toutes ses parties ; dans ce cas, le hile, la chalaze et le micropyle sont en ligne droite (Sarrasin, Noyer, Ortie, Oseille).

L'ovule est dit *campylotrope* ou *recourbé* (fig. 118, B), lorsque l'axe du nucelle se développe en arc, au lieu de rester rectiligne comme dans le précédent (Haricot, Giroflée, Œillet).

Dans l'ovule *anatrope* ou *inverse* (fig. 118, C), le micropyle se rapproche du hile, par suite de la courbure qui se produit à la base du nucelle, entre le hile et la chalaze. Dans cette sorte d'ovule, la chalaze se place en un point diamétralement opposé au hile (Lis, Renoncule, Coquelicot, Melon).

Dans l'ovule inverse, le faisceau du funicule se prolonge jusqu'à la chalaze, en formant avec le tissu qui l'entoure une sorte de bourrelet nommé *raphé* (fig. 118, C, *r*).

157. Résumé. — Si l'on coupe une fleur complète par un plan passant par l'axe (fig. 119), les diverses parties qui la forment se présentent dans l'ordre suivant, en procédant de l'extérieur à l'intérieur :

Le calice, formé de sépales libres ou soudés entre eux;

La corolle, formée de pétales libres ou soudés entre eux;

L'androcée, formée par une ou plusieurs étamines;

Le pistil, formé par un ou plusieurs carpelles.

Une étamine comprend généralement trois parties : le filet, l'anthère et le pollen.

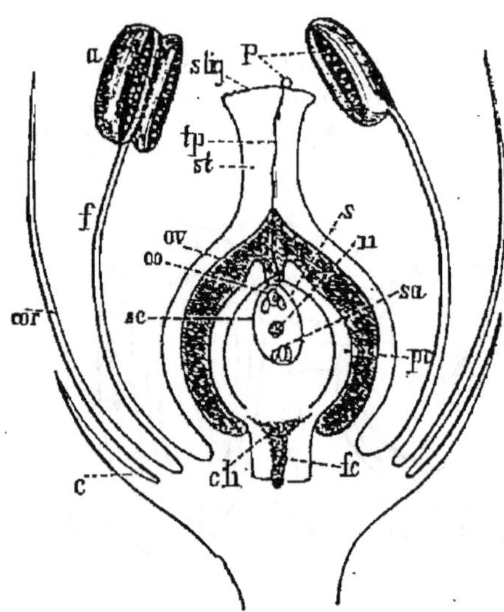

Fig. 119. — Figure théorique pour résumer l'organisation d'une fleur complète. — *c*, calice; *cor*, corolle; *f*, filet de l'étamine; *a*, anthère; *ov*, ovaire; *st*, style; *stig*, stigmate; *tp*, tube pollinique provenant de la germination d'un grain de pollen *p*, déposé sur la surface stigmatique; *pr*, primine de l'ovule enveloppant la secondine; *sc*, sac embryonnaire; *oo*, oosphère, placée entre les deux cellules synergides; *n*, noyau secondaire du sac embryonnaire; *sa*, cellules antipodes; *ch*, chalaze; *fc*, faisceau libéroligneux du funicule.

Un grain de pollen est formé d'une petite masse protoplasmique entourée par deux membranes : l'exine à l'extérieur et l'intine à l'intérieur.

Un carpelle comprend ordinairement trois parties : le stigmate, le style et l'ovaire, renfermant les ovules destinés à se transformer en graines.

Dans un ovule, on distingue deux membranes superposées : la primine et la secondine; le nucelle, enveloppé par la primine et la secondine; le sac embryonnaire, renfermant l'oosphère, placée entre les deux cellules synergides; le noyau secondaire, et les cellules antipodes placées au fond du sac; le micropyle, petite ouverture située au sommet de l'ovule, et donnant accès sur le nucelle. L'ovule est fixé au placenta par un petit cordon appelé funicule; le funicule est parcouru par un faisceau libéro-ligneux, qui se divise en deux branches vers la base de la primine; le point où le faisceau se divise est la chalaze; on a donné le nom de hile au point où le funicule s'attache à la primine.

D'après sa forme extérieure, l'ovule est dit orthotrope, campylotrope ou anatrope.

§ III

Formation de l'œuf chez les Phanérogames.

158. Définitions. — La nutrition et la reproduction sont les deux fonctions fondamentales de la plante.

Le végétal se conserve par la nutrition et se perpétue par la reproduction.

Les plantes Phanérogames, dont les ovules sont renfermés dans un ovaire clos, ont reçu le nom de *Phanérogames angiospermes*, subdivisés en *Dicotylédones* et *Monocotylédones*, suivant que la plantule est pourvue de deux cotylédons ou d'un seul. Les Phanérogames dont le pistil est réduit à un ovule dépourvu de cavité close forment le groupe des *Gymnospermes*.

159. Rôle des diverses parties de la fleur. — Chaque partie de la fleur participe plus ou moins à la formation de l'œuf de la plante. Les bractées, les sépales et les pétales ont un rôle protecteur. La fonction des étamines est de former le pollen et de le mettre en liberté par la déhiscence de l'anthère. Le rôle des carpelles est de porter les ovules, et de réaliser les conditions nécessaires pour les féconder.

Les phénomènes de la formation de l'œuf comprennent : 1° le transport du pollen sur le stigmate, ou la pollinisation ; 2° la germination du pollen ; 3° la formation de l'œuf.

160. Nécessité du pollen dans la formation de l'œuf. — Le transport du pollen sur le stigmate est absolument nécessaire pour le développement de l'ovule ; c'est un fait mis hors de doute par l'expérience. Si l'on coupe les fleurs staminées d'une plante monoïque, d'un pied de Melon, par exemple, et qu'après l'opération on recouvre le végétal d'une enveloppe de gaze, pour éviter tout transport extérieur de pollen, les fleurs pistillées se fanent et se dessèchent ; mais si, à l'aide d'un pinceau, on porte du pollen sur le stigmate d'une des fleurs du même pied de Melon, l'ovaire se développe et produit des graines fertiles, malgré l'enceinte de gaze et la suppression des fleurs à étamines. D'ailleurs, l'ablation des jeunes étamines d'une fleur hermaphrodite produit un résultat identique ; dans tous les cas, l'ovaire se flétrit sans développement ultérieur.

On sait aussi que lorsque les pluies sont très abondantes, au moment de la floraison du Blé ou de la Vigne, la récolte *coule,* suivant l'expression des cultivateurs ; cela tient uniquement à ce que l'eau altère ou entraîne le pollen.

161. Germination du pollen et formation de l'œuf. — Le pollen déposé sur la surface humide du stigmate y est retenu par les papilles stigmatiques (fig. 120), où il ne tarde pas à germer sous l'action de l'humidité. Dès que les phénomènes de la germination se sont manifestés, le *tube pollinique* s'allonge à travers le tissu conducteur du stigmate et du style, en absorbant les matières nutritives qui se trouvent sur son passage. Arrivé au micropyle, il parcourt ce petit conduit, et s'applique sur le sommet du sac embryonnaire dont il perce la paroi. Parvenu à l'oosphère, l'un de ses noyaux se fusionne avec celui de l'oosphère. Enfin le protoplasma qui entoure ce nouveau noyau s'enveloppe d'une membrane de cellulose, et l'*œuf* est formé. Cet œuf est la première cellule d'une nouvelle plante.

Dès que l'œuf est formé, le noyau secondaire du sac embryonnaire se multiplie pour produire l'*albumen*, substance nutritive destinée à nourrir la plantule.

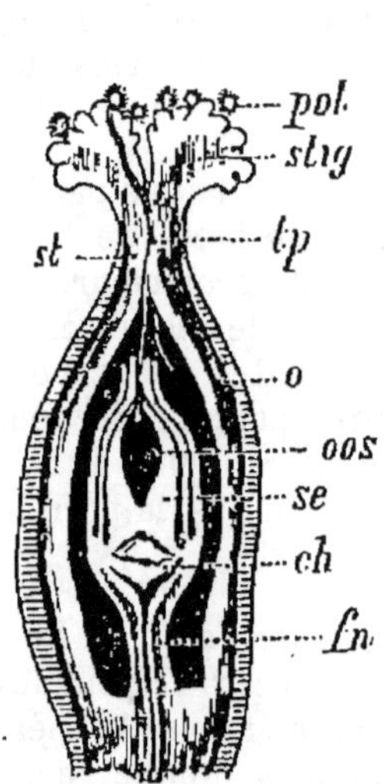

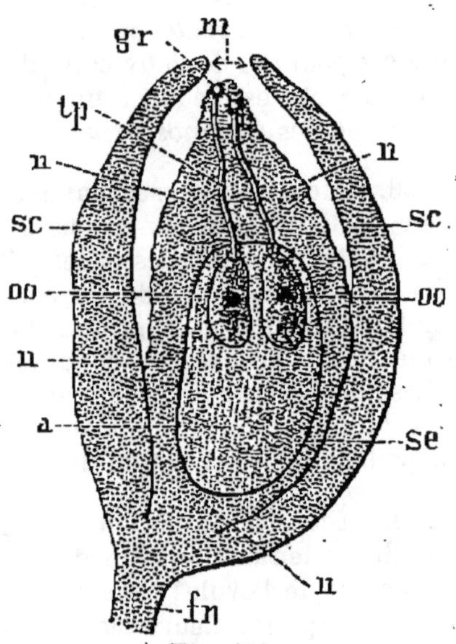

Fig. 120. — Pistil d'une plante Phanérogame angiosperme. *stig*, stigmate; *st*, style; *o*, ovaire renfermant l'ovule dans sa cavité; *pol*, grains de pollen germant sur la surface stigmatique; *tp*, tube pollinique traversant le tissu conducteur du style; *oos*, oosphère; *se*, nucelle enveloppé par la primine et la secondine; *ch*, chalaze; *fn*, funicule.

Fig. 121.
Pistil de Gymnosperme (Sapin); on voit qu'il est dépourvu de stigmate, de style et de cavité close; *m*, micropyle; *gr*, grain de pollen retenu par une gouttelette de liquide placée au sommet du nucelle; *sc*, secondine; *n*, nucelle; *se*, sac embryonnaire, renfermant deux oosphères *oo*; *tp*, tube pollinique; *a*, albumen, réserve nutritive destinée à nourrir l'ovule; *fn*, funicule.

162. Fécondation des Gymnospermes. — Dans les Gymnospermes, chaque fleur pistillée est réduite à un ovule dépourvu de cavité close (fig. 121). Il résulte de cette simplification que le pollen se dépose directement sur l'ovule, où le retient une gouttelette liquide. Sous l'action de ce liquide les tubes polliniques se développent, mais beaucoup plus lentement que chez les Angiospermes; ils traversent la membrane du sac embryonnaire , et l'œuf se forme comme chez les Angiospermes.

Dans ce groupe de végétaux, l'albumen se constitue avant la formation de l'œuf.

Le nucelle des Gymnospermes contient plusieurs vésicules embryonnaires, dont chacune peut donner naissance à plusieurs embryons ; mais d'ordinaire un seul se développe, et, en grandissant, il absorbe les autres.

CHAPITRE VIII

LE FRUIT, LA GRAINE ET LA GERMINATION

§ I

Le fruit.

163. Définitions. — Le fruit est un ovaire développé et mûri. Les parois de l'ovaire deviennent les parois du fruit, et les graines renfermées dans le fruit proviennent du développement des ovules.

Après la formation de l'œuf, le rôle de la fleur est rempli ; aussi les autres parties qui la constituent, en dehors de l'ovaire, se détachent ou se flétrissent. Dans bien des cas, dès que les anthères ont disséminé le pollen, le calice, la corolle et les étamines tombent ; bien souvent aussi le stigmate et le style disparaissent à leur tour ; il ne reste plus de la fleur que l'ovaire, dont le rôle est de former le fruit et la graine.

164. Maturation du fruit. — Lorsque le fruit a acquis son développement normal, le péricarpe passe à un état particulier, où l'on dit que le fruit est *mûr*.

Si le péricarpe est sec, les cellules achèvent de se vider, se dessèchent et se remplissent d'air ; quand le péricarpe est charnu, les cellules renferment un certain nombre de produits, notamment de l'amidon, du tanin, des acides organiques (malique, tannique, pectique), qui communiquent aux fruits verts leur acidité particulière.

La maturation du fruit une fois terminée, le péricarpe s'ouvre ou se détruit pour mettre les graines en liberté.

165. Structure du fruit mûr. — Les parois de l'ovaire, devenues les parois du fruit, s'appellent *péricarpe*.

Lorsque le péricarpe est homogène dans toute son épaisseur, il peut être tout entier sec et résistant (Haricot, Châtaigne), ou tout entier charnu et mou (Raisin, Tomate, Cassis) ; mais il arrive souvent que le péricarpe, au lieu de rester homogène, se divise en deux couches : l'une externe, qui demeure molle et charnue ; l'autre interne, qui devient sèche, dure et ligneuse, et qui constitue alors un *noyau* enveloppant la graine (Prune, Cerise, Pêche, fig. 122).

Quelle que soit l'épaisseur de ses parois, le péricarpe se compose, comme la feuille dont il provient, de deux feuillets d'épiderme, entre lesquels se trouve une couche de parenchyme appelée *mésocarpe ;* le mésocarpe est très développé dans les fruits charnus (Melon, Pomme). La membrane externe se nomme *épicarpe,* et l'interne *endocarpe.* L'épicarpe est une pellicule mince que l'on peut enlever facilement. L'endocarpe représente l'épiderme de la face supérieure de la feuille carpellaire ; il tapisse l'intérieur de la cavité de chaque carpelle. Dans les fruits à endocarpe ligneux, il est admis que les couches externes du noyau se forment aux dépens du mésocarpe.

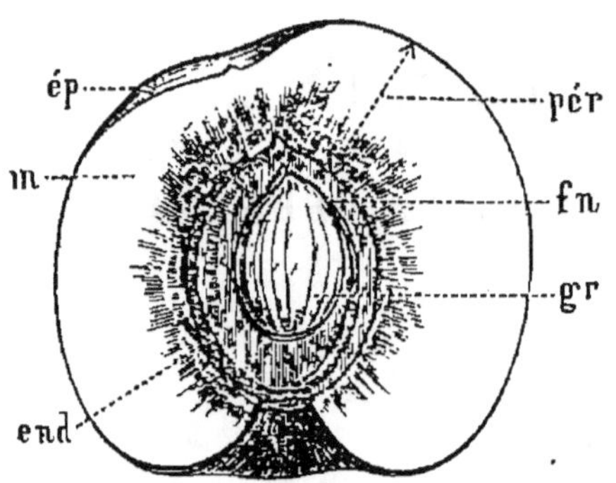

Fig. 122. — Section longitudinale d'une Pêche, pour montrer la structure de ce fruit à noyau ; *pér,* péricarpe comprenant : l'épicarpe *ép,* le mésocarpe *m,* l'endocarpe *end,* formant ici le noyau ; *gr,* graine montrant le funicule *fn,* qui relie la graine à la paroi du péricarpe.

166. Déhiscence du fruit. — On appelle *fruits déhiscents* ceux dont le péricarpe s'ouvre de lui-même pour mettre les graines en liberté (Acacia, Colza, Coquelicot) ; dans le cas contraire, les fruits sont dits *indéhiscents* (Pomme, Abricot, Châtaigne).

La rupture des parois du péricarpe a reçu le nom de *déhiscence.*

On distingue trois sortes de déhiscences :

1° La *déhiscence longitudinale*, lorsque le péricarpe s'ouvre suivant des lignes longitudinales (Chélidoine, Acacia, Datura, Lis, Violette).

2° La *déhiscence transversale,* lorsqu'elle s'opère suivant une ligne transversale circulaire (Mouron rouge, Jusquiame, Plantain) ;

3° La *déhiscence poricide* (fig. 123), lorsqu'elle a lieu par des orifices irréguliers ou pores situés ordinairement au sommet du fruit (Muflier, Coquelicot).

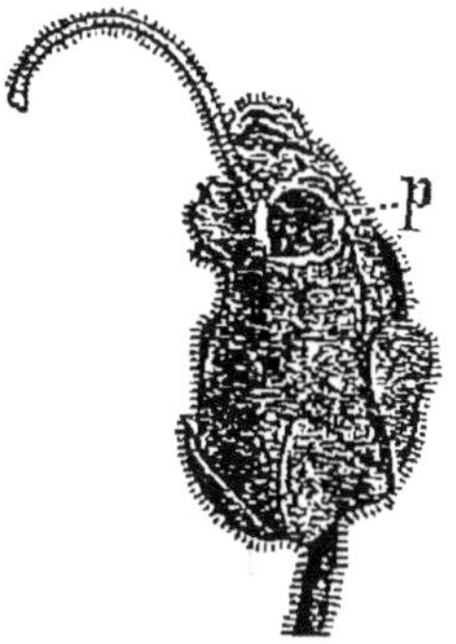

167. Classification des fruits. — La classification des fruits est basée sur la consistance et la déhiscence du péricarpe.

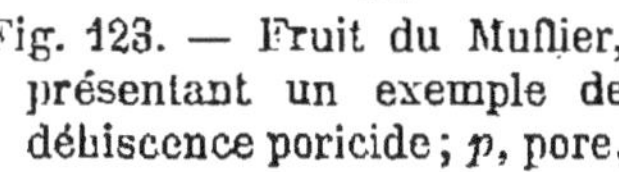

Fig. 123. — Fruit du Muflier, présentant un exemple de déhiscence poricide ; *p,* pore.

D'après la consistance du péricarpe, on peut diviser les fruits en trois groupes : les *fruits secs,* les *fruits charnus* et les *fruits à noyau.*

Ces trois catégories se subdivisent chacune en *fruits déhiscents* et en *fruits indéhiscents.*

Fruits secs indéhiscents. — Les principaux fruits secs indéhiscents sont : l'*akène* (Blé noir, Café) ; le *caryopse* (Blé, Maïs) ; le *gland* (Châtaigne, Gland), et la *samare* (Orme, Érable).

Fruits secs déhiscents. — Parmi les fruits secs déhiscents, on distingue : la *capsule* (Coquelicot, Muflier, Violette) ; la *gousse* (Acacia, Genêt, Haricot) ; la *silique* (Colza, Chélidoine) ; la *pixide* (Mouron rouge, Jusquiame), et le *follicule* (Aconit).

Fruits charnus indéhiscents. — Les principales sortes de fruits charnus indéhiscents sont : la *baie* (Raisin, Cassis, Tomate) ; la *péponide* (Melon, Potiron) ; la *mélonide* (Pomme, Poire, Coing) ; l'*hespéridie* (Orange, Citron).

Fruits charnus déhiscents. — Comme exemples de fruits déhiscents, on peut citer le fruit de la Balsamine et celui du Marronnier.

Fruits à noyau indéhiscents. — Les fruits à noyau indéhiscents se nomment *drupes.* Le drupe est un fruit à épicarpe membraneux, à mésocarpe charnu et à endocarpe osseux (Prune, Cerise, Pêche, Abricot, Olive).

Fruits à noyau déhiscents. — Dans ces fruits, l'épicarpe et le mésocarpe sont de consistance coriace (Noix, Amande).

4*

§ I

La graine.

168. Transformation de l'ovule en graine. — Après la formation de l'œuf, l'ovule se compose de deux membranes superposées, la primine et la secondine, qui entourent le nucelle; du sac embryonnaire, renfermé dans le nucelle; de l'œuf, provenant de l'oosphère; des cellules synergides; du noyau secondaire, et enfin des cellules antipodes, placées au fond du sac embryonnaire.

L'œuf donne la plantule.

Le noyau secondaire donne l'albumen, substance nutritive destinée à nourrir la plantule.

La primine et la secondine deviennent, après résorption partielle, les téguments de la graine.

Enfin les synergides, les antipodes et le nucelle se résorbent.

169. Formation de la plantule. — Le protoplasma de l'œuf s'entoure d'une mince membrane de cellulose et constitue ainsi la première cellule de la plantule. Cette cellule se divise d'abord en deux par une cloison perpendiculaire au grand axe du sac embryonnaire; la cellule supérieure, en se cloisonnant, produit un massif cellulaire qui relie la plantule à la paroi du sac embryonnaire du côté du micropyle; on a donné le nom de *suspenseur* à cet ensemble de cellules. La cellule inférieure est destinée à former, par des cloisonnements très actifs, les diverses parties de la plantule. On voit apparaître successivement la radicule, dont le sommet est toujours tourné du côté du micropyle; puis la tigelle, les cotylédons, et enfin la gemmule, qui se développe en dernier lieu, et dans une direction opposée à celle de la radicule; elle supporte un ou plusieurs cotylédons remplis de réserves nutritives.

170. Formation de l'albumen. — En même temps que la plantule se constitue, le noyau secondaire du sac embryonnaire développe l'albumen pour le nourrir.

Pour former l'albumen, le noyau secondaire se divise d'abord en deux; puis chacun des noyaux se divise en deux autres, et ainsi de suite. Pendant que cette division par deux se produit, des cloisons se forment entre ces divers noyaux de plus en plus nombreux, et le tissu qui en résulte est l'*albumen*. Ce tissu nutritif sert de nourriture immédiate à la plantule en voie de formation.

Lorsque tout l'albumen est consommé pendant la transformation de l'ovule en graine, toute la provision de nourriture s'accumule dans les cotylédons, qui, dans ce cas, s'épaississent beaucoup, tandis que l'albumen finit par disparaître complètement; la graine mûre est alors *sans albumen*, comme celle du Haricot (fig. 124, B). Si, au contraire, une partie seulement de l'albumen est consommée pendant la maturation de la graine, les cotylédons restent minces, tandis que l'albumen est abondant et se retrouve dans la graine mûre, où il constitue des réserves nutritives pour être consommées au moment de la germination; la graine mûre est alors *à albumen* (Blé, Ricin) (fig. 124, A, C).

Différentes sortes d'albumens. — D'après la nature des substances contenues dans les cellules qui constituent l'albumen, celui-ci est *farineux, oléagineux* ou *corné*.

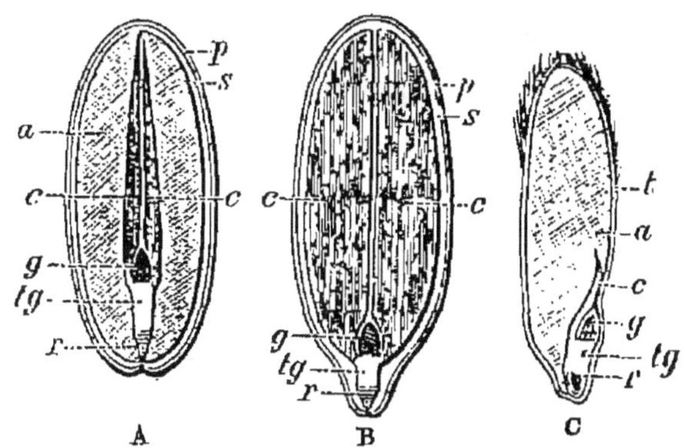

Fig. 124. — A, coupe théorique d'une graine de Dicotylédone à albumen; *s*, secondine de l'ovule devenue le tegmen de la graine; *p*, primine de l'ovule devenue le testa du tégument de la graine; *a*, albumen; *c*, cotylédons; *r*, radicule de la plantule; *tg*, tigelle; *g*, gemmule. — B, graine sans albumen; *c*, cotylédons; *p*, *s*, tégument; *r*, *tg*, *g*, les trois parties de la plantule. — C, graine de Monocotylédone à albumen; *t*, tégument; *a*, albumen; *c*, cotylédon unique; *r*, *tg*, *g*, les trois parties de la plantule.   (Gaston BONNIER.)

L'*albumen farineux* ou *amylacé* est abondant surtout dans les céréales, où l'amidon est mélangé à une matière très azotée, le *gluten* (Blé, Seigle, Maïs).

L'*albumen oléagineux* est formé de matières huileuses, riches en aleurone et en inuline (Ricin, Pavot, Colza, Lin, Chanvre).

L'*albumen corné* est remarquable par l'épaississement considérable que prennent les parois cellulaires, et par la texture dure et cornée qu'elles acquièrent (Dattier).

171. Formation des téguments de la graine. — La primine et la secondine, en se développant, forment les téguments de la graine; mais le plus souvent la secondine disparaît peu à peu, et c'est la primine, où même seulement la région externe de cette membrane, qui produit le tégument. Ordinairement, la primine se divise en deux couches : l'extérieure, lignifiée et très résistante, produit le *testa*, et l'intérieure, de nature cellulosique, forme le *tegmen*.

Les synergides et les antipodes sont complètement résorbées après la formation de l'œuf. Le nucelle, lui aussi, est absorbé presque toujours pour nourrir l'albumen et la plantule.

Les transformations qui se sont accomplies dans toutes les parties constitutives de l'ovule ont formé la graine, dans laquelle la plantule possède maintenant ses dimensions normales, avec les réserves nutritives accumulées, soit dans les cotylédons, soit dans l'albumen.

Lorsque les tissus ont perdu leur eau de végétation, la graine est *mûre;* elle peut alors se détacher de la plante mère pour reproduire immédiatement un nouveau végétal *semblable* à celui dont elle provient, ou rester plusieurs années à l'état de vie ralentie.

172. Structure générale de la graine mûre. — La graine comprend deux parties, le *tégument* et l'*amande.*

Le tégument. — Le tégument, qui enveloppe la graine, appartient encore à la plante mère; il est formé par les enveloppes de l'ovule qui se sont accrues autour de la plantule. Il est relié aux parois du fruit par une sorte de pédicelle, nommé *funicule,* qui se dessèche et se sépare facilement de la graine au moment de la maturité; la trace de l'insertion du funicule continue à se voir sur le tégument après cette séparation, où elle forme une cicatrice nommée hile. Sur une graine de Haricot on peut voir, au voisinage immédiat du hile, un très petit orifice, le *mycropyle,* à travers lequel le tube pollinique a pénétré dans l'ovule pour féconder l'oosphère.

Le tégument est souvent simple, quelquefois double; lorsqu'il est double, la partie extérieure est dure; on lui donne le nom de *testa ;* l'enveloppe interne, mince et membraneuse, prend le nom de *tegmen.*

L'amande. — L'amande est l'ensemble de ce qui est recouvert par le tégument. Elle est formée par la plantule seule dans la graine du Haricot. Dans beaucoup de graines, l'embryon est associé à une masse plus ou moins grande de substance nutritive constituant l'*albumen.*

L'embryon. — Le tégument enlevé, il reste l'*embryon* ou *plantule* (fig. 125). L'embryon est une plante en miniature; il en présente les parties essentielles. C'est un corps de formes variées, pourvu d'une racine très petite,

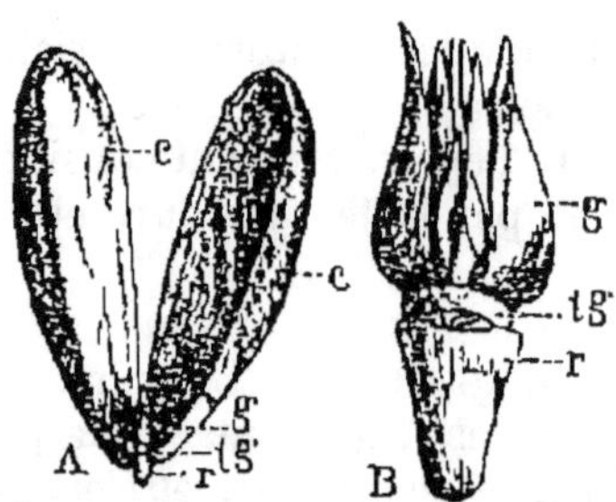

Fig. 125. — A, plantule de l'Amandier; *c,* cotylédons; *r,* radicule; *tg,* tigelle; *g,* gemmule. — B, plantule grossie et dont on a détaché les deux cotylédons; *r,* radicule; *tg,* tigelle; *g,* gemmule.

la *radicule,* caractérisée par une *coiffe;* d'une petite tige, la *tigelle,* de forme cylindrique, et portant deux organes épais, les *cotylédons.* Ces cotylédons sont les premières feuilles de l'embryon; ils ont la constitution des feuilles et peuvent être appelés à en jouer le rôle; enfin, la *gemmule,* située entre les cotylédons ; c'est le premier bourgeon terminal de la plante.

Dans beaucoup de végétaux l'embryon n'a qu'un seul cotylédon (Blé, Avoine, Palmier).

Les caractères de l'embryon ont une importance capitale ; on les a pris pour distinguer deux grandes classes de Phanérogames, les *Dicotylédones* et les *Monocotylédones*.

173. Structure d'un grain de Maïs. — Une section longitudinale d'un grain de Maïs (fig. 126) montre, de l'extérieur à l'intérieur, un péricarpe *per ;* un albumen volumineux *alb*, composé d'une partie dure et jaune *m*, et d'une partie molle et blanche *n* adossée au cotylédon ; un seul cotylédon *cot*, entouré d'un épiderme *ép ;* des cordons blanchâtres *vf*, marquant la disposition des futurs vaisseaux libéroligneux ; un embryon constitué par une radicule *r*, destinée à produire la racine principale ; la radicule est déjà munie de la coiffe *cf ;* en outre, elle est enveloppée d'une gaine ou coléorhize *gr ;* la tigelle *tg* et la gemmule *g*. A la base de la tigelle, on voit deux petites proéminences, représentant le début du développement

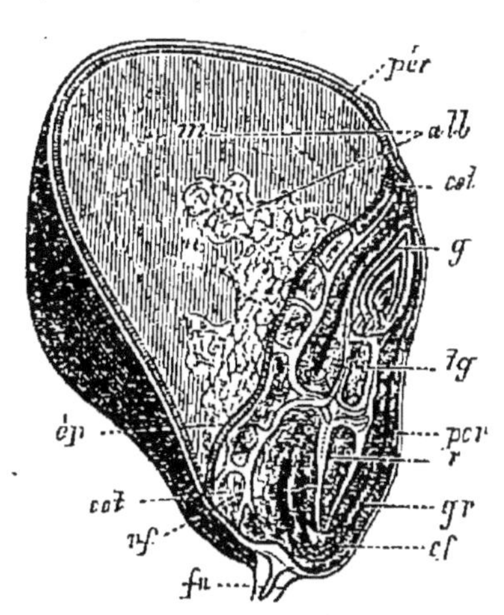

Fig. 126. — Structure d'un grain de Maïs. *pér*, péricarpe ; *m*, partie dure et jaune de l'albumen, la partie molle et blanche est adossée au cotylédon ; *cot*, cotylédon ; *ép*, épiderme de l'embryon ; *r*, *tg* et *g*, radicule, tigelle et gemmule de l'embryon ; *cf*, coiffe ; *gr*, gaine de la radicule ; *vf*, cordons blanchâtres indiquant la distribution des futurs faisceaux libéro - ligneux ; *fn*, funicule.

des racines adventives produites par le premier entre-nœud de la tige de l'embryon ; enfin, un fragment du funicule *fn*. La structure d'un grain de Blé, de Seigle ou d'Avoine est analogue à celle du grain de Maïs.

174. Usages des fruits et des graines. — Les parties comestibles des fruits charnus contiennent des produits composés de carbone, d'oxygène et d'hydrogène, tels que la fécule, la gomme, le sucre, des acides et des huiles grasses ou volatiles. Les huiles et le sucre se forment seulement pendant la maturation du fruit, durant laquelle les acides disparaissent à peu près complètement.

Les parties alimentaires varient suivant les fruits. Ainsi, on mange le *mésocarpe* de la Prune, de la Cerise, de la Pomme, de la Pêche, de l'Abricot, du Melon ; l'*amande* de la Châtaigne, de la Noix, de la Noisette ; le *fruit entier* de la Tomate, du Raisin, de la Framboise, de la Figue ; le *réceptacle* de la Fraise. Beaucoup de fruits servent aussi à la fabrication des boissons fermentées, tels sont les fruits de la Vigne, du Pommier, du Poirier.

Le Blé, le Seigle, le Riz, le Maïs, le Sarrasin, sont la base de l'alimentation de l'homme. Les graines de plusieurs légumineuses (Haricot, Lentille, Pois) sont aussi des aliments de première importance ; les graines du Noyer, du Colza, du Hêtre, du Lin, du Chanvre, fournissent des huiles employées dans l'alimentation ou l'industrie.

§ III

Germination.

175. Définitions. — On dit qu'une graine *germe*, quand elle passe de la vie ralentie à la vie active.

La graine, arrivée à l'état de maturité, subit presque toujours une période de repos pendant laquelle elle ne s'accroît pas ; les échanges qu'elle fait avec le milieu extérieur sont alors très faibles, et elle ne manifeste extérieurement aucune activité vitale ; on dit que la graine est à l'état de *vie ralentie*. Pendant la germination, au contraire, l'embryon s'accroît, et les échanges de la graine avec le milieu extérieur sont très actifs ; elle est à l'état de *vie active*.

Les conditions nécessaires au passage de la vie ralentie à la vie active concernent les qualités de la graine mûre (*conditions internes*), et le milieu extérieur (*conditions externes*).

176. Qualité de la graine mûre ou conditions internes. — Il y a des graines bonnes et des graines mauvaises. Comme la densité des tissus de la graine est presque toujours supérieure à celle de l'eau, et qu'entre l'embryon et les téguments d'une graine mûre il n'y a jamais d'espace libre occupé par de l'air, il s'ensuit que les graines mûres, mises dans l'eau, tombent au fond ; les graines mauvaises ou non mûres, étant ordinairement creusées de petites cavités où séjourne de l'air, surnagent. Ce moyen pratique de séparation est employé fréquemment dans la culture.

On ne peut pas attendre un temps indéfini pour semer avec succès des graines ; en d'autres termes, leur faculté germinative est limitée.

Il y a des graines qui ne germent pas de suite après leur sortie du fruit (Aubépine, Rosier). Les graines des fruits à noyau (Pêcher, Abricotier, etc.) germent très tard, souvent après plusieurs années, parce que l'eau les pénètre lentement.

En général, les graines perdent leur pouvoir germinatif après quelques années. Le plus souvent, après quinze à vingt ans, la faculté germinative a bien diminué, quand elle n'est pas détruite. D'ailleurs, la propriété de conserver la faculté germinative varie beaucoup suivant les plantes ; les Légumineuses, les Malvacées, les Graminées, la conservent longtemps.

Certaines graines, au contraire, doivent être semées dès leur maturité. Le Café ne germe pas si son albumen corné est échauffé par le soleil. Les graines des Ombellifères ne germent que si on les sème quelques mois après la récolte.

Les *graines oléagineuses* conservent plus longtemps leur faculté germinative que celles à albumen corné ; cependant, l'huile s'altérant à la longue, la limite est encore assez restreinte, et ne dépasse pas ordinairement un à deux ans, par suite de la dessiccation des tissus ou de l'oxydation des réserves nutritives destinées à l'embryon.

Les graines à albumen farineux se conservent beaucoup plus longtemps (Blé des sépultures celtiques), pourvu que leur albumen ait été mis à l'abri de l'oxygène de l'air.

Le *froid* ne paraît pas détruire la faculté germinative. Edwards et Colin l'ont expérimenté jusqu'à — 40°.

La *chaleur* la détruit au delà d'une certaine limite. L'albumine des albuminoïdes se coagule, en effet, à 75° ; on ne peut donc pas atteindre cette température à l'intérieur de la graine. Vers 55° la série des phénomènes destructeurs commence, et la coagulation se produit.

En résumé, pour qu'une graine soit apte à germer, il faut qu'elle soit mûre et qu'elle soit en état de vie ralentie.

177. Conditions externes nécessaires à la germination. — Les conditions externes nécessaires à la germination sont au nombre de trois, savoir : l'*oxygène de l'air*, l'*eau* et la *chaleur*.

L'oxygène de l'air. — Toute cellule vivante respire ; il faut donc que cette respiration soit alimentée. On a prouvé par l'expérience que des graines semées dans l'acide carbonique, dans l'azote, dans le gaz d'éclairage, ne germent pas, quelles que soient les conditions de température et d'humidité.

L'eau. — Une graine ne peut pas germer dans l'air sec, quelle que soit sa température ; l'eau est absolument nécessaire, parce qu'elle dissout les substances nutritives et les transporte aux points où elles doivent servir à la formation de nouveaux organes.

La chaleur. — La chaleur n'est pas moins nécessaire ; mais elle ne doit être ni trop basse ni trop haute.

La température minimum est ordinairement assez rapprochée de 0°.

Elle est 0° pour le Cresson alénois; pour cette plante, la température la plus favorable paraît être de 14°; la température maximum est 20°.

Le Maïs ne germe qu'à 9°; sa température la meilleure est 25°, maximum 45°; le Melon ne germe qu'à 15° environ; sa température la plus favorable est 30°.

Le *chlore*, le *brome* et l'*iode*, employés en dissolution aqueuse très diluée, favorisent la germination; ce résultat paraît dû à un dégagement d'oxygène, produit par la décomposition de l'eau du sol sous l'action de ces agents chimiques. L'*électricité* est également favorable à la germination.

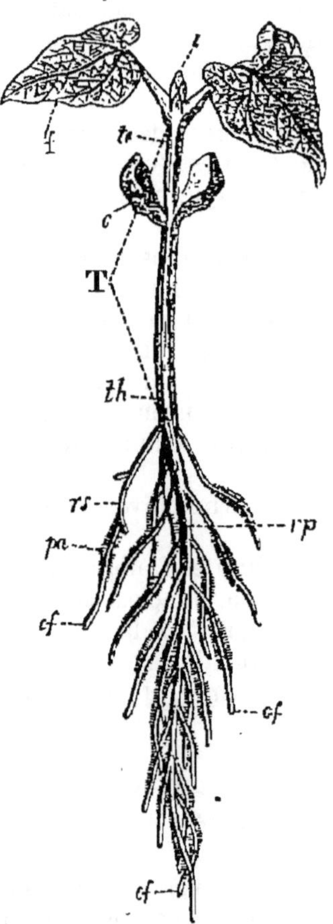

Fig. 127. — Haricot germant. — *rp*, racine principale; *rs*, racine secondaire; *pa*, poils absorbants; *cf*, coiffe; T, tige; *th*, tige hypocotylée; *te*, tige épicotylée; *f*, feuille; *c*, cotylédons desséchés; *b*, bourgeon terminal, destiné aux productions ultérieures de la plante.

178. Germination de la graine.

— Sous l'influence de l'eau, de l'air et de la chaleur, la graine mûre passe de la vie ralentie à la vie active; on dit qu'elle *germe*.

L'embryon se gonfle, déchire le tégument (fig. 1, B), la radicule s'allonge et devient la racine principale qui s'enfonce dans le sol de haut en bas. La tigelle se développe à son tour (fig. 127), en sens inverse de la radicule, et produit la partie de la tige inférieure aux cotylédons (*tige hypocotylée*); enfin, la gemmule s'accroît en dernier lieu, et produit la partie de la tige située au-dessus de l'insertion des cotylédons (*tige épicotylée*) et les feuilles.

La plante, grandissant, développera de nouvelles racines, la tige se ramifiera, portera de nombreuses feuilles et des fleurs, auxquellss succéderont plus tard des fruits renfermant les graines, destinées à reproduire la plante.

Quand la tigelle s'accroît beaucoup, les cotylédons sont entraînés au-dessus du sol, et sont appelés *épigés* (Haricot, Hêtre, Érable, Liseron); lorsque la tigelle s'accroît peu, les cotylédons restent enfouis dans le sol, et ne se débarrassent pas de l'enveloppe de la graine; ils sont alors *hypogés* (Chêne, Châtaignier, Pois).

L'exemple que l'on vient d'étudier est relatif à une graine de Dicotylédone. Si l'on examine maintenant la germination d'un grain de
Blé, plante Monocotylédone, on trouvera à
peu près le même développement. Le grain de
Blé germant (fig. 128) présente d'abord
une radicule qui deviendra la racine principale, mais son accroissement est limité;
des racines secondaires adventives, nées de
la tigelle, sont appelées à remplacer de
bonne heure cet axe primitif; on voit de
plus que la radicule est d'abord cachée sous
une petite gaine, appelée *coléorhize*, qu'elle
rompt en germant; la tigelle s'allonge très
peu; puis, tandis que le cotylédon reste appliqué sur l'albumen dans l'intérieur du tégument du grain, la gemmule se développe
en dernier lieu et produit les premières
feuilles.

179. Phénomènes chimiques de la germination. — La germination agit sur le milieu
extérieur (*phénomènes externes*) aussi bien
que sur la graine (*phénomènes internes*).

Phénomènes externes. — Les *phénomènes
chimiques externes* consistent surtout en un
échange de gaz; la graine absorbe de l'oxygène, dégage de l'acide carbonique et émet
de la vapeur d'eau; de plus il y a dégagement de chaleur rendu sensible au thermomètre.

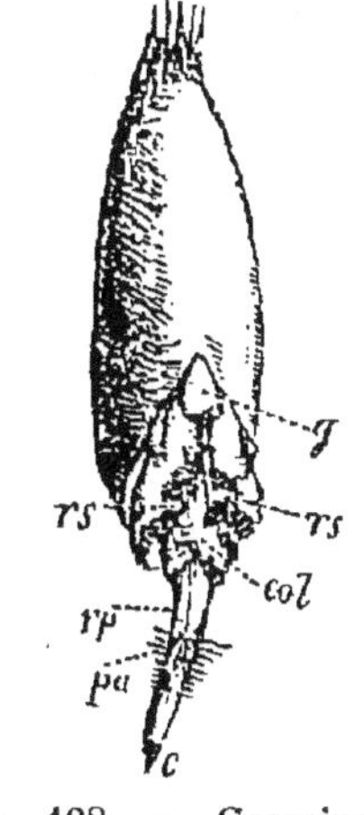

Fig. 128. — Germination d'un grain de Blé. *rp*, racine principale; *pa*, poils absorbants; *c*, coiffe; *col*, coléorhize ou gaine; *rs*, apparition des premières racines adventives, se développant sur le premier entre-nœud de la tige; *g*, gemmule.

La chaleur dégagée pendant la germination peut être mise en évidence par l'expérience suivante. On fait germer des graines dans une
salle dont la température ne varie pas; au contact des graines germant, on place un thermomètre, et l'on voit la température s'élever.
Cette élévation de température peut être de plusieurs degrés.

L'oxygène sert à brûler le carbone; par suite, la graine perd, par
cette opération, une partie de son carbone, qui se transforme en
acide carbonique, et cette perte diminue son poids.

Les grains de Blé ayant germé pendant 50 heures à l'obscurité
absolue perdent plus de la moitié de leur poids.

Phénomènes internes. — Les *phénomènes chimiques internes* consistent en une introduction des matières nutritives, accumulées dans
les cotylédons et l'albumen, dans la substance de la plantule.

Si l'on examine un grain de Blé, on voit qu'il possède un volumineux albumen (fig. 124, C) adossé à l'embryon. L'amidon de cet albumen pénétrera dans la plantule, grâce au cotylédon, lequel renferme
dans ses cellules extérieures une matière azotée qui va au dehors par
exosmose; c'est la *diastase*. Cette diastase, en très petite quantité
dissoute dans une masse d'eau, transforme les grains d'amidon en

dextrine, puis en sucre. Elle dissout les parois des cellules de l'albumen en même temps que les grains, et forme alors un liquide opaque, qui pénètre ensuite par absorption dans les cellules épidermiques de l'embryon, et de là dans les jeunes tissus.

Un embryon peut, en germant, agir de la même façon sur un albumen quelconque de la même nature que lui; dans certains cas, on a même pu remplacer l'albumen par une pâte artificielle ayant la même composition chimique que l'albumen; l'accroissement de la plantule se fait alors comme dans la germination normale; mais, si l'albumen fait défaut, alors que la jeune plante ne peut pas encore assimiler, celle-ci meurt bientôt, faute de nourriture. M. Van Tieghem l'a prouvé en faisant germer des embryons dont il avait enlevé l'albumen et les cotylédons, lorsque ceux-ci servent de réservoir nutritif. Les réserves accumulées dans la graine sont donc nécessaires au développement de la plantule.

La diastase est analogue à la ptyaline de la salive, et son action est la même. C'est un commencement de digestion.

Lorsque la réserve nutritive est formée de matières grasses, celles-ci se saponifient, c'est-à-dire se décomposent en *glycérine* et en *acides gras;* la glycérine est aussitôt assimilée, et les acides gras se dédoublent en se transformant en hydrates de carbone.

La germination a reçu, dans l'industrie, une application très importante. C'est sur elle qu'on se base pour préparer la bière. On fait germer de l'Orge pour la production de la diastase; puis on la fait sécher; ensuite on écrase le tout et on le fait chauffer dans l'eau; là, la diastase agit comme dissolvant de l'amidon, qu'elle transforme en dextrine, et finalement en glycose, liquide sucré qu'il suffit d'abandonner à lui-même pour que la fermentation alcoolique s'y développe.

CHAPITRE IX

REPRODUCTION DES CRYPTOGAMES
ET PARASITISME VÉGÉTAL

180. Définitions. — Les corps reproducteurs des Cryptogames sont les *œufs* et les *spores.*

L'*œuf* est constitué par une cellule dont le noyau provient de la fusion du protoplasma de deux autres cellules appartenant respectivement aux deux organes de reproduction.

La *spore* est une cellule qui se développe sans avoir besoin de l'action d'un autre protoplasma.

Pour simplifier l'étude de la reproduction des Cryptogames, on se bornera à examiner quelques exemples choisis parmi les *Cryptogames vasculaires*, les *Muscinées* et les *Tallophytes*.

§ I

Cryptogames vasculaires.

181. Formation de l'œuf chez les Fougères. — La formation de l'œuf des Fougères comprend deux périodes séparées par un intervalle de repos plus ou moins long.

La plante adulte produit d'abord des *spores*, qui peuvent rester plus ou moins longtemps à l'état de vie ralentie. Les spores se présentent sous l'aspect d'une poussière brune, formée de tout petits grains analogues aux grains de pollen. Elles sont renfermées dans des vésicules pédicellées nommées *sporanges* (fig. 129, D). Les sporanges sont disposés en masses brunes appelées *sores* (fig. 129, E, *s*); les sores sont ordinairement groupés sur la face inférieure des feuilles, où ils forment, soit des groupes arrondis (fig. 129, E), soit des lignes parallèles entre elles (Scolopendre), soit une ligne continue qui borde chaque lobe de la feuille (Capillaire de Montpellier) (fig. 129; C).

Fig. 129. — A, fragment d'une feuille de Fougère (Polystic), portant sur la face inférieure des sores *s*, recouverts d'une indusie. — B, un des lobes de la même feuille, montrant les sores grossis, et l'indusie *i*; *s*, sore dont on a enlevé l'indusie; *r*, réceptacle d'un sore. — E, un fragment d'une feuille de Polypode, portant des sores dépourvus d'indusie. — C, fragment d'une feuille de Capillaire de Montpellier; dans cette Fougère les sores *s*, occupent les bords des lobes de la feuille. — D, Sporange très grossi; *a*, anneau, dont la rupture en *c* met les spores *sp* en liberté; *p*, pédicelle.

Dans quelques Fougères, les sores sont disposés en épi (Ophioglosse), en grappe (*Botrychium*) ou en panicule (Osmonde royale). Les sores sont souvent recouverts d'une petite membrane protectrice nommée *indusie* (fig. 129, B).

182. Prothalle. — Une fois sur le sol humide, la spore germe après quelques semaines de repos; mais, au lieu de se développer directement en une Fougère semblable à celle dont elle provient, elle ne donne naissance qu'à une lame verte appelée *prothalle* (fig. 130), plus ou moins appliquée sur le sol, dans lequel ses cellules se prolongent en poils absorbants, désignés sous le nom de *rhizoïdes* (r). C'est sur la face inférieure du prothalle que se développent des organes de deux sortes dont le concours est nécessaire pour la formation de l'œuf,

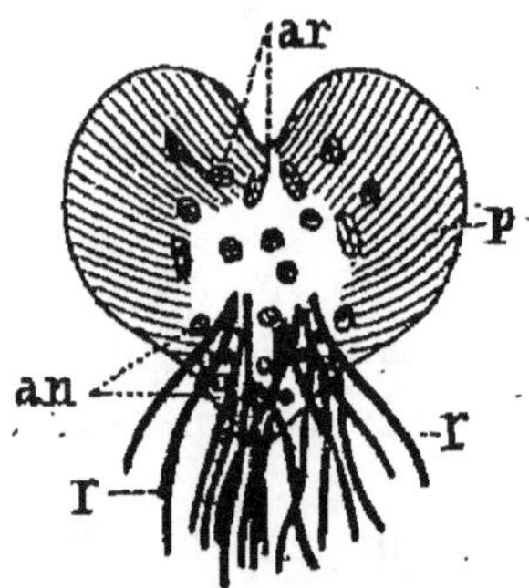

Fig. 130. — Prothalle de Fougère *p*, vu par sa face inférieure. *r*, rhizoïdes; *an*, anthéridies; *ar*, archégones.

point de départ d'une nouvelle Fougère. Les uns, plus précoces et beaucoup plus nombreux, s'appellent *anthéridies* (*an*); les autres se nomment *archégones* (*ar*).

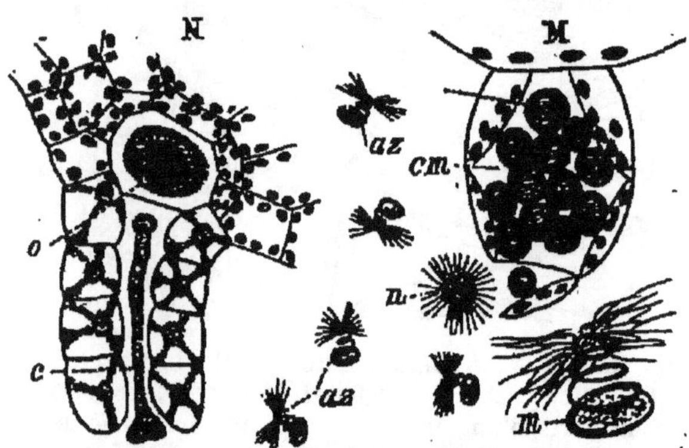

Fig. 131. — N, archégone. *c*, col de l'archégone, limité par des cellules remplies de protoplasma; *o*, oosphère, entourée de cellules à chlorophylle. — M, anthéridie. *cm*, cellule mère des anthérozoïdes; les cellules qui entourent la cellule mère renferment de la chlorophylle; *m*, anthérozoïde très grossi, portant en *m* des réserves nutritives; *n*, anthérozoïde non encore déroulé; *az*, anthérozoïdes qui se meuvent très rapidement dans l'eau du sol qui baigne la face inférieure du prothalle après la pluie.

183. Anthéridie, anthérozoïde et archégone. — L'*anthéridie* (fig. 131, M) se développe aux dépens d'une cellule du prothalle; il renferme un grand nombre de petits corpuscules, dont chacun produit un *anthérozoïde* (*m*, *az*). Une anthérozoïde est constitué par un petit filament enroulé en spirale et muni de cils à l'une de ses extrémités, au moyen desquels il se meut très rapidement ; l'extrémité dépourvue de cils porte des réserves nutritives. Parvenu à maturité, l'anthéridie absorbe l'eau, se gonfle, déchire sa membrane et met les anthérozoïdes en liberté.

L'*archégone* (fig. 131, N) provient, comme l'anthéridie, du développement d'une cellule du prothalle. La partie supérieure de l'organe forme un *col*, qui est creusé d'un petit canal au fond duquel est un noyau entouré de protoplasma ; c'est l'*oosphère*, tout à fait comparable à l'oosphère des Pharénogames.

Quelques-uns des anthérozoïdes, en nageant dans l'eau qui baigne le prothalle après la pluie, pénètrent dans le col de l'archégone, s'unissent à l'oosphère, et de cette fusion résulte la production de l'*œuf*.

L'œuf, une fois formé, se nourrit aux dépens des éléments nutritifs qu'il contient et de ceux qu'il puise dans le prothalle, sur lequel il reste fixé. Chez les Cryptogames vasculaires, le développement de l'embryon en plante adulte est continu, en d'autres termes, il n'y

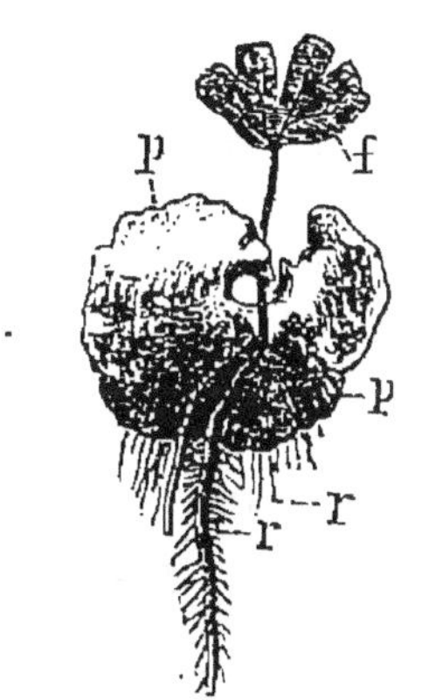

Fig. 132. — Prothalle *p*, sur lequel l'œuf, en germant, a produit une jeune Fougère (Capillaire de Montpellier); *r*, *r*, rhizoïde et jeune racine; *f*, jeune feuille.

a pas de période de repos comme pour la graine des Phanérogames ; aussi l'œuf ne tarde pas à se développer sur le prothalle même, en produisant une Fougère semblable à celle qui a fourni les spores (fig. 132).

§ II

Muscinées.

184. Formation de l'œuf chez les Muscinées. — L'œuf des Muscinées se forme directement sur la plante adulte, contrairement à ce qui a lieu chez les Cryptogames vasculaires. Les anthéridies et les archégones sont situés soit au sommet de la tige primaire, soit au sommet d'un rameau ; le tout est entouré d'un involucre qui peut renfermer parfois les deux sortes d'organes (fig. 133, A) ; dans ce cas, la plante est hermaphrodite. Ailleurs, les anthéridies et les archégones sont portés par des pieds différents, ou bien isolés sur le même pied, et la plante est alors dioïque ou monoïque, suivant le cas.

185. Anthéridie, anthérozoïde et archégone. — L'anthéridie (fig. 133, *an*) a la forme d'un sac ovoïde, renfermant de petites cellules cubiques contenant chacune un anthérozoïde, petite masse protoplasmique munie de deux cils (fig. 133, C). La forme de l'archégone (fig. 133, A, *ar*) est à peu près celle d'une bouteille, dont le col, mince et allongé, est creusé d'un canal au fond duquel est située l'oosphère. Lorsque la pluie ou la rosée ont rempli d'eau l'involucre, les anthéridies mettent les anthérozoïdes en liberté, ceux-ci nagent en grand nombre dans

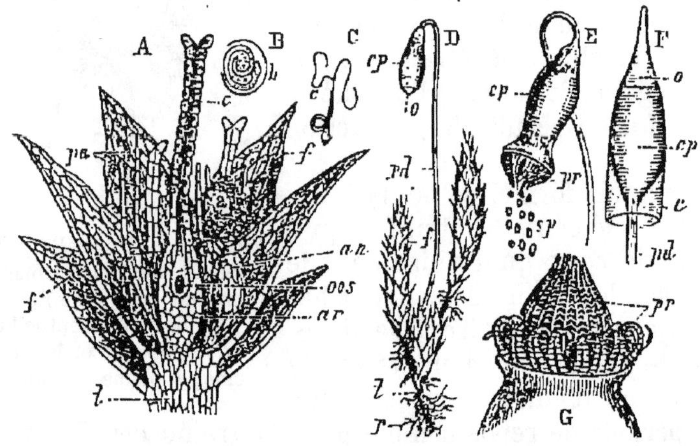

Fig. 133. — A, coupe longitudinale du sommet d'une Mousse hermaphrodite. *t*, tige; *f*, feuilles; *ar*, archégone; *oos*, oosphère; *c*, col; *an*, anthéridie; *a*, anthérozoïdes. — B, *b*, anthérozoïde non encore déroulé. — C, *c*, anthérozoïde pourvu de ses deux cils. — D, pied de Mousse (*Bryum argenteum*); *r*, rhizoïdes; *t*, tige; *f*, feuilles; *pd*, pédicelle; *cp*, capsule; *o*, opercule. — E, *cp*, capsule au moment où se fait la dissémination des spores *sp*; *pr*, péristome. — F, extrémité du sporogone d'une Mousse (*Encalypta vulgaris*), montrant une coiffe très grande *c*; *pd*, pédicelle; *cp*, capsule; *o*, opercule. — G, *pr*, péristome double de la Funaire hygrométrique, Mousse dioïque.

le liquide, quelques-uns pénètrent dans le col de l'archégone et s'unissent à l'oosphère pour former l'œuf, comme il a été dit pour les Fougères.

Entre les archégones et les anthéridies, on trouve fréquemment d'autres organes constitués par une simple file de cellules; ce sont les *paraphyses* (fig. 133, *pa*), que l'on peut considérer comme des archégones ou des anthéridies avortés.

186. Sporange. — L'œuf, une fois formé, se développe sur la plante mère et à ses dépens. Il produit finalement un renflement ovoïde appelé *capsule* ou *sporange*, renfermant les *spores*. La capsule est ordinairement couverte d'un capuchon nommé *coiffe* (fig. 133, F, *c*); tout le reste forme un pédicelle plus ou moins long. A la maturité, la coiffe tombe et la partie supérieure de la capsule se détache circulairement, en formant une sorte de couvercle nommé *opercule* (fig. 133, D, *o*). Après la chute de l'opercule, le reste de la capsule contenant les spores prend le nom d'*urne* ou de *sac sporifère*, dont l'ouverture est presque toujours fermée par une ou deux rangées de dents constituant le *péristome* (fig. 133, G, *pr*). Par la dessiccation, les dents du péristome se relèvent et les spores s'échappent de l'urne pour se disséminer (fig. 133, E).

Quelques auteurs donnent le nom de *sporogone* à l'ensemble du pédicelle et du sporange (fig. 133, D).

187. Protonéma. — Les spores germent sur le sol humide, et, par des cloisonnements successifs et rapides, il en résulte bientôt un lacis de filaments verts, connu sous le nom de *protonéma* (fig. 134), analogue au prothalle des Cryptogames vasculaires.

Un peu plus tard, on voit se produire çà et là de petits bourgeons qui se développent en autant de tiges feuillées. Le protonéma, qui relie toutes ces tiges par la base, finit enfin par disparaître, et elles se trouvent ainsi affranchies par une sorte de marcottage naturel.

On voit que le développement des Muscinées ressemble beaucoup à celui des Cryptogames vasculaires; la seule différence consiste en ce que, dans les Muscinées, l'œuf et les spores se forment sur la plante feuillée ou plante adulte, tandis que chez les Cryptogames vasculaires, les spores seules se développent sur la plante feuillée; l'œuf se forme sur le prothalle ; mais dans

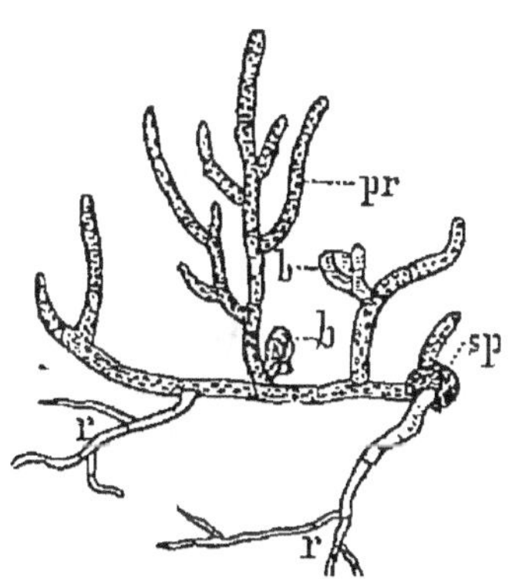

Fig. 134. — Protonéma de Mousse *pr*, produit par la germination d'une spore *sp*; *b*, bourgeons destinés à se développer en une nouvelle Mousse semblable à celle qui a fourni la spore *sp*; *r*, rhizoïdes.

le développement des deux groupes de végétaux, il y a toujours *alternance de formes;* dans les deux cas, en effet, la spore ne donne pas naissance directement à une plante feuillée, mais seulement à un prothalle (Fougères), ou à un protonéma (Muscinées), sur lequel se développera la plante feuillée.

§ III

Thallophytes.

188. Formation de l'œuf chez les Algues. — On peut prendre,
pour premier exemple, le Fucus vésiculeux (fig. 135), Algue marine
brune, très abondante sur
les côtes maritimes.

La marche d'après la-
quelle s'opère la formation
de l'œuf a été découverte,
en 1857, par Thuret et De-
caisne, botanistes français.

Les corpuscules repro-
ducteurs sont renfermés
dans des cavités appelées
conceptacles, lesquels sont
groupés à l'extrémité de
certains segments du thalle ;
ils présentent l'aspect de
ponctuations jaunâtres,
dont chacune correspond
à un conceptacle.

Les conceptacles, d'a-
bord clos, s'ouvrent en-
suite par un orifice nommé
ostiole (fig. 136, O). Les
parois de ces cavités sont
tapissées de poils celluleux
ou *paraphyses*, qui con-
vergent vers l'ostiole, et
favorisent ainsi la sortie
des corps reproducteurs.

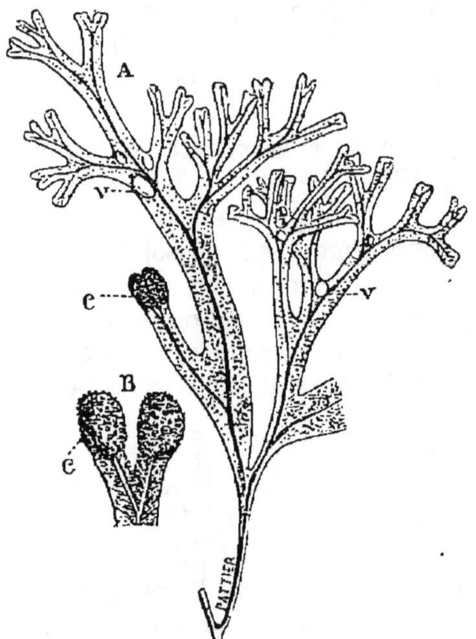

Fig. 135. — A, fragment de Fucus vésiculeux.
c, groupe de conceptacles ; *v*, vésicules aérifères. — B, groupe de conceptacles un peu
plus grossi ; chaque petite ponctuation constitue un conceptacle.

Ces derniers sont de deux sortes, et se développent sur des pieds
différents, le Fucus vésiculeux étant dioïque. Les uns, beaucoup
plus gros, s'appellent *oogones* (fig. M, *oog*), et les autres *anthéridies* (fig. N, *an*). Chaque oogone contient huit grosses masses protoplasmiques nommées *oosphères* (fig. D). Au moment de leur
maturité, les oosphères sont mises en liberté et sortent par l'ostiole.

Les pieds de Fucus qui portent les conceptacles à anthéridies présentent le même aspect que les pieds à oogones. Les parois des conceptacles à Anthéridies sont tapissées de filaments celluleux, sur lesquels on voit des groupes d'anthéridies (fig. N, *an*) ; chaque anthéridie
renferme un très grand nombre d'anthérozoïdes (fig. G), petites
masses protoplasmiques munies chacune de deux cils (fig. E), au

moyen desquels elles se meuvent rapidement dans l'eau; les anthérozoïdes, en s'unissant à l'oosphère, forment l'œuf, apte à reproduire
un nouveau Fucus vésiculeux.

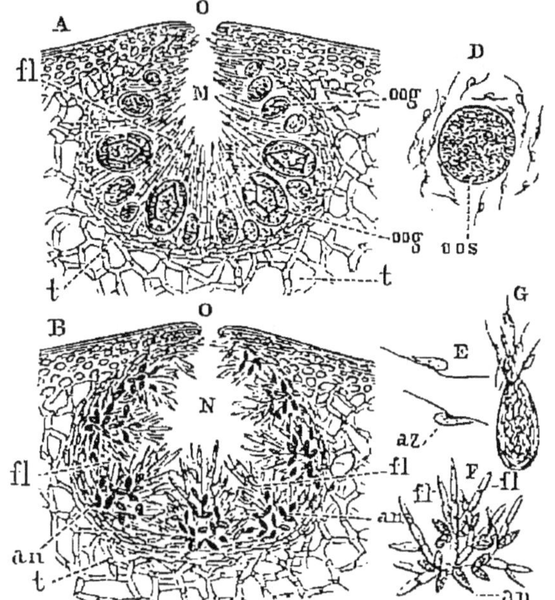

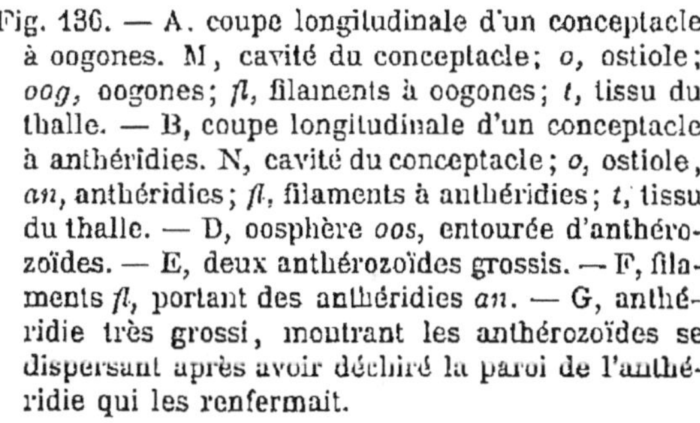

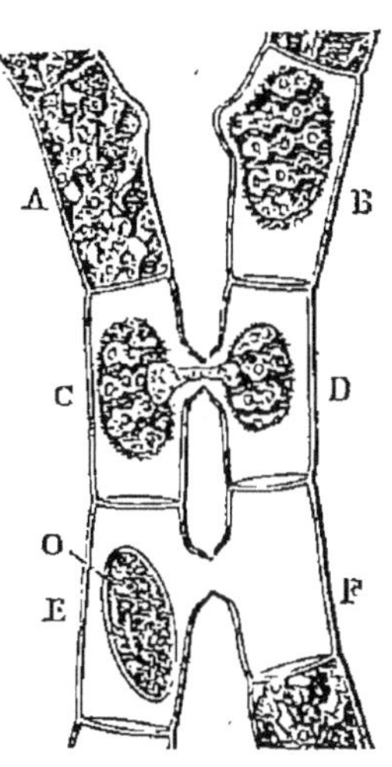

Fig. 136. — A. coupe longitudinale d'un conceptacle
à oogones. M, cavité du conceptacle; *o*, ostiole;
oog, oogones; *fl*, filaments à oogones; *t*, tissu du
thalle. — B, coupe longitudinale d'un conceptacle
à anthéridies. N, cavité du conceptacle; *o*, ostiole,
an, anthéridies; *fl*, filaments à anthéridies; *t*, tissu
du thalle. — D, oosphère *oos*, entourée d'anthérozoïdes. — E, deux anthérozoïdes grossis. — F, filaments *fl*, portant des anthéridies *an*. — G, anthéridie très grossi, montrant les anthérozoïdes se
dispersant après avoir déchiré la paroi de l'anthéridie qui les renfermait.

Fig. 137.
Deux filaments de Spirogyre très grossis, montrant le mode de formation de l'œuf. — A et B,
cellules dont les protoplasmas vont se réunir.
— C et D, les contenus
se réunissent. — E et F,
cellules dont les contenus se sont réunis pour
former l'œuf *o*.

189. Autre exemple. — Chez les *Spirogyres* (fig. 137), Algues
filamenteuses vertes, communes dans les eaux douces, la formation
de l'œuf se fait par la fusion de deux cellules semblables appartenant
à deux filaments voisins. Lorsque les filaments sont suffisamment
rapprochés, on voit dans chaque cellule une sorte de protubérance se
produire latéralement, et dès que le contact des deux protubérances
a lieu, la cloison qui les sépare se résorbe, les deux protoplasmas
s'unissent, la cellule qui en résulte s'enveloppe d'une couche de cellulose et l'œuf est formé. Ce mode de reproduction a reçu le nom de
conjugaison.

190. Formation des spores chez les conferves. — Les *conferves*
(fig. 138), Algues filamenteuses d'eau douce, ne se reproduisent que
par spores. Ces Algues vertes sont formées par une simple file de

cellules. A un moment donné, le protoplasma contenu dans les articles des filaments se divise en un grand nombre de petits corpuscules ovoïdes, portant à leur bout effilé deux longs cils, au moyen desquels ils peuvent se mouvoir. En même temps que les corpuscules se forment, la membrane cellulaire se gélifie en un point situé vers le tiers supérieur de l'article, et lorsque la gélification est complète, la membrane se perce d'un petit orifice *o*, par lequel s'échappent les corpuscules ; ces corpuscules sont des spores mobiles, ou *zoospores*. Une fois libres, les zoospores nagent pendant un certain temps, puis se fixent, perdent leurs cils, et se développent pour produire une nouvelle Conferve.

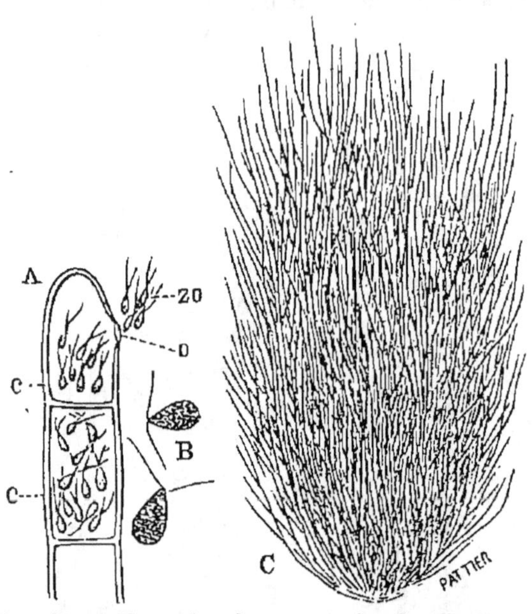

Fig. 138. — Formation des spores chez les Conferves. — A, filament de Conferve (Algue filamenteuse d'eau douce) ; *c*, cellules renfermant des zoospores ; *zo*, zoospores sorties par l'orifice *o*. — B, deux zoospores grossies. — C, aspect d'une Algue filamenteuse (Conferve).

191. Formation des spores chez les Champignons. — Les spores, chez les Champignons, se forment de deux façons différentes ; tantôt elles se développent *à l'intérieur* de cellules spéciales, tantôt elles se forment *à la surface* de certaines cellules, où elles se présentent sous l'aspect de protubérances ; dans le premier mode, les spores sont *endogènes;* dans le second cas, elles sont *exogènes.*

192. Spores endogènes. — Chez les Mucorinées (fig. 139), moisissures blanches qui se développent fréquemment sur la plupart des matières organiques en décomposition, on voit les filaments aériens se renfler à leur sommet en une

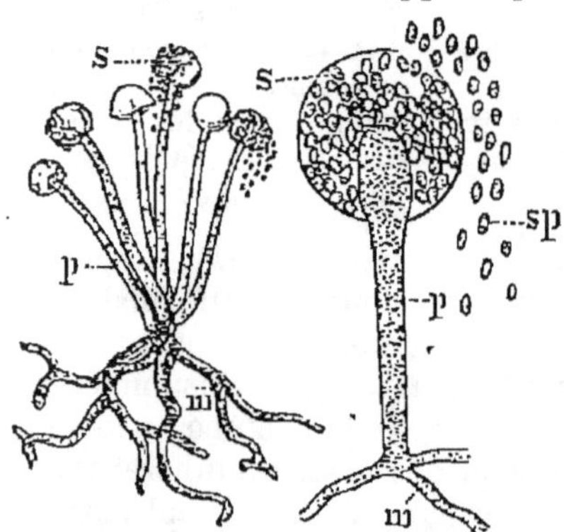

Fig. 139. — Sporanges de Mucor (moisissure blanche). A la maturité, les parois des sporanges *s* se déchirent et mettent les spores *sp* en liberté; *p*, pied du sporange; *m*, filament ou mycélium du Mucor.

petite sphère remplie de protoplasma. Le contenu protoplasmique se divise en un grand nombre de *corpuscules* qui constituent autant de spores. Lorsque celles-ci sont mûres, les parois de la sphère, ou *sporanges*, se déchirent pour mettre les spores en liberté.

193. Spores exogènes. — Dans les Agarics (fig. 140), les Bolets, les Polypores, les spores se forment, non plus à l'intérieur des cellules, mais à l'extérieur. Si l'on examine, par exemple, la structure d'une des lames qui garnissent le dessous du chapeau d'un Agaric arrivé à son développement complet, on voit que la surface de

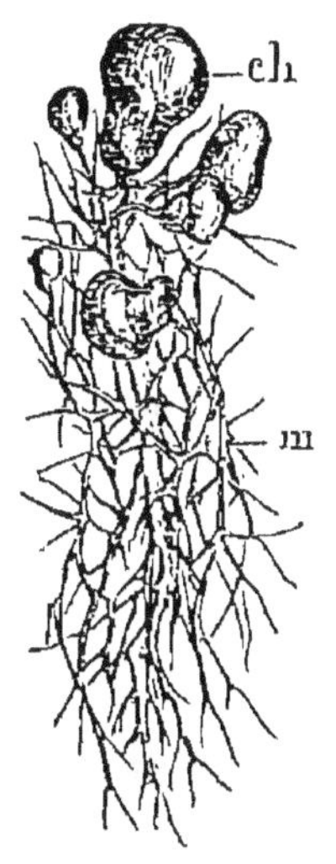

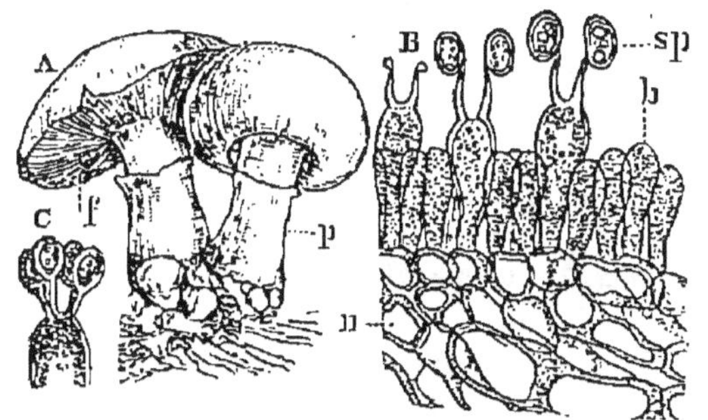

Fig. 140. — A, Agaric champêtre. *p*, pied; *f*, feuillets ou lames portés par la face inférieure du chapeau. — B, fragment d'un feuillet montrant les cellules extérieures remplies de protoplasma, et produisant chacune deux spores *sp*; *b*, jeune cellule, n'ayant pas encore formé de spores; *n*, tissu hyménial. — C, cellule de l'hyménium de la Fausse Oronge; elle a formé quatre spores.

Fig. 141.
Filament du mycélium
m, sur lequel
se développent de jeunes
appareils
sporifères *ch*,
ou Champignons.
(G. BONNIER.)

ces lames est formée par une assise de cellules ovoïdes dont la face extérieure se prolonge en deux cordons très fins, qui se renflent au sommet pour constituer chacun une spore (fig. 140, B).

Les spores, une fois mûres, se détachent de la cellule qui les a produites et tombent sur le sol, où elles germent. En se développant, la spore produit d'abord des filaments blanchâtres, qu'on appelle vulgairement *blanc de Champignon*; c'est le *mycélium*, ou *appareil végétatif* de la plante.

Arrivé à un certain degré de développement, le mycélium donne naissance, çà et là, à de petits renflements arrondis qui se développeront en autant d'*organes sporifères* ou Champignons proprement dits (fig. 141). La partie comestible d'un Champignon n'est donc autre chose que l'appareil sporifère.

194. Levure de bière et fermentation. — Le petit Champignon qui constitue la levure de bière (fig. 142) est formé par un chapelet de cellules pouvant s'allonger indéfiniment en se ramifiant. Si le Champignon est au contact de l'air, il y respire comme tous les autres végétaux; mais s'il est privé d'oxygène, et qu'il se trouve dans un milieu contenant de la glycose, il lui emprunte l'oxygène dont il a besoin et le décompose en acide carbonique qui se dégage, et en alcool qui reste en dissolution. Cette décomposition de la glycose par la levure de bière se nomme *fermentation alcoolique*.

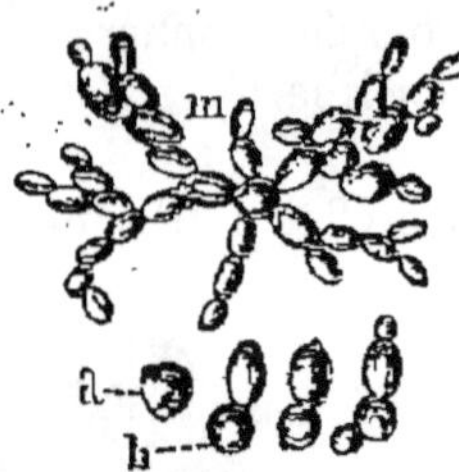

Fig. 142. — Levure de bière. *a*, cellule isolée; *b*, deux cellules provenant de *a* par bourgeonnement. — *m*, groupe de cellules en chapelet.

§ IV

Parasitisme végétal.

195. Définitions. — Les *plantes parasites* sont celles qui se nourrissent aux dépens de la sève d'autres végétaux, en se fixant sur un point quelconque de la plante nourricière. Le Gui, les Rhinanthes, les Mélampyres, les Orobanches, les Cuscutes, la Rouille du Blé, l'Oïdium de la Vigne, l'Ergot du Seigle, etc., sont des plantes parasites.

Les Mousses et les Lichens, bien qu'ils s'attachent souvent aux troncs des arbres, ne sont pas des plantes parasites; ces petits végétaux étant dépourvus d'organes d'absorption, c'est-à-dire de racines, ne dérobent aucune nourriture à leur support; ils se nourrissent exclusivement aux dépens des éléments de l'atmosphère.

Les végétaux parasites se partagent naturellement en deux groupes, les *parasites pourvus de chlorophylle* et les *parasites sans chlorophylle*.

196. Plantes parasites pourvues de chlorophylle. — Les principales plantes parasites à chlorophylle sont le *Gui*, les *Rhinanthes* et les *Mélampyres*.

Le Gui. — Le *Gui* (fig. 143) se fixe sur un grand nombre d'arbres, notamment sur le Pommier, le Sorbier, le Tilleul, le Peuplier et le Sapin, rarement sur le Chêne.

Lorsque les baies du parasite tombent sur le sol, les graines sont perdues pour la reproduction; elles ne peuvent germer qu'autant qu'elles sont déposées sur les branches. Les oiseaux, en particulier les Grives et les Merles, contribuent beaucoup à les disséminer; d'autre part, la substance gluante qui les entoure les retient facilement sur les écorces, où elles ne tardent pas à germer.

La seule utilité du Gui est de fournir la *glu*, que l'on retire de l'écorce de ce parasite.

Les Rhinanthes. — Les *Rhi-nanthes*, connues encore sous le nom de *Tartarie*, sont le fléau des prairies et des céréales. Ces mauvaises plantes abondent dans tous les terrains que l'homme essaye de soumettre à la culture. Elles envahissent les champs dès que les céréales y paraissent, se développent dans les prairies et communiquent au foin une couleur noire de fâcheux augure.

Le moyen pratique pour détruire les Rhinanthes est de faucher les prairies et de sarcler les céréales avant la maturité du parasite.

Fig. 143. — Gui, parasite sur une branche de Pommier. Le Gui est une plante dioïque; le pied figuré ici est celui qui porte les fleurs pistillées.

Les Mélampyres. — Les *Mélampyres*, comme les Rhinanthes, vivent sur les racines des Graminées. Le Mélampyre des champs, ou Blé de Vache, est très commun dans les moissons, et s'y trouve souvent associé aux Rhinanthes pour multiplier les victimes. L'action malfaisante de ces deux parasites est identique. La graine du Mélampyre des champs, mélangée au froment, donne une farine enfumée et de mauvaise qualité.

Les végétaux parasites pourvus de chlorophylle n'empruntent aux plantes hospitalières que des aliments non élaborés; c'est seulement aux dépens de la sève brute qu'ils se nourrissent; avec ces matériaux, ils fabriquent eux-mêmes leurs substances organiques.

197. Plantes parasites dépourvues de chlorophylle. — Les plantes parasites privées de matière verte étant incapables d'assimiler le carbone, ces végétaux doivent le trouver au dehors tout organisé; ce degré plus accentué du parasitisme présentera des ennemis plus déclarés, et souvent meurtriers, pour les végétaux qui sont l'objet de leurs attaques.

Ces plantes parasites se divisent en deux groupes; les unes font partie de l'embranchement des Phanérogames, et les autres appartiennent à la catégorie nombreuse des Champignons.

Les principaux parasites Phanérogames privés de chlorophylle sont les *Cuscutes* et les *Orobanches*.

Les Cuscutes. — Les *Cuscutes* (fig. 144) sont des plantes à petites fleurs roses ou blanches, disposées en glomérules le long des tiges filiformes et dépourvues de feuilles. Ces plantes singulières offrent l'aspect de masses de fils enchevêtrés que l'on aurait répandues sur le sol.

Les Cuscutes exercent leurs ravages sur un grand nombre de végétaux sauvages, tels que les Genêts, les Bruyères, le Serpolet, la Grande Ortie, etc. Ils s'attaquent également au Trèfle cultivé, à la Luzerne et au Lin. Au moment où la Luzerne va donner ses plus belles coupes, où le Trèfle promet sa première récolte, l'ennemi paraît. C'est d'abord un fil imperceptible qui se glisse et serpente entre les touffes ; puis, comme un écheveau dévidé par une main invisible, le parasite enlace de ses filets les plantes voisines et en détourne la sève à son profit.

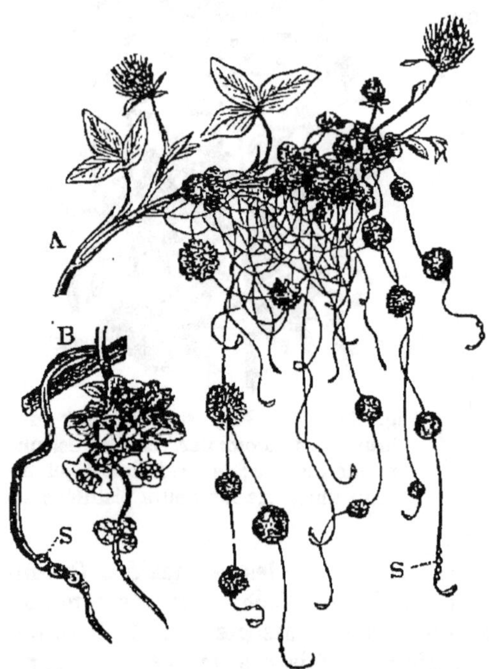

Fig. 144. — A, Cuscute parasite sur le Trèfle ; montrant des tiges filiformes, dépourvues de feuilles, des fleurs disposées en glomérules, et des suçoirs s. — B, un glomérule vu à la loupe ; s, suçoir.

Les moyens les plus divers, et la plupart inefficaces, ont été proposés pour détruire les Cuscutes.

Le traitement radical consiste à détruire par le feu les points attaqués par l'ennemi. A cet effet, on couvre les espaces envahis avec une couche de paille et on brûle le tout. Les racines vivaces de la Luzerne, comme celles du Trèfle, ne tardent pas à produire de nouvelles tiges très vigoureuses.

Les Orobanches. — Les *Orobanches* croissent sur les racines d'une foule de plantes sauvages ou cultivées ; les unes, quoique très répandues, sont moins remarquées parce qu'elles recherchent les lieux déserts pour exercer leurs ravages ; telles sont les Orobanches du Genêt, du Thym, du Gaillet, du Lierre, etc. Les plus redoutables, et aussi les plus connues, vivent au détriment des cultures. Dans les terrains calcaires, il n'est pas rare de voir des champs de Trèfle dévorés par la Petite Orobanche. Ailleurs, l'Orobanche rameuse (fig. 145), connue encore sous le nom significatif de *Mort au Chanvre*, est un véritable fléau pour les Chanvres de certaines contrées.

198. Les Champignons. — Tous les Champignons, étant dépourvus de chlorophylle, sont réduits à vivre aux dépens des plantes vivantes

ou aux dépens des débris provenant des végétaux morts; plusieurs se développent sur l'homme et sur les animaux vivants, et sont la cause de nombreuses maladies infectieuses, telles que le choléra, le charbon, le typhus, les fièvres pa-
ludéennes, etc.

Parmi les petits Champignons qui s'attaquent aux plantes culti-
vées, les uns accomplissent toutes les phases parasitaires sur la même plante, et sont connus sous le nom de *Champignons homoïques* (Puccinie de la Mauve); les autres, au contraire, exigent, pour la forma-
tion normale des spores, deux ou trois plantes différentes; ils ont reçu le nom de *Champignons hé-
téroïques* (Puccinie des Grami-
nées).

On a donné le nom de *Cham-
pignons endophytes* à ceux qui se développent dans l'intérieur des végétaux vivants, en se nourrissant des sucs que la plante élabore; ils ne paraissent au dehors qu'en perçant l'épiderme. Les Champignons qui vivent dans l'intérieur des tissus des végétaux morts, ou aux dépens de leurs détritus, sont

Fig. 145. — L'Orobanche rameuse parasite sur les racines d'un pied de Chanvre B.

connus sous les noms de *Champignons saprophytes* et de *Champignons humicoles*.

Les Champignons endophytes. — Les *Champignons endophytes* constituent pour les grandes plantes des hôtes dangereux et presque toujours mortels. Les maladies désastreuses qui attaquent la Vigne, la Pomme de terre, les céréales, etc., n'ont pas d'autre cause.

Parmi les maladies des céréales, la plus connue est la Rouille du Blé, produite par la Puccinie des céréales (*Puccinia Graminis*); c'est un Champignon hétéroïque; il passe les deux premières phases de sa vie sur l'Épine Vinette et les deux dernières sur les Graminées, en particulier sur le Blé.

La maladie de la Pomme de terre est due aussi à un petit Cham-
pignon; il se montre d'abord sur les feuilles, qui deviennent brunes, puis noires par la désorganisation des tissus; des feuilles, le parasite passe dans les tubercules et leur communique une couleur noirâtre caractéristique.

Les ravages causés par le Mildiou et l'Oïdium ne sont que trop connus des viticulteurs. Le soufrage et l'emploi de la *bouillie borde-
laise*, composée de 6 kilogrammes de sulfate de cuivre et de 3 kilo-

grammes de chaux par hectolitre d'eau, sont les meilleurs remèdes pour combattre le mal.

Enfin, la *Carie du Blé* (fig. 146), le *Charbon des céréales* et l'*Ergot du Seigle,* sont dus à de petits Champignons endophytes qui se développent dans l'ovaire de ces plantes, à la place du grain.

Champignons saprophytes et humicoles. — Les *Champignons saprophytes et humicoles* jouent un rôle des plus utiles dans la nature. Les cadavres des plantes offriraient aux agents atmosphériques une longue résistance, surtout lorsqu'ils présentent une consistance ligneuse, et ce ne serait qu'après bien des années que ces dépouilles seraient réduites à l'état d'utile terreau. Les *Champignons saprophytes* accomplissent cette désagrégation en venant y établir leurs innombrables colonies. Les feuilles qui, à chaque arrière-saison, tombent de l'arbre qu'elles ne peuvent plus nourrir, deviennent la proie de ces rongeurs infatigables pour qui le nombre supplée à la dimension. Quelques semaines suffisent à ce travail, et, grâce à eux, l'hiver est à peine fini, que ces dépouilles de la végétation passée sont à nourrir de nouvelles générations; ainsi

Fig. 146. — A, épi de Blé attaqué par la Carie. — B, grain de Blé carié, dont on a enlevé une partie pour montrer les spores *sp,* constituant une poussière noire.

réduites en humus destiné de la mort renaît la vie.

Les innombrables ouvriers chargés d'opérer cet immense travail de restitution au règne minéral se partagent en plusieurs groupes dont les principaux sont :

Les *Mucorinées* (fig. 139), connues sous le nom vulgaire de *moisissures,* qui s'attaquent indifféremment aux matières végétales ou animales en voie de décomposition.

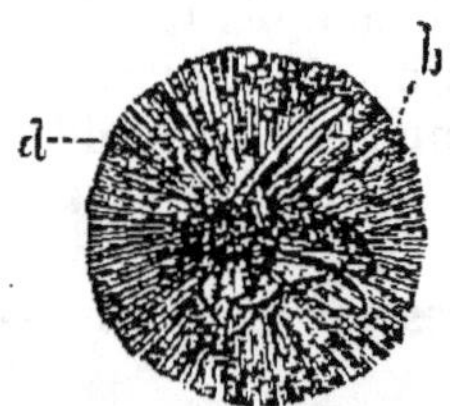

Fig. 147. — Exemple d'une Saprolégniée (*Saprolegnia ferax*) *d,* se développant sur le cadavre d'un insecte *b.*

Les *Saprolégniées* (fig. 147), dont le rôle principal est de compléter la désorganisation des cadavres des animaux et des végétaux aquatiques.

Les *Trémellinées* et les *Sphériacées,* chargées de la transformation en humus des feuilles et des bois morts.

« Ces petits êtres, a dit Pasteur, sont des agents de combustion dont l'énergie, variable avec leur nature spécifique, est quelquefois extraordinaire... Les principes immédiats des corps vivants seraient en quelque sorte indestructibles, si l'on supprimait de l'ensemble des

ètres que Dieu a créés les plus petits, les plus inutiles en apparence;
la vie deviendrait impossible, parce que le retour à l'atmosphère et
au règne minéral de tout ce qui a cessé de vivre serait tout à coup
suspendu. »

La catégorie nombreuse des *Champignons humicoles* comprend
les Champignons désignés vulgairement sous les noms de *Champignons charnus* ou de *Champignons à chapeau*. Tous ces curieux
végétaux possèdent la faculté merveilleuse de transformer, avec une
rapidité étonnante, les détritus organiques en substances azotées; et
si la plupart recèlent, sous des couleurs attrayantes, un poison redoutable, un très grand nombre fournissent un aliment délicieux et éminemment nutritif, comparable à la viande même; tels sont le *Champignon de couche*, les *Truffes*, les *Morilles*, l'*Oronge*, les *Bolets*, les
Clavaires, etc.

DEUXIÈME PARTIE

PRINCIPALES FAMILLES VÉGÉTALES

CHAPITRE X

CARACTÈRES DES PRINCIPAUX GROUPES DE PLANTES

199. Classification des végétaux. — On a donné le nom de *classification* à l'arrangement des plantes en différentes catégories artificielles ou naturelles.

En Botanique, comme en Zoologie, on distingue les *classifications artificielles* ou *systèmes*, fondées sur les caractères d'un seul organe choisi arbitrairement, et la *classification naturelle* ou *méthode*, basée sur l'ensemble des caractères tirés de tous les organes.

Les deux principaux systèmes sont : le *système de Tournefort* (1694), basé sur la corolle, et le *système de Linné* (1735), basé sur les étamines.

La *Méthode naturelle*, universellement adoptée par les naturalistes, fut fondée en 1759 par Bernard de Jussieu, et appliquée par son neveu, A.-L. de Jussieu, dans son immortel *Genera plantarum* (1789). Elle est basée sur le principe de la *subordination des caractères*, qui consiste à établir les divisions de premier ordre sur des caractères tirés des organes les plus constants, et à se servir, pour fonder les groupes moins élevés, de caractères moins importants.

L'ensemble des végétaux a été divisé en *embranchements*, les embranchements en *classes*[1], les classes en *familles*, les familles en *genres* et les genres en *espèces*.

Pour désigner une plante, on emploie deux noms : le nom de *genre* et le nom d'*espèce*. Ainsi la plante connue vulgairement

---

[1] La subdivision des *classes* en *ordres*, adoptée en Zoologie, n'est pas admise en Botanique, ou ne l'est que très rarement.

sous le nom de Digitale est appelée, en Botanique, *Digitale pourprée (Digitalis purpurea)* ; le mot *Digitalis* est le nom du genre auquel appartient la plante, et le mot *purpurea* est celui de l'espèce.

200. Les grandes divisions du règne végétal. — On a déjà vu (n° 7) que les végétaux ont été divisés en quatre embranchements, savoir :

1° Les *Phanérogames*, plantes pourvues de racines, de tiges, de feuilles et de fleurs (Rosier, Blé, Sapin).

2° Les *Cryptogames vasculaires*, plantes ayant des racines, des tiges, des feuilles, mais dépourvues de fleurs (Fougères, Lycopodes, Prêles).

3° Les *Muscinées*, plantes munies en général de tiges et de feuilles, mais n'ayant ni racines ni fleurs (Mousses, Sphaignes, Hépatiques).

4° Les *Thallophytes*, plantes n'ayant ni racines, ni tiges, ni feuilles, ni fleurs (Algues, Lichens, Champignons).

201. Division des Phanérogames. — Les Phanérogames se divisent d'abord en deux groupes :

1° Les *Angiospermes*, caractérisées par un pistil formé d'un ovaire clos renfermant les ovules (fig. 120), et par un ou plusieurs stigmates destinés à recevoir le pollen (Œillet, Lis, Blé).

2° Les *Gymnospermes*, caractérisées par un pistil dépourvu de stigmate, et dont les ovules ne sont pas renfermés dans un ovaire clos (fig. 121). Le Sapin, le Pin, l'If, etc., appartiennent au groupe des Gymnospermes.

202. Division des Angiospermes. — D'après le nombre des cotylédons, les Angiospermes comprennent :

1° Les *Dicotylédones*, dont la plantule est munie de deux cotylédons (Amandier, Haricot, etc.).

2° Les *Monocotylédones*, dont la plantule n'a qu'un seul cotylédon (Blé, Lis, Palmier).

203. Division des Dicotylédones. — Enfin, d'après la constitution de la corolle, les Dicotylédones sont divisés en trois groupes :

1° Les *Dicotylédones dialypétales*, comprenant toutes les

familles dont les pétales sont libres entre eux (Rosier, Œillet, Giroflée, etc.).

2º Les *Dicotylédones gamopétales*, renfermant les familles dont les pétales sont soudés entre eux (Primevère, Pomme de terre, Sauge, etc.).

3º Les *Dicotylédones apétales*, comprenant les familles dont la fleur n'a qu'une seule enveloppe florale appelée calice (Orme, Chêne, Betterave, Ortie, etc.).

Les grandes divisions du règne végétal sont résumées dans le tableau suivant :

VÉGÉTAUX — RÈGNE VÉGÉTAL

PLANTES A FLEURS : PHANÉROGAMES

Ovules renfermés dans un ovaire clos : ANGIOSPERMES

Plantule à deux cotylédons : DICOTYLÉDONES

Pétales séparés : DIALYPÉTALES (Fraisier).
Pétales soudés : GAMOPÉTALES (Campanule).
Pétales nuls : APÉTALES (Chêne, Orme).

Plantule à un cotylédon : MONOCOTYLÉDONES (Blé, Lis, Safran).

Ovules dépourvus d'ovaire : GYMNOSPERMES (Pin, Sapin, If, Mélèze).

PLANTES SANS FLEURS : CRYPTOGAMES

Plantes à racines : CRYPTOGAMES VASCULAIRES (Fougères).

Plantes sans racines : CRYPTOGAMES CELULAIRES

Plantes à tiges et à feuilles : MUSCINÉES (Mousses, Sphaignes, Hépatiques).
Plante sans tiges ni feuilles : THALLOPHYTES (Algues, Lichens, Champignons.)

CHAPITRE XI

PRINCIPALES FAMILLES DES DICOTYLÉDONES DIALYPÉTALES

FAMILLE DES RENONCULACÉES

294. Caractères et propriétés générales des Renonculacées. — Les Renonculacées sont des plantes ordinairement herbacées, à fleurs régulières (fig. 148) ou irrégulières (fig. 149), complètes

ou incomplètes. Étamines nombreuses, insérées sur le réceptacle (fig. 148, B), à anthères tournées en dehors (*anthères
extrorses*). Le pistil, libre au mi-
lieu de la fleur, est formé, le plus
souvent, de carpelles isolés les
uns des autres et ne renfermant
qu'un seul ovule. — Les Renonculacées sont presque toutes plus
ou moins vénéneuses ; elles doivent
leurs propriétés énergiques à un
suc âcre volatil qu'elles contiennent. Un grand nombre de Renonculacées sont recherchées dans les
jardins pour la beauté de leurs
fleurs.

Fig. 148. — A, sommité fleurie d'un
pied de Renoncule, portant trois
fleurs épanouies et une quatrième
dont les trois premières enveloppes
florales se sont détachées. — B,
pistil, montrant les carpelles nombreux ; le réceptacle *r* porte encore
une étamine.

**205. Exemples de Renoncula-
cées** : les *Renoncules*, le *Populage des marais*, les *Anémones*,
l'*Ellébore fétide*, l'*Ancolie*, la
Dauphinelle ou *Pied d'alou-
ette*, l'*Aconit*, la *Clématite des haies*, etc.

Les Renoncules sont, les unes à fleurs jaunes, les autres à fleurs
blanches. Parmi les espèces les plus répandues dans les prairies, on
peut citer la **Renoncule âcre** (*Ranunculus acer*) et la **Renoncule bul-
beuse** (*Ranunculus bulbosus*) ; la **Renoncule scélérate** (*Ranunculus sce-
leratus*), à fleurs très petites, et qui habite les fossés fangeux, est très
vénéneuse. Enfin la **Renoncule à feuilles de Lierre** (*Ranunculus he-
deraceus*), est mangée en salade.

Le Populage des marais (*Caltha palustris*, fig. 91) épanouit
ses grandes fleurs jaunes dès le mois d'avril ; cette Renonculacée n'a
qu'une seule enveloppe florale ; de plus, les carpelles, contrairement
à ceux des Renoncules, renferment plusieurs ovules. Les animaux ne
mangent pas le Populage des marais ; c'est une plante nuisible aux
prairies humides.

Les Anémones sont des plantes très élégantes ; comme le Populage des marais, elles n'ont qu'une seule enveloppe florale. Les
espèces les plus connues sont l'**Anémone des jardins** (*Anemone hortensis*), fréquemment cultivée en corbeille ; l'**Anémone de montagne**
(*Anemone montana*), dont les feuilles sont utilisées en médecine ;
l'**Anémone des bois** (*Anemone nemorosa*) et l'**Anémone des Alpes**
(*Anemone alpina*), à fleurs d'un blanc rosc ou safranées.

L'Ellébore fétide (*Helleborus fœtidus*) fleurit en hiver ; on la
rencontre souvent dans les endroits incultes et pierreux ; cette
Renonculacée est caractérisée par ses pétales tubuleux, par ses car-

pelles renfermant plusieurs ovules et s'ouvrant vers l'intérieur par une fente longitudinale. La racine est un purgatif énergique. — L'**Ellébore noir** (*Helleborus niger*) est cultivé dans les jardins sous le nom de *Rose de Noël*, à cause de l'époque de sa floraison.

L'**Ancolie** (*Aquilegia vulgaris*) habite de préférence les lieux frais et ombragés, où elle fleurit au mois de mai. Cette Renonculacée est remarquable par l'élégante originalité de ses belles fleurs bleues. Le pistil est formé de cinq carpelles libres, analogues à ceux de l'Ellébore fétide. Les graines d'Ancolie, prises en poudre dans du vin blanc, sont recommandées contre la jaunisse.

La **Dauphinelle** ou **Pied d'alouette** (*Delphinium Ajacis*) a des fleurs irrégulières bleues, roses ou blanches, disposées en grappe ou en panicule. Cette plante est cultivée pour décorer les plates-bandes. — La **Dauphinelle Staphisaigre** (*Delphinium Staphysagria*) est la plus belle espèce du genre; ses graines, très vénéneuses, sont employées contre les affections nerveuses.

L'**Aconit Napel** (*Aconitum Napellus*, fig. 149) est une grande et belle plante, commune dans les lieux humides des montagnes. La tige, haute de plus d'un mètre, est couronnée par de magnifiques grappes de fleurs bleues, disposées en panicule. L'Aconit est l'une des plantes les plus vénéneuses de la famille; porter ses fleurs à la bouche serait une imprudence qu'on pourrait payer de la vie. On extrait de sa racine charnue un principe très actif (*aconitine*), lequel, à petite dose, est très efficace contre les rhumatismes. — L'**Aconit tue-loup** (*Aconitum Lycoctonum*), à fleurs jaunâtres, possède toutes les propriétés actives de l'Aconit bleu.

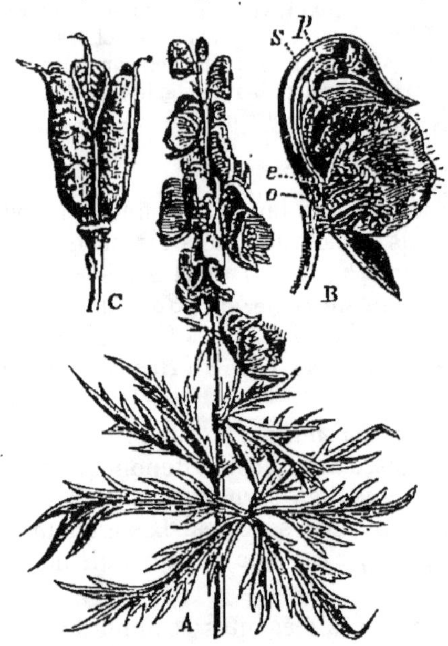

Fig. 149. — A, sommité fleurie d'une tige d'Aconit. — B, une fleur coupée en long; s, sépale supérieur; p, pétale; e, étamine; o, ovules. — C, fruit mûr de l'Aconit, formé de trois follicules dont l'un s'ouvre en dedans par une fente longitudinale.

La **Clématite des haies** (*Clematis Vitalba*), commune dans les haies, se reconnaît facilement à ses tiges ligneuses et à ses feuilles opposées. Les fleurs n'ont qu'une seule enveloppe florale, composée de quatre sépales. Le pistil, comme celui des Renoncules, est formé de carpelles libres, dont le style se développe en une aigrette plumeuse. Les feuilles sont vésicantes.

Parmi les Renonculacées cultivées comme plantes d'ornement, on peut citer les **Pivoines**, à fleurs très grandes, ordinairement d'un rouge vif, et à anthères tournées en dedans (*anthères introrses*).

FAMILLE DES PAPAVÉRACÉES

206. Caractères et propriétés générales des Papavéracées. — La fleur des Papavéracées (fig. 150) est formée de deux sépales qui tombent au moment où la corolle s'ouvre ; celle-ci comprend quatre pétales libres et de nombreuses étamines ; ovaire libre, stigmate sessile et persistant. Le fruit est une capsule à cloisons incomplètes et renfermant un grand nombre de graines ; celui de la Chélidoine est une silique. — Presque toutes les Papavéracées contiennent un latex blanc ou jaunâtre, dont l'odeur vireuse et la saveur âcre indiquent les propriétés actives et souvent délétères dont il est doué.

207. Exemples de Papavéracées : le *Coquelicot*, le *Pavot somnifère*, la *Chélidoine*, etc.

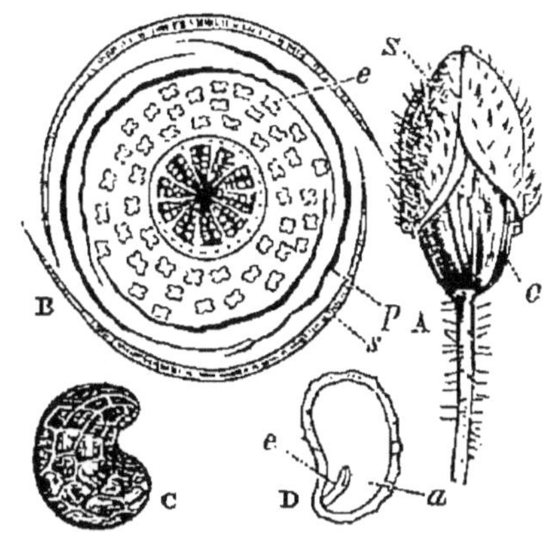

Fig. 150. — A, une fleur de Coquelicot non épanouie, montrant les deux sépales *s*, qui se détachent avant le développement de la corolle *c*. — B, diagramme de la fleur ; *s*, sépale ; *p*, l'un des quatre pétales ; *e*, étamines nombreuses ; au centre, on voit l'ovaire, constitué par plusieurs loges incomplètes, renfermant beaucoup d'ovules. — C, une graine grossie, à tégument alvéolé. — D, la même graine coupée en long, pour montrer la plantule *c*, et l'albumen *a*.

Le Coquelicot (*Papaver Rœas*) est commun dans les champs, où ses fleurs, d'un rouge vif, se trouvent souvent mêlées à celles du Bleuet. Les pétales renferment un principe narcotique peu actif, ce qui permet de les employer en infusion pectorale calmante. Ils sont surtout recommandés dans les catarrhes pulmonaires.

Le Pavot somnifère (*Papaver somniferum*) se distingue du Coquelicot par sa tige plus robuste, sa fleur plus grande et son fruit toujours plus gros. L'*opium*, dont les propriétés narcotiques sont connues, est le suc extrait par des incisions superficielles faites sur les capsules non encore mûres. Cette plante est cultivée en grand sur plusieurs points de la Limagne d'Auvergne, notamment aux environs de Clermont-Ferrand, pour la préparation de l'*opium indi-gène*. Après le chloral, l'opium est le meilleur des calmants. Les capsules desséchées du même Pavot donnent une décoction pour gargarismes et lotions. On retire aussi de l'opium diverses substances calmantes souvent usitées, telles que la *morphine*, la *codéine*, etc. Enfin, l'*huile d'œillette*, qui sert trop souvent à falsifier l'huile d'olive, est fournie par la graine du **Pavot noir** (*Papaver nigrum*), simple variété, à graines noires, du Pavot somnifère. Le Pavot noir est surtout cultivé dans le nord de la France.

La Chélidoine (*Chelidonium majus*) est très commune sur les murs, aux endroits rocailleux et dans le voisinage des maisons. Cette plante présente les caractères généraux du Coquelicot et du Pavot. Le calice est à deux sépales qui tombent quand le bouton s'ouvre; quatre pétales. Étamines nombreuses. Le fruit est une silique. La Chélidoine contient un suc jaune légèrement caustique, employé pour détruire les verrues. Pris à l'intérieur, ce suc peut occasionner la mort. La racine est un purgatif violent, d'un usage dangereux.

FAMILLE DES CRUCIFÈRES

208. Caractères et propriétés générales des Crucifères. — La plupart des Crucifères (fig. 151) sont herbacées et à feuilles alternes. Les fleurs sont toujours formées de quatre sépales, de quatre pétales et de six étamines, dont deux plus courtes (*étamines tétradynames*). Le pistil est libre. Le fruit est tantôt allongé (*silique*), tantôt court (*silicule*). — Les Crucifères renferment une substance soufrée et une huile volatile qui leur donnent une saveur piquante et des propriétés stimulantes. Le suc de ces plantes fait la base des médicaments dits antiscorbutiques.

209. Exemples de Crucifères: la *Giroflée*, le *Chou*, le *Radis sauvage*, le *Cresson de fontaine*, la *Cardamine des prés*, la *Bourse à pasteur*, la *Cameline*, le *Pastel*, le *Cresson alénois*, etc.

La Giroflée (*Cheiranthus Cheiri*) se trouve fréquemment sur les rochers et les murailles au voisinage des maisons, au milieu des ruines des anciens châteaux et sur les vieilles églises. Elle épanouit ses fleurs jaunes et odorantes depuis le printemps jusqu'à la fin de l'automne; on en cultive même une variété, à pétales veinés ou panachés de brun, qui fleurit toute l'année.

Le Chou (*Brassica oleracea*), qui est cultivé partout, présente un grand nombre de variétés, dont les principales sont : Le **Chou pommé**, à feuilles ramassées en tête avant la floraison. — Le **Chou sans tête** ou *Chou de Bruxelles*, plante très élevée dont on mange les bourgeons axillaires. — Le **Choufleur**, à fleurs transformées en une masse charnue, mamelonnée, blanche. — Le **Chou rave**, à tige dilatée à la base en un renflement ovoïde, charnu. — Le **Chou navet**, connu vulgairement sous le nom de *Rave*, à racine charnue et alimentaire. Le Chou navet présente une variété importante, le **Colza**, à racine grèle; cette variété est cultivée en grand pour ses graines oléifères. L'huile de Colza sert surtout à l'éclairage.

Le Radis sauvage ou **Ravenelle** (*Raphanus Raphanistrum*) se reconnaît aux poils raides qui couvrent les tiges et les feuilles; à ses pétales jaunes ou blancs veinés de violet, et à ses siliques moniliformes, à segments indéhiscents. Cette plante est très commune dans les champs, où elle est souvent nuisible à plusieurs cultures. La Ravenelle est le type sauvage du **Radis cultivé**.

Le Cresson de fontaine (*Nasturtium officinale*) est une plante aquatique à fleurs blanches, et à saveur piquante. Cette Crucifère, éminemment dépurative et antiscorbutique, se mange en salade. Le

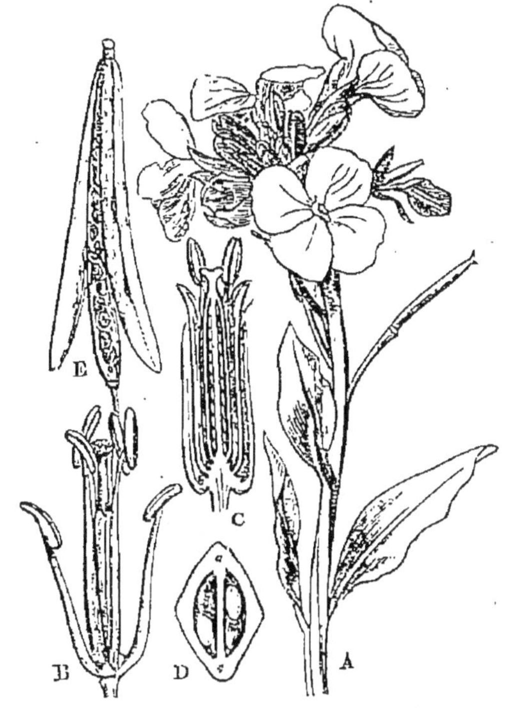

Fig. 151. — Figure pour servir à l'étude des caractères généraux des Crucifères. — A, sommité fleurie d'un rameau de Giroflée portant des feuilles sessiles, des fleurs épanouies, des boutons non encore ouverts et une jeune silique. — B, une fleur grossie dont on a enlevé le calice et la corolle, montrant six étamines, dont deux plus courtes et opposées. — C, la fleur coupée en long pour montrer l'ovaire à deux loges renfermant les ovules. — D, ovaire grossi et coupé en travers; les deux points situés aux deux extrémités de la cloison indiquent la position des lignes de déhiscence. — E, silique mûre, s'ouvrant en deux valves de la base au sommet.

meilleur Cresson est celui qui se développe dans une eau limpide et courante.

La Cardamine des prés (*Cardamine pratensis*) épanouit ses jolies fleurs en grappes corymbiformes, de couleur lilas ou rose, dès les premiers beaux jours. Les feuilles peuvent être mangées en salade comme celles du Cresson.

La Bourse à pasteur (*Capsella Bursa-pastoris*) est très répandue dans les cultures et les lieux incultes, où elle fleurit toute l'année. Cette plante se reconnaît à sa silicule triangulaire, comprimée perpendiculairement à la cloison (fig. 152, C). La Bourse à pasteur est légèrement astringente.

La Cameline (*Camelina sativa*) est cultivée dans plusieurs contrées pour ses graines oléagineuses. Cette Crucifère a des fleurs petites, jaunâtres; les silicules sont ovoïdes, à valves très convexes. L'huile que l'on retire de la graine est presque exclusivement employée à l'éclairage.

Le Pastel des teinturiers (*Isatis tinctoria*, fig. 152) est une plante à fleurs d'un jaune vif, petites et très nombreuses. Les silicules sont pendantes à l'extrémité de pédicelles filiformes. A la maturité elles sont d'un brun noir. Cette Crucifère était autrefois très cultivée pour la couleur bleue que l'on retirait de ses feuilles. Le **Pastel d'Auvergne**, en particulier, jouissait d'une réputation universelle. Depuis la découverte des belles couleurs que l'on extrait de la houille, les couleurs végétales ont perdu de leur importance.

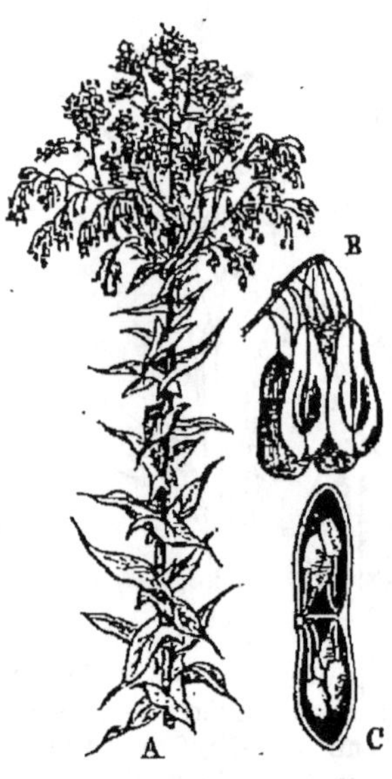

Fig. 152. — A, partie supérieure d'un pied de Pastel. — B, un groupe de silicules mûres. — C, coupe en travers d'une silicule de Capselle Bourse à pasteur.

Le Cresson alénois (*Lepidium sativum*) est cultivé pour ses feuilles à saveur piquante, employées comme condiment. La graine est remarquable par le peu de temps qu'elle met pour germer. Il suffit d'en répandre sur une étoffe mouillée, et de l'abandonner à la température ordinaire d'un appartement, pour obtenir, au bout de quatre ou cinq jours, un beau tapis de verdure.

Parmi les Crucifères cultivées comme plantes d'ornement, on peut citer la **Julienne des dames** (*Hesperis matronalis*); la **Lunaire bisannuelle** (*Lunaria biennis*) ou *Monnaie du pape*, ainsi nommée à cause de ses silicules larges et arrondies; l'**Iberis toujours vert** (*Iberis sempervirens*), très cultivé en bordures, et enfin l'**Alyssum des rochers** (*Alyssum saxatile*) ou Corbeille d'or, utilisé pour décorer les rocailles.

FAMILLE DES CARYOPHYLLÉES

210. Caractères et propriétés générales des Caryophyllées. — Les Caryophyllées ont les feuilles opposées; la tige est souvent renflée aux nœuds. La fleur est formée de cinq pétales libres; le calice est tantôt gamosépale, tantôt dialysépale. La placentation devient centrale, par suite de la destruction des cloisons de l'ovaire. — Les plantes de cette famille n'ont pas généralement de propriétés remarquables.

211. Exemples de Caryophyllées : la *Saponaire officinale*, les *Œillets*, les *Silènes*, les *Lychnis*, la *Stellaire* ou *Mouron des oiseaux*, etc.

La Saponaire officinale (*Saponaria officinalis*) est une belle plante vivace, à fleurs roses disposées en panicule ; elle est très commune sur les talus rocailleux et sur les sables des bords des rivières. La racine et les feuilles contiennent un suc mucilagineux qui mousse avec l'eau comme le savon ; la médecine les emploie comme fondantes, dépuratives et diurétiques. La Saponaire doit ses propriétés à un principe immédiat, la *saponine*.

Les Œillets (fig. 153) ont un calice gamosépale, muni de plusieurs bractées à la base, dont l'ensemble forme un calicule. Les espèces les plus connues sont : l'**Œillet des fleuristes** (*Dianthus Caryophyllus*), à fleurs

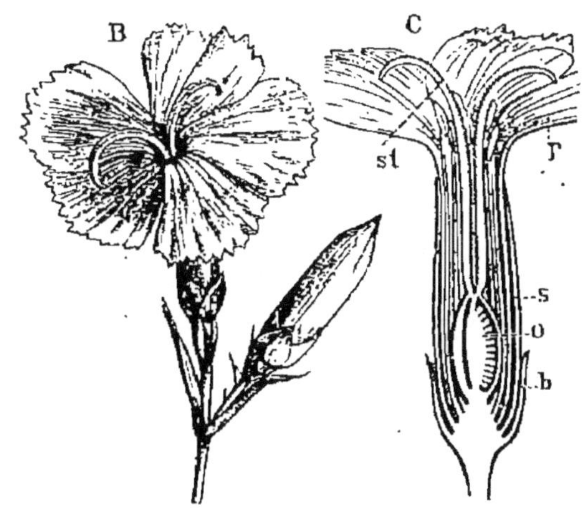

Fig. 153. — Exemple de Caryophyllée, l'Œillet. — B, fleur épanouie et bouton floral. — C, une fleur coupée en long ; *b*, bractée, entourant le calice *s* ; *o*, ovules ; *p*, pétale ; *st*, stigmate.

roses et odorantes ; on le trouve à l'état sauvage, sur les ruines des anciens châteaux. L'**Œillet des Chartreux** (*Dianthus carthusianorum*), à fleurs purpurines, est commun sur les pelouses et les coteaux secs. L'**Œillet barbu** (*Dianthus barbatus*) est très cultivé sous le nom de Jalousie.

Les Silènes ont aussi, comme les Œillets, un calice gamosépale ; mais il est dépourvu de calicule, et le pistil est muni de trois styles. L'espèce principale est le **Silène enflé** (*Silene inflata*), répandu dans les lieux incultes ; on le distingue facilement à son calice vésiculeux.

Les Lychnis se distinguent des Silènes par cinq styles. — L'espèce la plus connue est le **Lychnis du soir** (*Lychnis vespertina*), commun dans les haies, où il fleurit jusqu'à la fin de l'automne. La **Nielle des blés** (*Lychnis Githago*) est aussi un Lychnis ; cette mauvaise plante est très répandue dans les moissons ; on la reconnaît à sa tige dressée, presque aussi haute que la céréale, à ses grandes fleurs d'un rouge violet, veinées, et à ses sépales dépassant la corolle.

Les graines sont grosses, noires, *tuberculeuses, âcres et vénéneuses.*
Le pain fait avec du blé qui contiendrait une proportion considérable
de Nielle pourrait provoquer des accidents graves.

Les Stellaires sont des Caryophyllées à calice dialysépale, et à
pétales divisés en deux lobes. L'espèce la plus commune est le **Mouron des oiseaux** (*Stellaria media*), petite plante annuelle que l'on peut
cueillir toute l'année. On la donne aux petits oiseaux élevés en cage,
qui sont très friands de ses graines.

À côté de la famille des Caryophyllées on peut placer la petite
famille des LINÉES, dont le type est le **Lin cultivé** (*Linum sativum*), qui se distingue d'une Caryophyllée en ce que les feuilles
ne sont pas opposées; de plus, la placentation ne devient jamais centrale par la destruction des
cloisons.

Les usages des fibres textiles du Lin sont connues.
La graine fournit une huile
siccative très employée en
peinture, et la farine de la
même graine est fréquemment utilisée en cataplasmes
émollients.

Fig. 154. — C, sommité fleurie d'un rameau
de Mauve. — B, une fleur dont on a enlevé
les enveloppes florales pour montrer les étamines soudées par les filets. — A, fleur
dont on a détaché la corolle et les étamines;
on voit le pistil formé de nombreux carpelles
et les styles soudés entre eux. — D, fruit
formé de plusieurs carpelles disposés en
verticille.

FAMILLE

DES MALVACÉES

212. Caractères et propriétés générales des Malvacées. — Les Malvacées
(fig. 154) ont des fleurs
régulières à calice muni
d'un calicule. Les étamines, très nombreuses,
sont soudées par leurs
filets. Le pistil est ordinairement formé de plusieurs carpelles soudés entre eux. Les plantes de cette famille
contiennent un suc mucilagineux, et sont employées en médecine pour leurs propriétés émollientes; de plus, elles donnent,
par leurs graines, le coton et le cacao. Plusieurs sont recherchées comme plantes d'ornement.

213. Exemples de Malvacées : la *Mauve sauvage*, la *Guimauve officinale*, etc.

La Mauve sauvage (*Malva silvestris*, fig. 154) se rencontre fréquemment aux bords des chemins, principalement au voisinage des habitations; on la reconnaît à ses fleurs grandes, à corolle purpurine et veinée, dépassant longuement le calice.

A côté de la Mauve sauvage, on trouve souvent la **Mauve à feuilles rondes** (*Malva rotundifolia*), à fleurs beaucoup plus petites, blanches, veinées de rose. Les fleurs et les feuilles des deux espèces sont employées comme émollients.

La Guimauve officinale (*Althæa officinalis*) se distingue des Mauves par le calicule formé de 6 à 9 bractées, soudées dans leur tiers inférieur. Plante dressée, robuste, se développant en touffe. Fleurs d'un rose pâle. La Guimauve est cultivée pour ses propriétés émollientes. On la trouve aussi autour des villages, dans les endroits humides.

La famille des Malvacées fournit un grand nombre de plantes d'ornement, toutes recommandables pour la beauté de leurs fleurs; on peut citer : l'**Hibiscus** et la **Rose Trémière**; le **Cotonnier**, si important pour la matière textile (*coton*) qui se développe sur le tégument de la graine, est une Malvacée.

FAMILLE DES GÉRANIACÉES

214. Caractères et propriétés générales des Géraniacées. — Les plantes de cette famille (fig. 155) ont les feuilles alternes. La fleur est à cinq sépales libres et persistants, et à cinq pétales caducs. Le fruit est composé de cinq carpelles surmontés d'un long bec formé par les styles; à la maturité, les styles s'enroulent en spirales, de bas en haut, emportant chacun un carpelle avec la graine qu'il contient. — Les Géraniacées contiennent du tanin et de l'acide gallique.

215. Exemples de Géraniacées : les *Géraniums*, les *Pélargoniums*, etc.

Les Géraniums ont dix étamines toutes fertiles; l'espèce la plus connue est le **Géranium Herbe-à-Robert** (*Geranium Robertianum*, fig. 155), très commun dans les

Fig. 155. — S, sommité fleurie d'un rameau de Géranium Herbe-à-Robert. — R, fleur grossie dont on a enlevé le calice, la corolle et les étamines pour montrer la structure du pistil. — T, fruit mûr; les cinq carpelles se détachent de la base au sommet.

haies humides; c'est une plante rougeâtre à odeur forte et à fleurs purpurines, striées.

Les Pélargoniums se distinguent des Géraniums par les pétales inégaux, les deux supérieurs plus grands; la plupart sont originaires du Cap. En Algérie, on en cultive une espèce sous le nom de **Géranium rosat**, pour l'essence retirée de ses feuilles, dont on se sert pour falsifier l'essence de Rose.

FAMILLE DES AMPÉLIDÉES

216. Caractères et propriétés générales des Ampélidées. — La Vigne est le type des Ampélidées. C'est une plante sarmenteuse à sève abondante. Feuilles alternes. Fleurs odorantes, régulières; calice très petit, gamosépale, corolle à cinq pétales verdâtres, soudés à la partie supérieure, et se détachant de la base au sommet d'une seule pièce (fig. 156, B). Étamines cinq, introrses, opposées aux pétales et insérées sur un disque glanduleux. Pistil à ovaire libre; stigmate presque sessile. Fruit (baie) globuleux ou ovoïde, à une ou plusieurs loges. — Tout le monde connaît la

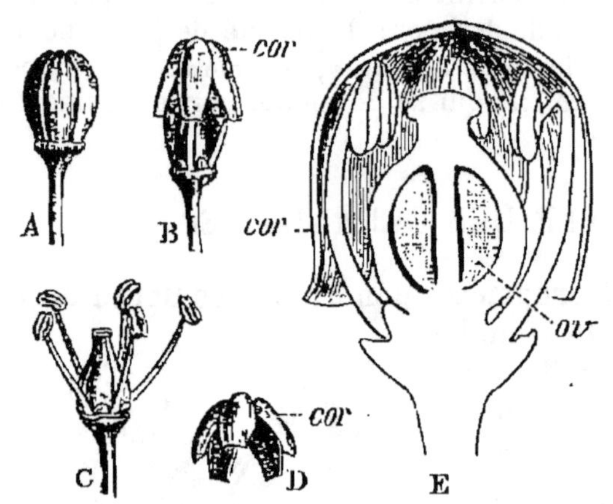

Fig. 156. — A, une fleur de Vigne avant la chute de la corolle. — B, la même fleur au moment où la corolle *cor* se détache. — C, la même fleur après la chute de la corolle, montrant cinq étamines entourant le pistil. — D, corolle *cor*; on voit qu'elle est formée de cinq pétales adhérents au sommet. — E, coupe longitudinale de la fleur, très grossie; *ov*, ovule.

Vigne et le raisin, avec lequel on fait le vin, l'alcool et le vinaigre. Le raisin est purgatif quand on le mange alors qu'il est couvert de rosée; sec il fait partie, avec la *Figue*, la *Datte* et la *Jujube*, des quatre fruits pectoraux. Les pépins renferment de l'acide tannique; le péricarpe contient une substance colorante qui n'est soluble que dans l'alcool; c'est ce qui explique pourquoi le vin blanc se fabrique avec le jus de raisin ou *moût*, qu'on fait fermenter après l'avoir séparé de la pellicule. Les baies non mûres fournissent un suc acide nommé *verjus;* et le suc des raisins mûrs donne par dépôt la *crème de tartre,* substance employée dans la médecine et l'industrie. Le vin rouge de bonne qualité est un des meilleurs remèdes pour la guérison des plaies et des ulcères; il est, dans la plupart des cas, préférable aux cérats et onguents journellement utilisés. On doit, pour l'employer, le faire bouillir avec du Persil, laver la plaie avec cette décoction et en imprégner les compresses.

Les botanistes placent la patrie de la Vigne en Asie; elle ne serait à l'état sauvage que dans la Mingrélie et la Géorgie, entre les chaînes du Caucase, du Taurus et du mont Ararat. La culture de la Vigne remonte jusqu'à Noé, comme nous l'apprennent les Livres saints. Les fleurs de la Vigne sont toujours disposées en grappes rameuses opposées aux feuilles; souvent les grappes avortent et se transforment en vrilles accrochantes; il n'est pas rare de voir certaines de ces vrilles portant quelques grains de raisin, ce qui prouve bien qu'elles proviennent de grappes avortées. En examinant une fleur, on voit que le calice, très petit, est gamosépale, muni de quelques dents peu apparentes; la corolle est insérée en dehors d'un disque glanduleux, sur lequel sont fixées les étamines. Le fruit est une baie, très variable pour la couleur, la saveur, la grosseur et la forme. Il n'est pas de plante cultivée qui soit attaquée par une aussi grande multitude de parasites végétaux et animaux; le nombre des ennemis de la Vigne connus aujourd'hui s'élève à plusieurs centaines. Les plus redoutables sont le *Phylloxera,* l'*Oïdium* et le *Mildiou;* ce dernier constitue la première phase parasitaire du *Brownrot;* le *Coniothyrium diplodiella,* connu des viticulteurs sous le nom de *Conio,* abréviation de la dénomination spécifique du parasite; le Coniothyrium s'attaque exclusivement à la rafle et détermine la chute des grappes avant l'époque de la récolte. Tous ces obscurs et infatigables destructeurs des vignobles sont d'origine américaine.

On plante fréquemment, pour couvrir les murs et les tonnelles, une autre Ampélidée, à tiges sarmenteuses, connue vulgairement sous le nom de *Vigne vierge,* originaire de l'Amérique du Nord. Feuilles digitées; fleurs disposées en cimes corymbiformes, à corolle verdâtre, formée par cinq pétales libres au sommet. Fruits noirs, non comestibles.

FAMILLE DES LÉGUMINEUSES

217. Caractères et propriétés générales des Légumineuses. — Les Légumineuses sont herbacées ou ligneuses; les feuilles, ordinairement composées et alternes, sont munies de stipules. Fleurs irrégulières (fig. 157); calice gamosépale, corolle *papilionacée (étendard, ailes, carène).* Dix étamines, dont neuf soudées par les filets, et la dixième libre. Le pistil, libre au

milieu de la fleur, est formé d'un seul carpelle qui se transforme
en gousse. — La nombreuse famille des Légumineuses est une
des plus utiles à l'homme, à cause du grand nombre de plantes
alimentaires, médicinales et fourragères qu'elle fournit. Les
Légumineuses indigènes, utilisées en médecine, sont assez nombreuses ; les unes possèdent des propriétés vulnéraires, d'autres
renferment un principe âcre et amer, et sont émétiques ou pur-

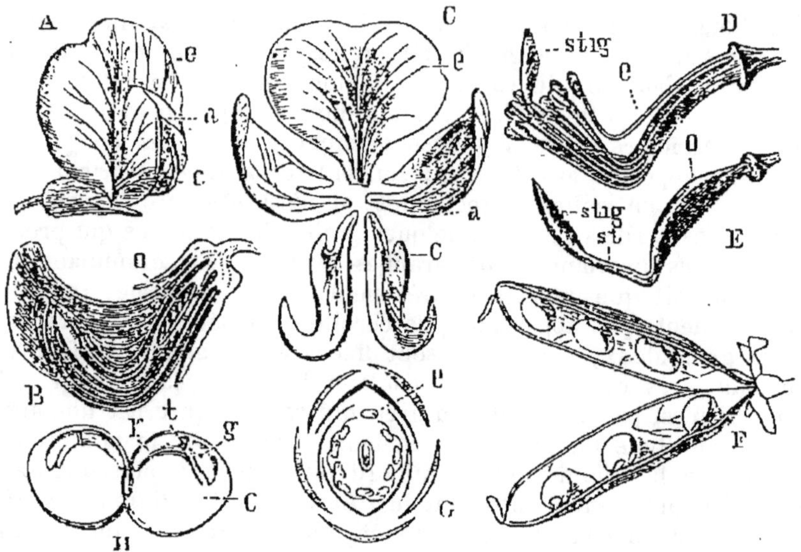

Fig. 157. — A, fleur de Pois; *c*, étendard; *a*, aile; *c*, carène. — B, la même
fleur coupée en long; on voit plusieurs ovules *o* renfermés dans l'ovaire. —
C, les cinq pétales isolés; *e*, étendard; *a*, aile; *c*, carène. — D, la même fleur
dépouillée du calice et de la corolle, pour montrer les dix étamines, dont une
isolée *e*, et les neuf autres soudées par les filets; *stig*, stigmate. — E, le pistil
isolé; *o*, ovaire; *st*, style; *stig*, stigmate. — F, le fruit ouvert pour montrer
les graines attachées au placenta par le funicule. — G, diagramme de la fleur,
montrant l'ovaire à une seule loge; la dixième étamine isolée *c*, ainsi que la position respective des autres parties de la fleur. — H, la graine ouverte; *c*, cotylédon; *r*, *t*, *g*, radicule, tigelle et gemmule de la plantule.

gatives ; plusieurs contiennent dans leurs racines un principe
stimulant diurétique, ou encore une odeur aromatique et une
saveur amère qui les font employer comme médicament résolutif
ou en collyre; les racines de quelques-unes entrent fréquemment
dans les tisanes ou dans la composition de pâtes pectorales, à
cause des principes sucrés qu'elles renferment. Les *baume du
Pérou* et de *Tolu*, la *Casse*, le *Séné*, l'*Indigo*, le *Bois de Campêche*, le *Bois du Brésil*, la *gomme arabique* et la *gomme adra-
gante* nous viennent de diverses Légumineuses exotiques.

218. Exemples de Légumineuses : les *Genêts*, l'*Ajonc*, l'*Aca-*

cia, les *Trèfles*, la *Luzerne*, le *Sainfoin*, la *Vesce*, les *Mélilots*, le *Pois*, etc.

Les Genêts ont les fleurs jaunes et presque tous des tiges ligneuses. L'espèce la plus connue est le **Genêt à balais** (*Genista scoparia*), très répandu dans toute la France, surtout dans les terrains siliceux. Les fleurs en boutons, confites au vinaigre, peuvent être utilisées comme les câpres.

L'Ajonc (*Ulex europæus*) est un arbrisseau très épineux, à fleurs jaunes, munies à leur base de deux bractées colorées; le calice est divisé en deux lobes, jusqu'à la base. L'Ajonc est souvent cultivé pour former des haies de clôture; mais il ne se développe bien que dans les terrains siliceux.

L'Acacia (*Robinia pseudo-Acacia*), arbre originaire de l'Amérique du Nord, est souvent planté sur les promenades publiques. Feuilles pennées à stipules transformées en épines. Fleurs blanches disposées en grappes pendantes.

Les Trèfles ont pour caractères communs des feuilles à trois folioles, des fleurs disposées en capitules, et une gousse très petite ne contenant ordinairement qu'une seule graine. La principale espèce est le **Trèfle des prés** (*Trifolium pratense*), devenu par la culture le **Trèfle cultivé** (*Trifolium sativum*), excellente plante fourragère. On cultive aussi assez souvent le **Trèfle incarnat** (*Trifolium incarnatum*), espèce annuelle à fleurs d'un pourpre vif.

La Luzerne cultivée (*Medicago sativa*, fig. 158), très cultivée en prairies artificielles, est l'une des espèces fourragères les plus importantes; comme le Trèfle, elle a des feuilles à trois folioles, mais elle s'en distingue par la gousse (fig. 158, N) roulée en spirale.

Le Sainfoin (*Onobrychis sativa*) est une plante vivace; les feuilles sont composées, pennées, comme celles de l'Acacia. Fleurs purpurines, striées, disposées en épis. Cette excellente espèce fourragère ne peut être avantageusement cultivée que dans un terrain calcaire.

La Vesce cultivée (*Vicia sativa*), le **Sainfoin**, le **Trèfle** et la **Luzerne**, sont les quatre plantes cultivées communément en prairies artificielles; elles constituent l'une des ressources principales de l'agriculture. La Vesce a des feuilles composées de 4 à 8 paires de folioles; les stipules sont munies d'un nectaire à leur base externe. Fleurs purpurines.

Les Mélilots ont des feuilles à trois folioles; les fleurs sont petites, jaunes ou blanches, disposées en grappes allongées. L'espèce la plus répandue est le **Mélilot des champs** (*Melilotus arvensis*), dont les graines adoucissantes sont employées en infusion. Les animaux mangent volontiers les Mélilots, mais il est reconnu que ces végétaux possèdent la propriété de les météoriser avec une très grande rapidité. Le Mélilot des champs est commun dans les lieux incultes et aux bords des chemins; il est très odorant à l'état sec.

Le Pois (*Pisum sativum*) est cultivé pour ses gousses et ses graines alimentaires. Les feuilles, composées de plusieurs paires de folioles, sont terminées par une vrille rameuse, provenant de folioles avortées. On cultive aussi le **Pois chiche** (*Cicer arietinum*), à tige courte, rameuse, non volubile; gousse renflée, couverte de poils glanduleux, sécrétant de l'acide oxalique.

Le **Haricot** et la **Lentille** sont très cultivés comme plantes alimentaires.

La famille des Légumineuses comprend encore un grand nombre d'espèces exotiques, précieuses pour les divers produits qu'elles fournissent; on peut citer en particulier : l'**Arachide**, dont la graine. oléagineuse et comestible fournit une huile très estimée dans l'industrie. Cette plante est cultivée au Mexique et en Orient; son fruit se trouve aujourd'hui sur tous les marchés européens. — L'**Indigotier** de l'Australie; les feuilles donnent la matière tinctoriale bleue appelée *indigo*, l'une des sept couleurs primitives.

Fig. 158. — M, sommité fleurie d'une tige de Luzerne cultivée. — N, gousse grossie, présentant trois tours de spire.

— La **Réglisse**, plante de l'Europe méridionale, dont la racine contient un principe adoucissant et pectoral. — La **Glycine de Chine**, arbrisseau sarmenteux, utilisé pour la décoration des tonnelles et des murailles, à cause de ses rameaux allongés et flexibles, et de ses jolies grappes de fleurs violettes. — L'**Apios tubéreux**, à fleurs odorantes, d'un pourpre fauve ou brunâtre. Le rhizome produit des tubercules assez gros et féculents, qui sont comestibles. Cette Légumineuse est cultivée dans l'Amérique du Nord. — L'**Erythrine**, arbrisseau de l'Amérique méridionale, très cultivé en serres tempérées, pour ses fleurs écarlates, disposées en grappes feuillées. — La **Sensitive**, dont on connaît l'extrême irritabilité; cette plante est aujourd'hui cultivée dans toutes les serres. — L'**Acacia d'Arabie**, qui produit la *gomme arabique*. — Le **Gainier** ou *Arbre de Judée*, à fleurs d'un rouge vif et apparaissant avant les feuilles. Le Gainier est planté dans les bosquets et dans les parcs. Les fleurs, confites au vinaigre, sont employées comme les câpres. — Les **Casses**, plantes herbacées ou ligneuses, à fleurs presque régulières et à étamines libres; les gousses sont cylindriques, très allongées, divisées par des cloisons transversales en un grand nombre de loges contenant chacune une graine entourée de pulpe. Cette pulpe contient de la gélatine, de la gomme, du gluten et du sucre; elle est fréquemment employée pour ses propriétés laxatives.

FAMILLE DES ROSACÉES

219. Caractères et propriétés générales des Rosacées. — Les Rosacées (fig. 159) sont herbacées ou ligneuses, à feuilles simples ou composées, munies de stipules. Les fleurs sont régulières, à étamines nombreuses, insérées sur le calice ; ovaire libre ou adhérent. Fruit très variable suivant les genres, sec ou charnu, parfois contenant un noyau osseux. — La plupart des Rosacées contiennent du tanin, du sucre et une huile grasse; en outre, quelques-unes renferment un principe narcotique très vénéneux, l'acide cyanhydrique ; d'autres contiennent un principe astringent, auquel se joint sou-

Fig. 159. — E, fleur d'Églantier ou Rosier sauvage. — F, fruit. — G, le même fruit coupé en long pour montrer les étamines insérées sur le bord du calice, et les carpelles fixées à l'intérieur du tube calicinal creusé en coupe.

vent une substance résineuse et une huile volatile ou essence. Mais les plantes de cette famille sont surtout utiles pour la multitude de fruits délicieux qu'elles fournissent ; un grand nombre sont aussi cultivées pour la beauté de leur fleur.

220. Exemples de Rosacées : l'*Amandier*, l'*Abricotier*, le *Pêcher*, le *Prunier*; le *Cerisier*, le *Pommier*, le *Poirier*, le *Cognassier*, le *Néflier*, le *Sorbier*, l'*Aubépine*, le *Rosier*, la *Ronce*, le *Fraisier*, les *Spirées*, les *Potentilles*, etc.

L'Amandier (*Amygdalus communis*), dont la patrie est inconnue, épanouit ses belles fleurs d'un blanc rose dès le mois de mars. On connaît deux variétés d'amandes : l'*amande amère*, contenant de l'acide cyanhydrique, une résine jaune et une matière cristallisable, l'*amygdaline; l'amande douce*, comestible, qui fournit une huile d'une saveur agréable, très fréquemment employée dans les préparations pharmaceutiques. L'Amandier est cultivé dans le Midi, en Afrique, en Italie; on le trouve aussi sur les coteaux de la Limagne d'Auvergne.

L'Abricotier (*Armeniaca vulgaris*) offre ses fleurs blanches ou roses peu après celles de l'Amandier. La culture a obtenu diverses variétés d'abricots; l'une des plus estimées est de couleur orange, à chair parfumée, très cultivée dans la Limagne d'Auvergne, pour la fabrication de la *pâte d'abricot*, justement renommée.

Le Pêcher (*Persica vulgaris*) originaire de la Perse, fleurit en même temps que l'Abricotier, et sous le même climat. La pêche est l'un des fruits de table les plus recherchés; les fleurs prises en infusion sont laxatives.

Le Prunier (*Prunus domestica*) est cultivé de temps immémorial; la variété connue sous le nom de *prune de Damas* ou de *Sainte-Catherine* fournit les *pruneaux secs*, à pulpe rafraîchissante et laxative. Le **Prunellier des haies** est le type sauvage de tous les Pruniers cultivés.

Le Cerisier (*Cerasus avium*), dont on cultive un grand nombre de variétés, fournit un fruit de table très rafraîchissant. La tisane de queues de cerises est un diurétique d'un usage populaire. Le **Cerisier des bois** donne un fruit noir, petit, globuleux, d'une saveur légèrement amère, qui sert à fabriquer le *kirsch*.

Les Rosacées que l'on vient d'énumérer ont l'ovaire libre au fond du calice, qui est creusé en coupe.

Le Pommier (*Malus communis*) est un arbre épineux à l'état sauvage, et à fruit petit, très acerbe, même à la maturité; par la culture il est devenu plus gros et d'une saveur douce; les nombreuses variétés cultivées se distinguent par la forme, la grosseur, la couleur et la saveur. Le **Pommier à cidre** est très cultivé dans l'ouest de la France pour la fabrication du *cidre*.

Le Poirier (*Pyrus communis*), comme le Pommier, est épineux à l'état sauvage, et son fruit, qui est aussi très petit, n'est pas meilleur. La culture a obtenu également un très grand nombre de variétés. Dans l'ouest, on en cultive une forme pour la fabrication du *poiré*, boisson fermentée, analogue au cidre, mais plus riche en alcool.

Le Cognassier (*Cydonia vulgaris*), originaire de l'île de Crète, a des fleurs très grandes et un fruit tomenteux, très odorant et d'un beau jaune, couronné par les divisions du calice; ce fruit cru est d'une âpreté et d'une astringence insupportables; mais cuit, avec addition de sucre, il est la base de plusieurs préparations recherchées; il fournit aussi une liqueur de ménage (*eau de coing*) estimée pour ses propriétés astringentes.

Le Néflier (*Mespilus germanica*), qui croît çà et là dans les haies, a des fleurs grandes et solitaires. Le fruit (fig. 160), couronné par les divisions du calice, est à cinq loges à parois osseuses; il n'est comestible que lorsqu'il a subi la fermentation sucrée.

Le Sorbier domestique (*Sorbus domestica*) est un arbre à feuilles composées pennées, ayant 13 à 17 folioles, et à fleurs blanches. Le fruit a la forme d'une petite poire; il n'est bon à manger que lorsqu'il est devenu pulpeux. Le **Sorbier des oiseaux** (*Sorbus Aucuparia*), à fruits petits et d'un rouge vif, est souvent planté le long des routes et dans les parcs.

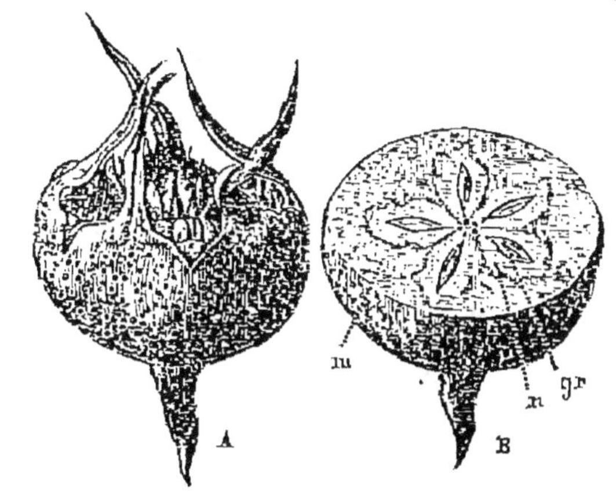

Fig. 160. — A, fruit du Néflier. — B, le même fruit coupé en travers pour montrer les cinq noyaux osseux; *m*, mésocarpe; *n*, noyau; *gr*, graine.

L'Aubépine (*Cratægus Oxyacantha*), avec ses jolies fleurs blanches ou roses et ses fruits rouges, est connue de tout le monde. — Dans les bosquets, on cultive le **Buisson ardent**, pour ses fruits d'un rouge de feu, d'un très bel effet.

Le Rosier sauvage (*Rosa canina*, fig. 159), que l'on trouve partout dans les haies, est le type sauvage des **Roses cultivées**. — Les pétales de la **Rose de France** sont astringents, et servent à la préparation du *miel rosat*. — *L'essence de Rose*, très employée en parfumerie, est fournie par la **Rose musquée**, par la **Rose de Damas**, et par la **Rose à cent feuilles**, ainsi nommée à cause de ses nombreux pétales. Ces trois Roses sont très cultivées dans les jardins. L'essence de Rose, de consistance butyreuse et de couleur jaunâtre, est caractérisée par une odeur forte et très suave; elle se fabrique principalement en Turquie, à Tunis, en Perse et à Nice. Pour la préparer, on cueille les pétales avant le lever du soleil, et on les distille avec de l'eau par la méthode ordinaire. L'essence de Rose est fort estimée, surtout en Orient, et se vend très cher; elle sert à la préparation de la *pommade à la Rose;* de l'*onguent rosat* et de l'*esprit de Rose*. Dans les jardins, on cultive un grand nombre de variétés de Roses, obtenues de semis et que l'on multiplie par la greffe. La Rose a été proclamée la reine des fleurs, et elle mérite ce glorieux titre : couleurs vives, odeur suave, fraîcheur exquise, tous les attraits lui ont été départis par le Créateur. L'Église elle-même a immortalisé cette fleur charmante en donnant à la Reine du ciel les noms gracieux de *Rose mystérieuse* et de *Rose sans épines*, comme aussi elle a nommé *Rosaire* la couronne de prières et les grains bénits qui lui sont consacrés.

La Ronce (*Rubus fruticosus*), à fruit noir, rarement rouge, a des feuilles composées de 3 à 7 folioles; l'infusion des feuilles est fréquemment utilisée en gargarisme légèrement astringent; les fruits peuvent être employés à faire une excellente confiture. Le **Framboisier** (*Rubus Idæus*) est aussi une Ronce; ses fruits, parfumés et rafraîchissants, sont employés dans la fabrication du *vinaigre framboisé*.

Le Fraisier (*Fragaria vesca*) a des fleurs blanches (fig. 90); le fruit est parfumé, succulent, et d'une saveur agréable. Sous le nom de **Fraisier de tous les mois**, on en cultive une variété qui fructifie jusqu'à la fin de l'automne.

Comme exemples de Rosacées, on peut encore citer : la **Spirée Ulmaire** ou **Reine des prés**, à fleurs blanches, très nombreuses, et disposées en panicule. — Les **Potentilles**, à fleurs jaunes ou blanches; la plus connue est la **Potentille vernale** (*Potentilla verna*), très commune dans les lieux secs et incultes, où elle épanouit ses nombreuses fleurs jaunes dès les premiers jours du printemps. — L'**Aigremoine** (*Agrimonia Eupatoria*), à fleurs jaunes, disposées en grappes allongées; on la rencontre souvent au bord des chemins.

FAMILLE DES OMBELLIFÈRES

221. Caractères et propriétés générales des Ombellifères. — Les Ombellifères (fig. 161) ont des feuilles engainantes, alternes, et ordinairement très divisées. Les fleurs, composées de cinq pétales et de cinq étamines, sont disposées en ombelles, d'où le nom d'*Ombellifères* donné à la famille. Le pistil est formé d'un ovaire adhérent qui, à la maturité, se divise en deux akènes (fig. 162). — Les Ombellifères doivent leurs principales propriétés à l'huile essentielle qu'elles contiennent. Quelques-unes, comme la Carotte et le Céleri, sont alimentaires; le Persil, le Cerfeuil, le Fenouil, servent de condiment ; la Coriandre, l'Anis, le Carvi, l'Angélique, renferment des essences qui les font utiliser dans la fabrication des liqueurs et des confitures. Enfin, d'autres sont très vénéneuses, comme la Grande Ciguë, la Petite Ciguë et la Cicutaire.

222. Exemples d'Ombellifères : la *Carotte sauvage*, l'*Angélique*, la *Coriandre*, le *Carvi*, le *Fenouil*, le *Panais*, le *Persil*, le *Céleri*, le *Cerfeuil*, la *Petite Ciguë*, la *Grande Ciguë*, etc.

La Carotte sauvage (*Daucus carota*, fig. 161) est très commune dans les champs et les lieux incultes; on la reconnaît à ses ombelles contractées en nid d'oiseaux, et ayant au centre une fleur stérile d'un pourpre foncé. La racine, à odeur forte, renferme un principe cristallisable (*carotine*). Par la culture, cette plante a acquis une racine charnue, co-nique, rouge, jaune ou blanche ; elle est la souche de toutes les variétés de Carottes cultivées.

Fig. 161. — Ombelle de la Carotte sauvage.
A, involucre ; *a*, involucelle.

L'Angélique (*Archangelica officinalis*), originaire de l'Europe boréale, est une plante robuste, à fleurs verdâtres et à feuilles très grandes. Elle est cultivée pour les pétioles charnus de ses feuilles, utilisés par les confiseurs ; le fruit et la racine entrent dans la composition de la plupart des liqueurs de table.

La Coriandre (*Coriandrum sativum*) a des fleurs blanches ; à l'état frais, ses fruits globuleux ont une odeur détestable de punaise, mais secs ils sont très aromatiques et habituellement employés par les confiseurs et les liquoristes. La Coriandre est cultivée dans les provinces méridionales.

D'autres Ombellifères fournissent aussi des fruits aromatiques analogues à ceux de la Coriandre, telles sont : l'**Anis**, dont les fruits contiennent une huile volatile et une huile fixe qui sont a base d'une liqueur bien connue (l'*anisette*). — Le **Carvi** (*Carum Carvi*, fig. 162), à fleurs blanches et à fruit ovoïde dont les propriétés aromatiques et stimulantes le font employer dans la préparation des liqueurs et pour aromatiser le fromage. — Le **Fenouil** (*Fœniculum officinale*), à fleurs jaunes, à feuilles découpées en lanières étroites ; le fruit possède les propriétés aromatiques de l'Anis et du Carvi.

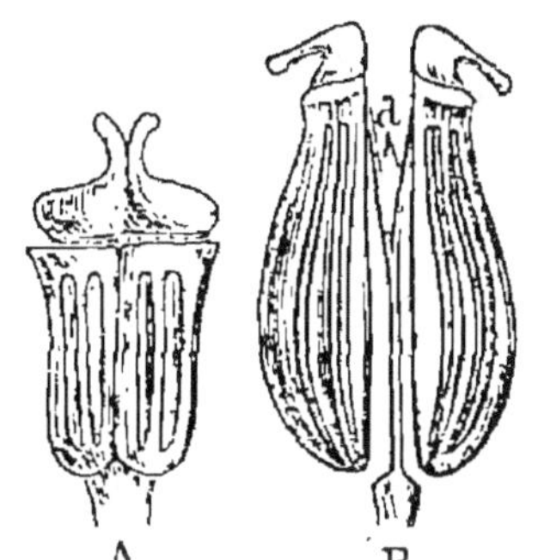

Fig. 162. — Fruit de Carvi. — A, le fruit avant sa maturité. — B, fruit mûr, se séparant en deux akènes.

Le Panais (*Pastinaca sativa*) a des fleurs jaunes et une tige robuste ; à l'état sauvage il est assez commun dans les terrains calcaires ; par la culture la racine se gorge de substances nutritives, et constitue une excellente racine pour les chevaux.

Le Céleri, le **Cerfeuil** et le **Persil**, sont cultivés dans tous les jardins potagers pour leurs propriétés alimentaires ou comme condiment.

La Petite Ciguë (*Æthusa Cynapium*) est très vénéneuse ; elle est commune dans les jardins, depuis le mois de juin jusqu'à la fin de l'automne ; on la distingue du Persil, auquel elle ressemble beaucoup, à ses fleurs blanches, à ses fruits plus arrondis, et à l'odeur désagréable et suspecte exhalée par les feuilles, quand on les froisse entre les doigts.

La Grande Ciguë (*Conium maculatum*), plante également très vénéneuse, se trouve assez souvent au milieu des décombres et dans les cimetières; on la reconnaît facilement à ses tiges élevées, marquées de taches rougeâtres, et à l'odeur vireuse qu'elle exhale, surtout par un temps chaud et humide.

La **Cicutaire vireuse** et l'**OEnante safranée** sont aussi extrêmement vénéneuses.

Au groupe des DICOTYLÉDONES DIALYPÉTALES appartiennent quelques autres familles plus ou moins importantes, telles sont :

Les VIOLARIÉES; exemples : la *Violette* et la *Pensée*.

Les RÉSÉDACÉES; exemple : le *Réséda*.

Les TILIACÉES; exemple : le *Tilleul*.

Les HYPÉRICINÉES; exemple : le *Millepertuis*.

Les ACÉRINÉES; exemple : l'*Érable*.

Les ONAGRARIÉES; exemple : l'*Onagre*, les *Épilobes* et la *Circée*.

Les CRASSULACÉES; exemples : la *Joubarbe* et l'*Orpin*.

Les SAXIFRAGÉES; exemples : les *Saxifrages* et la *Dorine*.

Les ARALIACÉES; exemples : le *Lierre* et le *Cornouiller*.

CHAPITRE XII

DICOTYLÉDONES GAMOPÉTALES

FAMILLE DES RUBIACÉES

223. Caractères et propriétés générales des Rubiacées. — Les Rubiacées ont une tige souvent à quatre angles. Feuilles sessiles et paraissant verticillées. Fleurs régulières, formées d'un calice à lobes ordinairement très petits; ovaire adhérent. Fruit composé de deux carpelles qui se séparent presque toujours à la maturité. Les Rubiacées indigènes n'ont pas de propriétés connues bien remarquables; mais plusieurs espèces exotiques sont d'un grand intérêt au double point de vue médicinal et économique. Les unes ont une écorce fébrifuge (*Quinquina*); d'autres renferment dans leurs racines des substances vomitives (*Ipécacuanha*) ou un principe colorant (*Garance*); enfin, on connaît l'importance économique du café, fourni par l'albumen torréfié de la graine du Caféier.

224. Exemples de Rubiacées : la *Garance des teinturiers,* l'*Aspérule odorante*, les *Gaillets*, etc.

La Garance des teinturiers (*Rubia tinctorum,* fig. 163) est une plante vivace, à racines traçantes. Les tiges sont garnies de petits aiguillons qui les rendent accrochantes. Les feuilles sont verticillées ; mais, en réalité, elles sont opposées, puisque deux feuilles seulement portent un rameau à leur aisselle ; les autres peuvent être considérées comme des stipules très développées semblables aux feuilles. Fleurs jaunâtres. Le fruit ressemble à une baie. La Garance était autrefois très

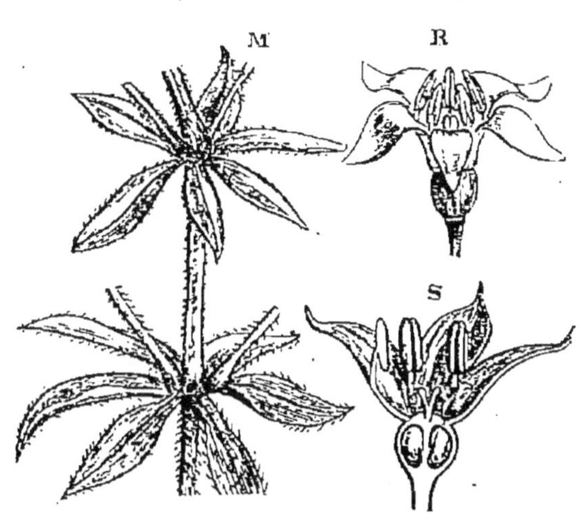

Fig. 163. — M, fragment d'une tige de Garance. — R, une fleur grossie de la même plante. — S, la même fleur coupée en long pour montrer l'ovaire adhérent à deux loges ; on voit un ovule dans chaque loge ; en outre, on constate que les étamines sont insérées sur la corolle, caractère général des Gamopétales.

cultivée pour la matière colorante rouge (*alizarine*) que contient la racine ; mais, depuis la découverte des riches couleurs dérivées de la houille, cette Rubiacée n'est guère cultivée aujourd'hui que dans quelques localités du midi de la France. On trouve encore dans les haies, sur les bords des chemins et parmi les décombres, des touffes de Garance provenant des anciennes cultures.

L'Aspérule odorante (*Asperula odorata*) a des fleurs blanches disposées en corymbe terminal. Plante très odorante à l'état sec ; elle est commune dans les bois, sauf dans la région méridionale. On la dit tonique et vulnéraire, et très efficace pour préserver les étoffes des ravages causés par les mites.

Les Gaillets forment un genre nombreux en espèces ; ces plantes ont des fleurs blanches ou jaunes, rarement rouges, très nombreuses et très petites ; les feuilles, comme celles de la Garance, paraissent verticillées ; le calice est formé de quatre dents peu apparentes. Les espèces les plus répandues aux abords des chemins et dans les haies sont : le **Gaillet Gratteron** (*Galium Aparine*), à fleurs blanches ; le **Gaillet Croisette** (*Galium Cruciata*) et le **Gaillet Caille-lait** (*Galium* *verum*), à fleurs jaunes. — Les graines du **Caféier**, après torréfaction, servent à fabriquer une liqueur bien connue sous le nom de *café*. — Le **Quinquina** contient, dans son écorce, une matière (*quinine*) très efficace contre les fièvres. — Le rhizome de l'**Ipécacuanha**, Rubiacée du Brésil, séché et réduit en poudre, est employé comme vomitif.

FAMILLE DES COMPOSÉES

225. Caractères et propriétés générales des Composées. — La famille des Composées (fig. 164) est la plus vaste de l'embranche-

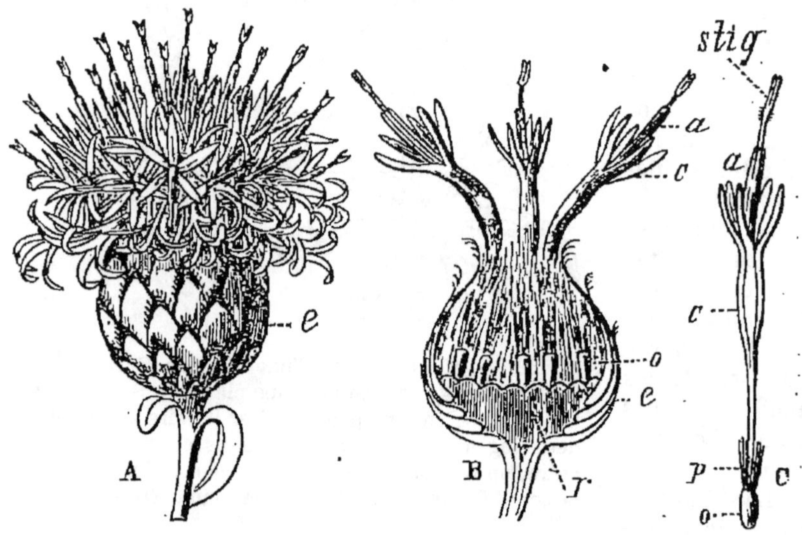

Fig. 164. — Exemple d'une Composée (Tubuliflore). — A, capitule; *e*, écailles ou folioles de l'involucre. — B, capitule coupé en long; *r*, réceptacle; *e*, folioles de l'involucre; *o*, ovaire; *c*, corolle; *a*, anthères soudées. — C, une fleur isolée; *o*, ovaire; *p*, poils ou soies constituant le calice; *c*, corolle, *a*, anthères; *stig*, stigmates.

ment des Phanérogames; elle comprend au moins 700 genres, avec plus de 10000 espèces, répandues dans toutes les parties du globe. Les plantes de cette famille sont ordinairement herbacées. Les fleurs sont groupées sur un réceptacle commun, et entourées d'un involucre formé d'écailles plus ou moins nombreuses; l'ensemble porte le nom de *capitule* (fleur composée). Calice à limbe entier et presque nul ou divisé en soies plus ou moins longues (fig. 165). Corolle tantôt régulière à cinq dents (*fleur tubuleuse*), tantôt irrégulière à limbe déjeté de côté sous forme de languette (*fleur ligulée*). Étamines à filets libres et à anthères soudées en un tube entourant le style, qui est terminé par deux stigmates. L'ovaire est adhérent, et le fruit est un akène. — Un grand nombre de Composées sont alimentaires ; ainsi, on mange la racine cuite de la Scorzonère et du Salsifis, la racine torréfiée de la Chicorée amère, les tubercules des rhizomes du Topinambour, les feuilles des Laitues et de la Chicorée ; les bractées de l'involucre et le réceptacle commun de l'Artichaut. D'autres renferment dans leur corolle des principes colorants et servent à teindre en rouge, comme le Carthame, ou en jaune comme la Sarrette. Plusieurs ont des graines oléagineuses dont on extrait une huile alimentaire, comme le Grand Soleil. Enfin un très grand nombre de ces plantes sont cultivées dans les jardins pour la beauté de leurs fleurs.

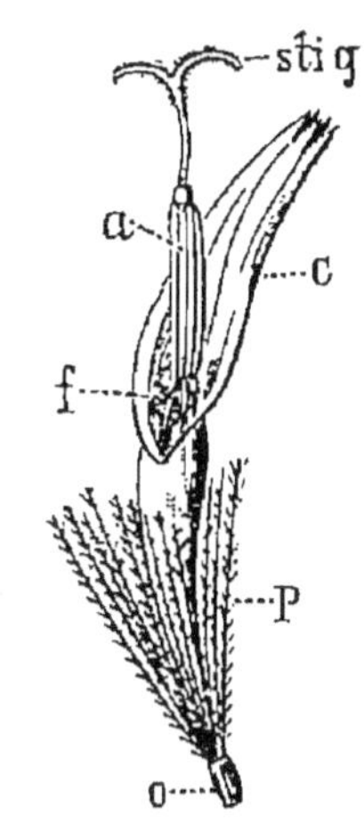

Fig. 165. — Fleur ligulée prise sur la circonférence d'un capitule d'*Arnica*. — *o*, ovaire ; *p*, calice formé par des poils plumeux ; *f*, filets libres des étamines ; *c*, corolle ; *a*, anthères soudées en un tube traversé par le style ; *stig*, stigmate.

D'après la forme de la corolle et la disposition des fleurs dans le capitule, les Composées sont divisées en trois groupes :

1° Les *Composées radiées*, dont les fleurs du centre du capitule sont tubuleuses, et celles de la circonférence, ligulées (fig. 166).

2° Les *Composées Tubuliflores*, dont toutes les fleurs du capitule sont tubuleuses (fig. 164).

3° Les *Composées Liguliflores*, dont toutes les fleurs sont ligulées (fig. 167).

226. Exemples de Composées Radiées : le *Grand Soleil*, le *Topinambour*, la *Pâquerette*, la *Marguerite*, la *Camomille*, l'*Arnica*, le *Tussilage* ou *Pas d'âne*, etc.

Le Grand Soleil (*Helianthus annuus*), originaire du Pérou, est remarquable par sa tige robuste, portant de grandes feuilles et des capitules très gros ; on le cultive comme plante d'ornement et aussi pour ses graines oléagineuses.

Le Topinambour (*Helianthus tuberosus*), que l'on dit être originaire du Chili, est cultivé pour ses tubercules comestibles, riches en inuline.

La Pâquerette (*Bellis perennis*) est très commune dans les prairies, où elle fleurit dès les premiers beaux jours.

La Marguerite (*Leucanthemum vulgare*), espèce répandue dans les pâturages et les lieux incultes.

La Camomille (*Chamomilla nobilis*) abonde dans les moissons de l'ouest et du plateau central. Par la culture, toutes les fleurs tubuleuses se transforment en fleurs ligulées. Les capitules sont toniques, excitants et fébrifuges.

L'Arnica (*Arnica montana*) est commun dans les pâturages des montagnes; ses capitules, d'un jaune vif, contiennent une résine odorante, un principe amer, une matière colorante, de l'acide gallique, de la gomme, de l'albumine et divers sels. Espèce stimulante, vulnéraire, sternutatoire et tonique. On l'administre en infusion, en teinture et en extrait. La *teinture d'Arnica* est d'un usage habituel et populaire pour guérir les blessures.

Le Tussilage ou **Pas d'âne** (*Tussilago Farfara*, fig. 166) fleurit dès les premiers jours du printemps; on le rencontre fréquemment sur les terrains calcaires ou argileux; il se reconnaît à ses tiges écailleuses dépourvues de feuilles. Les fleurs, stimulantes et béchiques, sont souvent recommandées contre la toux et les inflammations chroniques des poumons. On les administre en infusion et en sirop. — Les **Seneçons**, la **Tanaisie**, le **Millefeuille**, l'**Armoise**, le **Dahlia**, les **Chrysanthèmes**, la **Reine-Marguerite**, les **Zinnia**, etc., sont aussi des Composées Radiées.

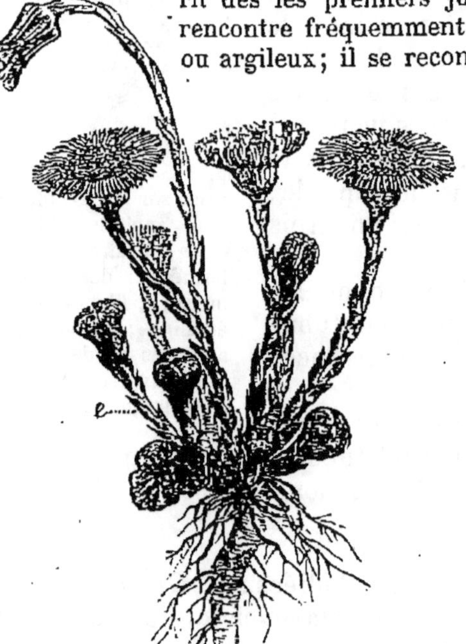

Fig. 166. — Le Tussilage (Radiée), portant des capitules à divers degrés de développement; on voit les tiges florifères couvertes d'écailles *e*.

227. Exemples de Composées Tubuliflores : les *Chardons*, les *Centaurées*, la *Bardane*, l'*Artichaut*, etc.

Les Chardons sont des plantes robustes, épineuses, à fleurs ordinairement purpurines. L'espèce que l'on rencontre le plus souvent dans les lieux incultes est le **Chardon penché** (*Carduus nutans*), à fleurs purpurines et odorantes.

Les Centaurées ont des fleurs rouges, bleues ou jaunes; parmi les espèces les plus connues, on peut citer le **Bleuet** (*Centaurea Cyanus*), commun dans les moissons; la **Centaurée Jacée** (*Centaurea Jacea*), à fleurs rouges, très répandue dans les prairies; la **Centaurée Chausse-trape** (*Centaurea Calcitrata*), à fleurs rouges et à involucre épineux; cette espèce, connue sous le nom de *Chardon étoilé*, est réputée fébrifuge; la **Centaurée des collines** (*Centaurea collina*, fig. 164), très belle espèce des collines méridionales, est un exemple d'une Composée Tubuliflore à fleurs jaunes.

La Bardane (*Lappa officinalis*) est une plante robuste à feuilles très grandes et à fleurs purpurines; les écailles de l'involucre sont recourbées en crochet. La racine est souvent employée en infusion sudorifique. — L'**Artichaut** (*Cynara Scolymus*), cultivé comme plante alimentaire; la **Sarrète des teinturiers** (*Serratula tinctoria*), qui fournit une couleur jaune, et le **Carthame des teinturiers** (*Carthamus tinctorius*), cultivé pour la couleur rouge qu'il contient, appartiennent aussi aux Composées Tubuliflores.

228. Exemples de Composées Liguliflores.: le *Pissenlit*, la *Chicorée sauvage*, le *Salsifis*, la *Laitue*, etc.

Le Pissenlit (*Taraxacum officinale*, fig. 167) est dépourvu de tige apparente; les feuilles, irrégulièrement dentées, sont étalées en rosette sur le sol, comme celles de la Pâquerette. Ses jolies fleurs jaunes s'épanouissent depuis les premiers beaux jours jusqu'à la fin de l'automne. Cette Liguliflore, excessivement commune partout, fournit une salade excellente, et d'autant plus précieuse qu'elle nous est donnée dès les premiers jours du printemps. Le Pissenlit est diurétique, rafraîchissant, légèrement laxatif et dépuratif. L'infusion de la racine est très efficace contre la jaunisse.

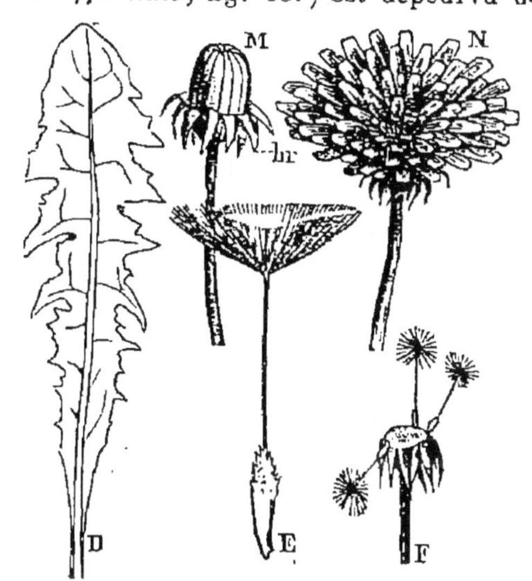

Fig. 167. — Le Pissenlit, exemple d'une Composée Liguliflore. — M, capitule non épanoui. — N, capitule épanoui, formé de fleurs toutes ligulées. — D, une feuille. — E, un akène isolé pourvu d'une aigrette pédicellée. — F, capitule mûr; il porte encore trois akènes insérés sur le réceptacle.

La Chicorée sauvage (*Cichorium Intybus*) a des fleurs d'un beau bleu qui s'ouvrent le matin. La racine est amère, légèrement tonique et apéritive. On l'emploie torréfiée comme succédanée du café; les feuilles ont une saveur amère; leur infusion est un stimulant des organes digestifs; on la donne aussi comme dépuratif dans les affections chroniques de la peau. — Le **Salsifis**, la **Scorzonère**, la **Laitue vireuse** et les nombreuses variétés de *Laitues*, que l'on cultive pour leurs feuilles, que l'on mange en salade, appartiennent aussi au groupe des Composées Liguliflores.

6

FAMILLE DES PRIMULACÉES

229. Caractères et propriétés générales des Primulacées.
— Plantes herbacées, à fleurs ordinairement régulières ; les
étamines, au nombre de cinq, sont opposées aux lobes de
la corolle, c'est-à-dire aux pétales ; l'ovaire est libre et la
placentation est centrale ; le fruit est une capsule. — Les
Primulacées sont peu employées en médecine, mais
beaucoup sont cultivées pour la beauté de leurs fleurs.

230. Exemples de Primulacées : la *Primevère
officinale*, la *Lysimaque*, le *Mouron des champs*, etc.

La Primevère officinale (*Primula officinalis*,
fig. 168), commune dans les prairies, est bien connue par
ses fleurs jaunes et odorantes qui s'épanouissent dès les premiers beaux jours. L'infusion des fleurs est sudorifique. —
La **Primevère de Chine** (*Primula sinensis*), à feuilles lobées et velues-glanduleuses, à fleurs formant parfois plusieurs verticilles superposés, est très cultivée en serre tempérée.

La Lysimaque (*Lysimachia vulgaris*) est une belle
plante à fleurs jaunes, nombreuses et disposées en panicule ; elle habite le bord des eaux et les lieux marécageux des bois. Le suc de cette Primulacée est acide et astringent.

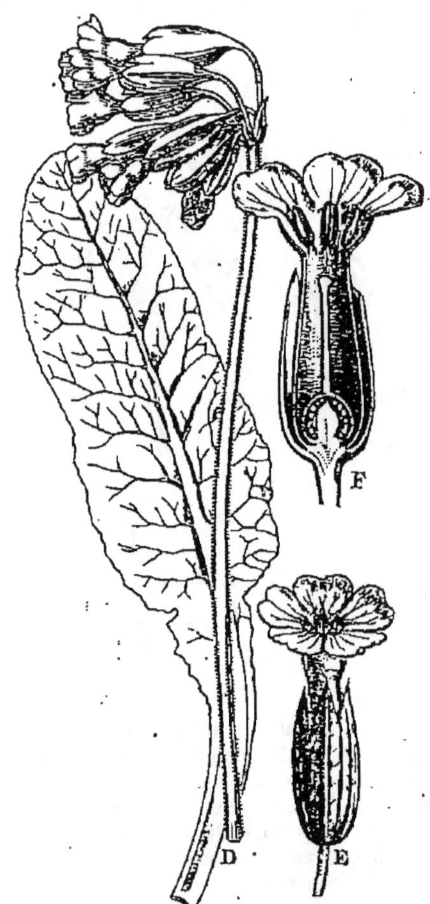

Fig. 168. — Primevère officinale. — D, feuille
et fleur. — E, une fleur isolée. — F, la
même fleur coupée en long pour montrer
l'ovaire libre à placentation centrale, et
les étamines insérées au sommet du tube
de la corolle, et opposées aux lobes du
limbe.

Le Mouron des champs
(*Anagallis arvensis*) a des fleurs rouges ou bleues ; la capsule s'ouvre

par un couvercle qui se détache suivant une fente circulaire. Cette plante est commune dans les champs cultivés. — On cultive beaucoup le **Cyclamen** comme plante d'ornement.

FAMILLE DES GENTIANÉES

231. Caractères et propriétés générales des Gentianées. — Les Gentianées sont des plantes herbacées, à feuilles opposées, rarement alternes. Les fleurs ont un ovaire libre, et le fruit est une capsule qui s'ouvre par deux valves. — Ces plantes possèdent des propriétés toniques et fébrifuges dues à une substance amère qui existe principalement dans la racine.

232. Exemples de Gentianées : la *Grande Gentiane*, la *Petite Centaurée*, le *Trèfle d'eau*, etc.

La Grande Gentiane (*Gentiana lutea*, fig. 169) a une racine charnue et rameuse; la tige est simple, robuste; feuilles à nervures saillantes et convergentes. Fleurs jaunes, disposées en cymes axillaires et terminales. — Cette belle plante est comparable au Quinquina pour ses propriétés toniques. Sa racine sert à la préparation d'un vin fortifiant et fébrifuge. recommandé aux convalescents. D'après Richard, la racine de la Grande Gentiane est le plus puissant et le plus énergique des médicaments toniques indigènes. Indépendamment du principe amer, elle renferme encore un mucilage sucré fermentescible pouvant fournir de l'alcool. L'analyse de la racine a donné de la glu, une huile odorante, de la gomme, du sucre incristallisable, plusieurs sels, et un principe d'une grande amertume (*gentianin*). La Grande Gentiane est très repandue dans les contrées montagneuses, notamment sur les montagnes d'Au-

Fig. 169. — Feuille et sommité d'une tige fleurie de la Grande Gentiane.

vergne, d'où elle est expédiée dans le Nord et en Allemagne, où elle manque.

La Petite Centaurée (*Erythræa Centaurium*) est remarquable par ses nombreuses petites fleurs roses, disposées en cyme dichotome; cette Gentianée est commune dans les pâturages secs et sur la lisière des bois. Elle est fréquemment employée en infusion, comme succédanée du Quinquina, pour combattre les fièvres intermittentes. Sa saveur, franchement amère, devient plus intense par la dessiccation.

Le Trèfle d'eau (*Menyanthes trifoliata*) est une plante aquatique à rhizome épais. Feuilles alternes, composées de trois folioles. Fleurs d'un blanc rosé, disposées en grappe simple; corolle à cinq divisions étalées, poilues à leur face supérieure et à bords roulés en dedans. Le Trèfle d'eau est commun dans les fossés des prairies humides et au bord des lacs, depuis la plaine jusque dans les marécages des hautes montagnes. Les feuilles sont toniques et vermifuges; on les administre en suc ou en extrait.

FAMILLE DES BORRAGINÉES

233. Caractères et propriétés générales des Borraginées. — Les Borraginées (fig. 170) sont herbacées ou sous-ligneuses, chargées ordinairement de poils rudes. Feuilles alternes. Fleurs régulières, à 5 divisions; cinq étamines insérées sur la corolle; à la maturité, le fruit est formé de quatre akènes. Inflorescence scorpioïde. — La plupart des Borraginées renferment du salpêtre, et, de plus, un suc mucilagineux, analogue à celui des Malvacées; on les emploie souvent comme médicaments émollients et sudorifiques.

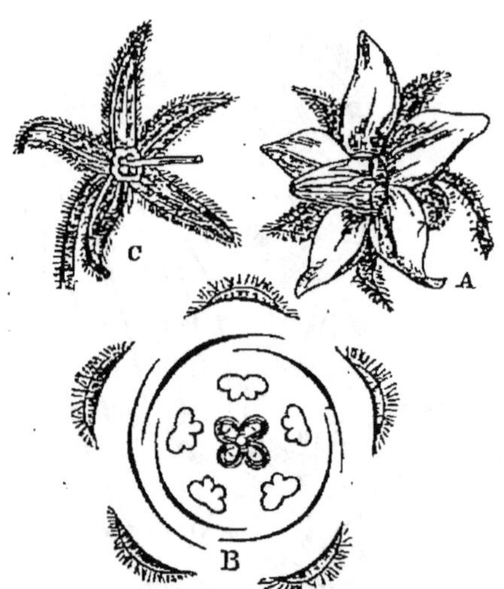

Fig. 170. — La Bourrache. — A, fleur montrant la corolle rotacée à cinq lobes. — B, diagramme de la même fleur; on voit qu'elle est formée de cinq sépales, de cinq pétales, de cinq étamines et d'un ovaire à quatre carpelles uniovulés. — C, la même fleur dont on a enlevé le corolle et les étamines.

234. Exemples de Borraginées : la *Bourrache*, la *Vipérine*, la *Consoude*, l'*Orcanette*, la *Pulmonaire*, le *Myosotis*, etc.

La Bourrache officinale (*Borrago officinalis*, fig. 170) est une plante annuelle à fleurs bleues, dont les pétales ne se réunissent qu'à la base. Cette Borraginée, originaire de l'Orient, est très employée pour ses propriétés sudorifiques; l'infusion des feuilles est surtout utilisée dans les fièvres éruptives.

La **Vipérine** (*Echium vulgare*) abonde dans les lieux incultes; elle se reconnaît à ses fleurs bleues disposées en grappes, et aux lobes de la corolle, qui sont un peu inégaux. Elle possède les propriétés sudorifiques de la Bourrache, mais à un degré moindre.

La **Consoude officinale** (*Symphytum officinale*) a une racine épaisse; les fleurs, disposées en grappes courtes, sont jaunâtres. Cette Borraginée sert à la préparation d'un sirop employé dans le traitement des bronchites chroniques.

L'**Orcanette des teinturiers** (*Lithospermum tinctorium*), à fleurs bleues, contient, dans sa racine, un principe colorant rouge, utilisé en teinture. L'Orcanette est assez répandue dans le Midi.

La **Pulmonaire** (*Pulmonaria vulgaris*) a des fleurs d'abord roses ou rougeâtres, puis violettes; elle est très commune dans les bois et sous les haies, dès le commencement du printemps. L'infusion des feuilles est diurétique et pectorale; elle est conseillée principalement dans le catarrhe pulmonaire.

Le **Myosotis** (*Myosotis silvatica*) est commun dans les bois et les prairies; tout le monde connaît cette gracieuse Borraginée; la beauté de ses nombreuses petites fleurs bleues l'a fait introduire dans les parterres, comme espèce ornementale. On cultive aussi l'**Héliotrope du Pérou** (*Heliotropium peruvianum*), pour ses fleurs à odeur de Vanille.

FAMILLE DES SOLANÉES

235. Caractères et propriétés générales des Solanées. — Les Solanées ont des feuilles alternes; les fleurs sont régulières et à cinq divisions; le pistil est formé d'un ovaire libre à deux carpelles soudés entre eux, renfermant chacun de nombreux ovules. Le fruit est une baie ou une capsule. — Beaucoup de Solanées renferment des alcalis organiques qui les rendent vénéneuses, comme l'*atropine* de la Belladone, la *nicotine* du Tabac. D'autres fournissent des baies comestibles, comme la Tomate et l'Aubergine, ou employées à titre de condiment, comme le Piment; on sait quel rôle important jouent dans l'alimentation de l'homme les tubercules de la Pomme de terre.

236. Exemples de Solanées : la *Pomme de terre*, le *Datura* ou *Stramoine*, la *Jusquiame*, le *Tabac*, la *Belladone*, etc.

La **Pomme de terre** (*Solanum tuberosum*, fig. 171), originaire des montagnes du Pérou et du Chili, est aujourd'hui cultivée dans toute l'Europe. Elle fut *introduite* en France vers la fin du siècle dernier, par Parmentier. La culture a obtenu un grand nombre de variétés de Pommes de terre; un terrain substantiel et à sous-sol perméable est celui qui lui convient le mieux.

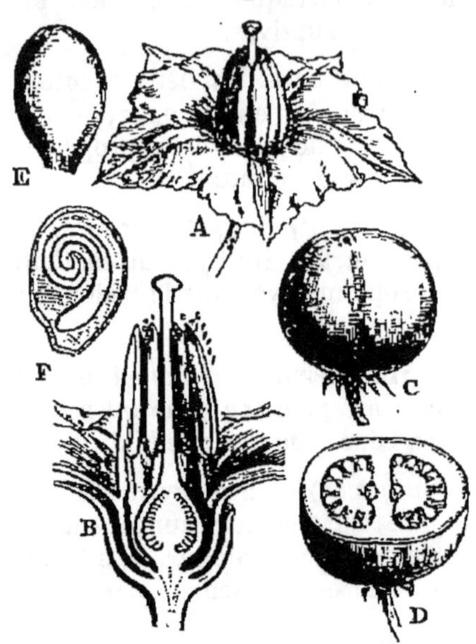

Fig. 171. — Fleur, fruit et graine de la Pomme de terre. — A, fleur montrant les anthères conniventes. — B, la même fleur coupée en long pour montrer l'ovaire libre contenant de nombreux ovules; les étamines insérées sur la corolle, et la déhiscence poricide des anthères. — C, le fruit, qui est une baie. — D, le fruit coupé en travers montrant les deux loges. — E, une graine grossie. — F, la même graine coupée en long; on voit la plantule enroulée et entourée par l'albumen.

Le Datura ou Stramoine (*Datura Stramonium*) a de grandes fleurs blanches ou violettes, plissées en long. Le fruit est une grosse capsule épineuse s'ouvrant par quatre fentes. La Stramoine, originaire de l'Amérique du Nord, est maintenant naturalisée dans toute l'Europe. On la trouve souvent au voisinage des villages, au milieu des décombres. Cette Solanée contient un alcali, la *daturine*, abondant surtout dans les feuilles, lesquelles renferment aussi de la fécule, de l'albumine, de la résine et quelques sels. Les feuilles, utilisées contre les rhumatismes et l'asthme, sont employées en cigares, en poudre, en suc ou en extrait.

La Jusquiame noire (*Hyosciamus niger*, fig. 172) est une plante robuste, couverte de longs poils glanduleux. Fleurs jaunâtres, veinées de lignes brunes, anastomosées en réseau. Le fruit est une capsule à deux loges, s'ouvrant par une fente circulaire, comme celui du Mouron rouge. La Jusquiame se trouve assez souvent le long des chemins et parmi les décombres. Les feuilles contiennent de l'*hyoscyamine*, de la résine, du mucilage et de l'acide malique; l'hyoscyamine cristallise en aiguilles soyeuses, et se volatilise en donnant un peu d'ammoniaque. Toute la plante exhale une odeur vireuse et désagréable. Ses feuilles, comme celles de la Pomme épineuse, sont narcotiques; on les conseille contre les affections du système nerveux, et sont administrées en fumigations, en poudre, en sirop, en pommade et en extrait.

Le Tabac ou Nicotiane (*Nicotiana Tabacum*) a des feuilles grandes, molles et visqueuses; les fleurs (fig. 100, B) sont rougeâtres, et le fruit est une capsule contenant un très grand nombre de graines. Le Tabac, importé de l'Amérique vers le milieu du XVe siècle, est aujourd'hui cultivé dans toute l'Europe centrale. Les feuilles fraîches exhalent une odeur vireuse et nauséeuse ; elles contiennent de la *nicotine*, de la *nicotianine*, de la gomme, du gluten, de l'amidon, de l'acide malique et divers sels. La nicotine est liquide, transparente et incolore ; au contact de l'air elle s'épaissit, devient jaunâtre, puis brune ; son odeur est âcre et sa saveur brûlante. La nicotianine est solide, insoluble dans l'eau, mais soluble dans l'alcool et l'éther ; saveur amère. C'est à ces deux alcalis particuliers que le Tabac doit ses propriétés actives. L'usage du *Tabac à priser* et du *Tabac à fumer* est devenu depuis longtemps

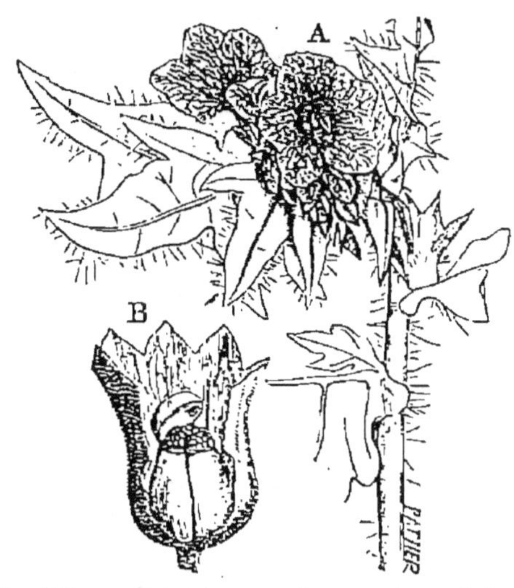

Fig. 172. — Jusquiame noire. — A, extrémité d'un rameau fleuri. — B, fruit ; on a enlevé la partie antérieure du calice fructifère pour montrer la capsule s'ouvrant par une ligne circulaire.

un besoin pour presque tous les peuples, et son usage s'impose à quiconque a l'imprudence d'en contracter l'habitude ; pourtant cette habitude n'est pas sans danger : l'abus du tabac à fumer ou à priser peut provoquer des troubles graves dans les fonctions digestives et les facultés intellectuelles.

La Belladone (*Atropa Belladona*, fig. 173) habite les bois montueux et les rochers ombragés. Les fleurs sont d'un pourpre obscur veinées de brun. Le fruit est une baie noire, entourée par le calice

Fig. 173. — La Belladone. — A gauche un rameau fleuri ; à droite, le fruit (baie), muni du calice.

étalé en étoile. La Belladone contient, outre l'*atropine*, de l'amidon, de la gomme, une matière colorante et divers sels. L'atropine est inodore ; elle cristallise en prismes soyeux, transparents et incolores.

Les feuilles ont une odeur vireuse et sont très narcotiques. On les conseille contre la toux convulsive, les ophtalmies et la paralysie. Elles sont administrées en fumigations, en poudre, en eau distillée, en teinture et en extrait ; la Belladone fait partie du *baume tranquille*. On a vu le sulfate d'atropine réussir dans le tétanos. L'atropine est ordonnée en teinture, en sirop, en pilules et en collyres. Elle jouit de la propriété de dilater la pupille. — On peut encore citer, comme exemples de Solanées, la **Morelle** (*Solanum nigrum*), la **Douce amère** (*Solanum Dulcamara*), l'**Aubergine** (*Solanum Melongena*), originaire des Indes, la **Tomate** (*Solanum Lycopersicum*), originaire du Mexique, et le **Piment** (*Capsicum annuum*), importé des Indes.

FAMILLE DES SCROFULARIACÉES

237. Caractères et propriétés générales des Scrofulariacées. — Les Scrofulariacées ont des fleurs irrégulières (fig. 174) ; la corolle est formée de 5 pétales plus ou moins soudés entre eux ; il y a ordinairement quatre étamines, dont deux plus courtes (*étamines didynames*) ; le pistil est constitué par deux carpelles soudés entre eux, comme celui des Solanées ; le fruit est une capsule s'ouvrant au sommet par des pores (fig. 123). — Les plantes de cette famille sont en général douées d'une saveur amère, âcre et astringente. Les feuilles de plusieurs espèces sont stimulantes, sudorifiques ou purgatives ; d'autres, mais en petit nombre, agissent comme poison narcotique, comme la Digitale pourprée. Les Scrofulariacées fournissent quelques plantes d'ornement d'un bel effet.

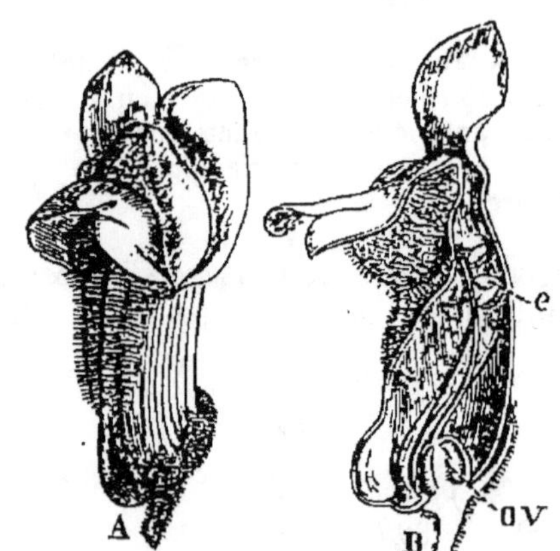

Fig. 174. — Fleur du Muflier. — B, la même fleur coupée en long ; *ov*, ovaire libre, renfermant un grand nombre d'ovules ; *e*, étamine.

238. Exemples de Scrofulariacées : le *Muflier*, la *Scrofulaire aquatique*, la *Véronique officinale*, la *Digitale pourprée*, la *Rhinanthe*, etc.

Le Muflier (*Antirrhinum majus*, fig. 174) est une plante vivace qui se développe en touffes sur les vieux murs et sur les rochers au voisinage des habitations ; on le cultive aussi comme plante d'ornement.

La Scrofulaire aquatique (*Scrofularia aquatica*) a les feuilles opposées et la tige carrée ; les fleurs sont d'un rouge brun, et le fruit est une capsule presque globuleuse ; la Scrofulaire est commune dans les fossés et au bord des rivières. Cette plante, très employée autrefois pour la résolution des tumeurs scrofuleuses, ne fait plus partie de la matière médicale moderne.

La Véronique officinale (*Veronica officinalis*) a des tiges couchées et radicantes à la base ; les fleurs sont petites et n'ont que deux étamines ; corolle bleue et presque régulière ; le fruit est une capsule très aplatie et échancrée au sommet. — La Véronique est très commune dans les bois et les pâturages. Les feuilles ont une saveur amère et aromatique ; elles jouissent de propriétés légèrement excitantes ; leur infusion est conseillée dans les catarrhes pulmonaires chroniques. — La **Véronique arbuste** (*Veronica speciosa*), originaire de la Nouvelle-Zélande, est très cultivée pour ses belles fleurs bleues, disposées en épis.

La Digitale pourprée (*Digitalis purpurea*, fig. 175) a une tige simple et des feuilles alternes ; les fleurs sont grandes et d'un rouge pourpre ; elles contiennent quatre étamines inégales et un pistil à ovaire libre. Cette belle plante n'est pas rare sur les coteaux et dans les bois à sol siliceux. La Digitale est l'espèce la plus importante de la famille pour ses applications en médecine. Les feuilles ont une saveur âcre et amère ; elles contiennent un alcaloïde très actif (*digitaline*), de l'acide digitalique, de l'acide tannique, de l'amidon, du

Fig. 175. — Un pied complet de Digitale pourprée.

sucre, une matière azotée albuminoïde et une huile volatile. La digitaline est en fragments d'un jaune pâle ; elle est très soluble dans l'alcool et insoluble dans l'eau. On l'administre en granules, en potion et en pommade. Les propriétés actives de la Digitale résident principalement dans les feuilles ; elles sont diurétiques, purgatives et même émétiques à haute dose ; à faible dose, elles activent la sécrétion des glandes salivaires et ralentissent les mouvements du cœur ; à forte dose, elles agissent comme poison narcotico-âcre. On les administre en poudre, en infusion et en sirop.

Comme exemples de Scrofulariacées, on peut citer encore la **Linaire** (*Linaria vulgaris*), à fleurs jaunes munies d'un éperon; la **Linaire Cymbalaire** (*Linaria Cymbalaria*), souvent cultivée en corbeille suspendue; l'**Euphraise officinale** (*Euphrasia officinalis*), très répandue dans les bruyères et sur les pelouses; cette jolie petite plante passe pour ophtalmique; on l'administre en eau distillée et en collyre; les **Rhinanthes**, les **Pédiculaires** et les **Mélampyres**, Scrofulariacées parasites, très funestes aux céréales et aux prairies. Cette famille fournit aussi plusieurs espèces ornementales, telles que : la **Calcéolaire**, originaire du Chili; le **Paulonia**, originaire du Japon, et le **Mimulus**, originaire du Mexique. — L'**Orobanche** (fig. 145), plante parasite dépourvue de feuilles et de chlorophylle, est placée aussi, par plusieurs auteurs, dans la famille des Scrofulariacées.

FAMILLE DES LABIÉES

239. Caractères et propriétés générales des Labiées. — Les Labiées (fig. 176) ont la tige carrée et les feuilles opposées.

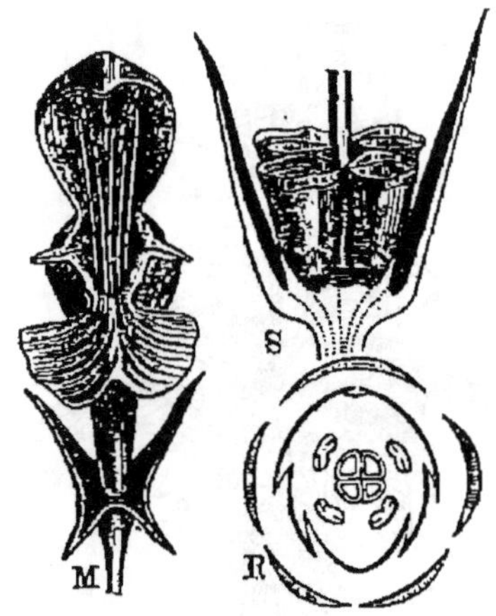

Fig. 176. — Fleur et fruit du Lamier blanc. — M, fleur vue de face; on remarque la lèvre supérieure en forme de voûte, renfermant le style et les quatre étamines didynames. — R, diagramme de la fleur. — S, fruit formé de quatre akènes; la partie antérieure du calice fructifère a été détachée.

Les fleurs sont irrégulières; la corolle est ordinairement à deux lèvres; les étamines sont au nombre de quatre, dont deux plus petites, rarement deux étamines seulement. L'ovaire est libre, et le fruit est formé de quatre akènes. — Ces plantes sont presque toujours couvertes de poils sécréteurs ou de glandes sous-épidermiques, produisant une huile essentielle, à laquelle elles doivent d'être utilisées comme condiments ou comme parfums. C'est encore grâce à cette huile essentielle que la plupart des espèces sont stimulantes; plusieurs contiennent aussi une gomme-résine qui les fait employer comme toniques.

240. Exemples de Labiées : le *Lamier blanc*, le *Lierre terrestre*, la *Sauge officinale*, le *Romarin*, la *Mélisse*, la *Menthe poivrée*, l'*Hysope*, etc.

Le Lamier blanc (*Lamium album*, fig. 176) a des feuilles ressemblant à celles de l'Ortie; de là le nom d'*Ortie blanche*, donné à la plante. Espèce très commune dans les haies et aux bords des chemins peu fréquentés, où elle fleurit presque toute l'année. Les fleurs sont conseillées contre les scrofules ; on les administre en poudre, en extrait et en sirop.

Le Lierre terrestre (*Glechoma hederacea*) a des tiges couchées et radicantes au niveau des nœuds. Corolle bleuâtre ou rose, ponctuée de pourpre. Cette Labiée a une saveur un peu amère et légèrement âcre. L'infusion de Lierre terrestre est réputée tonique et béchique ; elle est très employée dans le catarrhe pulmonaire. Plante commune dans les haies, où elle fleurit dès les premiers jours du printemps.

La Sauge officinale (*Salvia officinalis*, fig. 177) est une plante fortement aromatique et d'un aspect blanchâtre ; les fleurs n'ont que deux étamines. La Sauge, cultivée dans la plupart des jardins, se trouve à l'état sauvage dans les provinces méridionales. L'infusion des sommités fleuries est recommandée comme tonique et cordiale. — Dans le voisinage des anciens châteaux, on trouve assez souvent la **Sauge Sclarée** ou **Toute-Bonne** (*Salvia Sclarea*), à odeur aromatique, rappelant celle du raisin muscat. Les feuilles desséchées communiquent au vin blanc qui fermente un bouquet de frontignan très prononcé.

Le Romarin (*Rosmarinus officinalis*) est un arbuste très rameux ; les feuilles, très étroites, ont les bords roulés en dessous ; les fleurs sont bleues et n'ont que deux étamines. Plante d'une odeur forte et agréable ; elle jouit de propriétés cordiales, sudorifiques et antispasmodiques. On l'administre en infusion. Le Romarin abonde dans les provinces méridionales ; il est cultivé fréquemment dans les bosquets et les jardins.

Fig. 177. — La Sauge officinale. — A, extrémité d'un rameau fleuri. — B, diagramme de la fleur ; on voit que la Sauge n'a que deux étamines.

La Mélisse officinale (*Melissa officinalis*) a une odeur agréable et pénétrante ; les fleurs sont blanches, tachées de rose ; comme le Romarin, elle est cordiale et antispasmodique. On la prend en infusion et en eau distillée ; elle est la base du cordial bien connu sous le nom d'*eau de Mélisse des Carmes*. Les feuilles sont la partie de la plante presque exclusivement employée ; on a soin de les cueillir avant la floraison. Cette Labiée est cultivée dans tous les jardins ; on la trouve aussi dans les haies, au voisinage des villages.

La **Menthe poivrée** (*Mentha piperita,* fig. 178) est une plante à fleurs très petites, disposées en épis terminaux ; corolle d'un beau rose, à quatre lobes, le supérieur plus large ; odeur aromatique, saveur vive et piquante, laissant dans la bouche une sensation particulière de fraîcheur. Cette Labiée est conseillée comme antispasmodique. On la prend en infusion et en eau distillée. Elle sert à préparer les pastilles rafraîchissantes connues sous le nom de *pastilles à la Menthe ;* elle entre aussi dans la composition de la plupart des liqueurs de table. — On cultive la **Menthe verte** (*Mentha viridis*), que l'on substitue quelquefois à la Menthe poivrée. — La **Menthe Citronnelle** (*Mentha citrata*), plante très glabre, à odeur suave de Bergamotte, se trouve dans les jardins et parfois au voisinage des habitations.

Fig. 178. — Extrémité d'une tige fleurie de Menthe poivrée.

L'Hysope officinale (*Hyssopus officinalis*) a des fleurs d'un beau bleu, disposées en glomérules unilatéraux. Espèce très aromatique et pectorale, recommandée en infusion dans l'asthme et le catarrhe chronique. L'Hysope est souvent cultivée ; on la trouve aussi çà et là sur les murailles des vieux châteaux, sur les coteaux arides, dans les fissures des rochers.

L'importante famille des Labiées offre encore un grand nombre d'espèces intéressantes, telles que la **Sarriette** (*Satureia hortensis*), plante méridionale et annuelle, naturalisée dans les vignes et utilisée comme condiment ; le **Thym** (*Thymus vulgaris*), espèce encore méridionale, cultivée en bordures dans la plupart des jardins ; cette Labiée fournit une huile essentielle connue sous le nom d'*essence de Thym ;* la **Lavande** (*Lavandula vera*), très cultivée pour son odeur suave et ses propriétés stimulantes et toniques ; le **Serpolet** (*Thymus Serpyllum*), se développant en touffes étendues et compactes ; l'**Origan** (*Origanum vulgare*), dont l'infusion théiforme est efficace contre la migraine.

Les principales *Labiées aromatiques*, utilisées pour la fabrication des essences employées dans l'industrie, sont le Romarin, la Sauge la Lavande, la Menthe et le Thym.

Les Dicotylédones ganopétales comprennent encore quelques autres familles importantes, telles sont :

Les Cucurbitacées ; exemples : la *Bryone*, le *Melon*, le *Potiron*, le *Concombre*, la *Coloquinte*, etc.

Les Caprifoliacées ; exemples : le *Chèvrefeuille* et le *Sureau*.

Les Valérianées ; exemples : la *Valériane officinale* et la *Mâche* ou *Doucette*, que l'on mange en salade.

Les Campanulacées ; exemples : la *Campanule* et la *Jasione*.

Les Éricinées ; exemples : la *Bruyère* et le *Rhododendron*.

Les Oléacées ; exemples : l'*Olivier*, le *Frêne*, le *Troène*, le *Lilas* et le *Jasmin*.

Les Apocynées ; exemples : le *Laurier rose* et la *Pervenche*.

Les Convolvulacées ; exemples : le *Liseron*, la *Cuscute* (plante parasite dépourvue de chlorophylle) et la *Patate*.

Les Plantaginées ; exemples : le *Plantin* et la *Littorelle*.

CHAPITRE XIII

DICOTYLÉDONES APÉTALES

FAMILLE DES CHÉNOPODÉES

241. Caractères et propriétés générales des Chénopodées. — Plantes à fleurs verdâtres ou rougeâtres, hermaphrodites, monoïques, dioïques ou polygames. Pistil à ovaire ordinairement libre et ne contenant qu'un seul ovule. — Les Chénopodées fournissent plusieurs espèces alimentaires, comme l'Épinard, dont on mange les feuilles cuites ; la racine de la Betterave est aussi comestible, mais c'est surtout pour la fabrication du sucre et de l'alcool que la culture de cette plante a une grande importance économique. Les Chénopodées maritimes, notamment les *Salsola* et les *Salicornia*, qui croissent en abondance sur les rivages, donnent de la soude par incinération.

242. Exemples de Chénopodées : la *Betterave*, l'*Ansérine Bon Henri*, l'*Épinard*, etc.

La Betterave (*Beta vulgaris*) est une plante bisannuelle. Feuilles alternes, les radicales très amples, à nervures charnues. Fleurs hermaphrodites, verdâtres, disposées en glomérules presque sessiles. — Le type sauvage de l'espèce, commun sur les côtes de l'Océan, a une racine grêle. Par la culture, cette racine est devenue très grosse, charnue et sucrée. C'est la plante cultivée en grand dans le nord de la France et dans la Limagne d'Auvergne sous le nom de Betterave à sucre (*Beta vulgaris*, var. *rapacea*, fig. 179). La pulpe de cette racine, après avoir donné tout ce qu'elle contenait de substance sucrée, est encore une nourriture excellente pour les animaux, en particulier pour les vaches laitières.

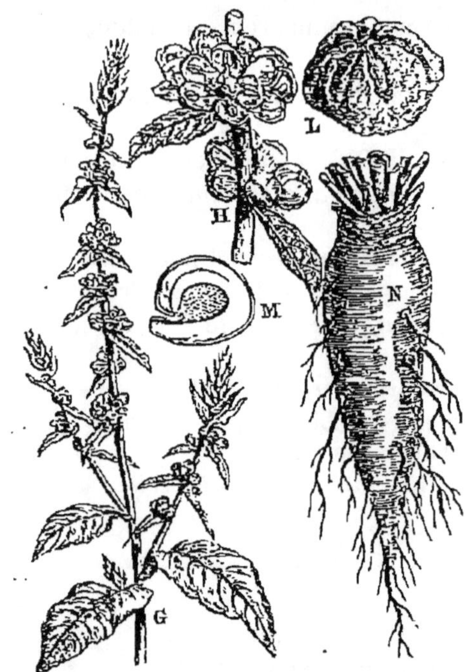

Fig. 179. — La Betterave à sucre. — G, extrémité d'un rameau fleuri. — H, glomérules de fleurs, dont l'une, épanouie, montre les 5 étamines opposées aux sépales du périanthe. — L, le fruit entouré du calice accrescent. — M, la graine coupée, pour montrer la plantule entourant l'albumen. — N, la racine charnue.

L'Ansérine Bon Henri (*Chenopodium Bonus Henricus*) a des feuilles grandes et triangulaires; les fleurs sont verdâtres, disposées en glomérules, dont l'ensemble forme des grappes terminales. Le Bon Henri est commun au voisinage des villages. Cette plante accompagne l'homme partout où il établit sa demeure, depuis la plaine jusqu'au pied des *burons* des hautes montagnes. Ses feuilles sont comestibles.

L'Épinard (*Spinacia oleracea*) a des fleurs dioïques, rarement hermaphrodites. Calice fructifère, muni de 2-4 épines robustes et divergentes. — L'Épinard, introduit d'abord en Espagne par les Arabes, est un légume rafraîchissant et d'une digestion facile. — On en cultive une variété, sous le nom d'*Épinard de Hollande*, à calice fructifère dépourvu d'épines.

FAMILLE DES POLYGONÉES

243. Caractères et propriétés générales des Polygonées. — Plantes annuelles ou vivaces, à feuilles alternes, munies de stipules ordinairement membraneuses. Fleurs petites, verdâtres ou colorées, à divisions persistantes sur le fruit mûr. Pistil à ovaire libre et à stigmate souvent découpé en pinceau. Le fruit est un akène. — Ces plantes fournissent à l'homme des aliments, comme le Sarrasin et l'Oseille ; des substances médicamenteuses, comme la Rhubarbe. Les feuilles de l'Oseille renferment du bioxalate de chaux ; c'est à ce sel qu'elles doivent leur saveur acidule et leurs propriétés tempérantes. Les fruits de la plupart des Polygonées contiennent de la fécule, du gluten, de la gomme et du sucre. La racine de la Bistorte doit au tanin et à l'acide gallique qu'elle renferme d'être un astringent des plus énergiques. La Renouée tinctoriale, originaire de la Chine, fournit une couleur bleue comparable à l'indigo.

244. Exemples des Polygonées : le *Sarrasin* ou *Blé noir*, la *Bistorte*, l'*Oseille*, la *Rhubarbe*, etc.

Le Sarrasin ou **Blé noir** (*Polygonum Fagopyrum*), originaire de l'Asie centrale, est très cultivé dans les terrains pauvres de plusieurs départements du centre. La farine, moins nutritive que celle des céréales, est employée surtout à faire des galettes.

La Bistorte (*Polygonum Bistorta*) est une jolie plante répandue depuis les prairies de la plaine jusqu'au sommet des hautes montagnes. On la distingue à sa tige simple, terminée par un épi de fleurs roses. La racine est l'un des astringents les plus employés.

L'Oseille (*Rumex Acetosa,* fig. 180) est cultivée dans tous les potagers pour ses feuilles comestibles. A l'état sauvage, elle est commune dans les prairies. L'Oseille sauvage est plus riche en bioxalate de chaux.

La Rhubarbe palmée (*Rheum palmatum*), qui est la plus estimée des espèces connues, est originaire des montagnes du Thibet. La tige, haute de plusieurs mètres, porte des feuilles très grandes et

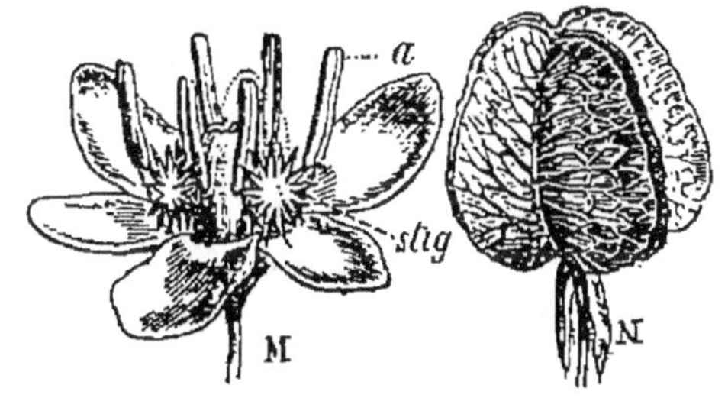

Fig. 180. — Fleur et fruit de l'Oseille vus à la loupe. — M, fleur ; *a*, étamine ; *stig*, stigmate découpé en pinceau. — N, fruit enveloppé par ses deux valves membraneuses.

comestibles. Les fleurs jaunâtres forment une vaste panicule. La racine, grosse et charnue, est d'un jaune plus ou moins foncé ; elle contient du tanin, de l'oxalate de chaux, de la gomme, de l'amidon, une matière colorante jaune et un principe actif, la *rhubarbarine*, substance brune, soluble dans l'eau, l'alcool et l'éther. La racine de

Rhubarbe est administrée en poudre, en infusion, en sirop, en vin et en extrait.

FAMILLE DES URTICÉES

245. Caractères et propriétés générales des Urticées. — Les Urticées sont herbacées ou ligneuses, à feuilles alternes ou opposées. Fleurs petites, verdâtres, hermaphrodites, monoïques, dioïques ou polygames. Pistil à ovaire libre; le stigmate est souvent divisé en pinceau. Le fruit est un akène, une samare ou un drupe. Les plantes de cette famille fournissent un grand nombre de produits utiles, tels que des bois de construction (Orme); des fibres textiles (Chanvre); des feuilles pour la nourriture des vers à soie (Mûrier blanc); un latex donnant du caoutchouc (divers Figuiers de l'Asie, de l'Australie et de l'Afrique); une huile grasse comestible (huile de graine de Chanvre); des fruits alimentaires (Figue, Mûre). La Pariétaire, dont le suc contient une assez forte proportion d'azotate de potasse, est douée de propriétés diurétiques assez prononcées. Les bractées membraneuses, constituant les cônes du Houblon, contiennent une substance résineuse amère (*lupuline*), qui communique à la bière ses propriétés stimulantes.

246. Exemples d'Urticées : la *Grande Ortie*, le *Chanvre*, le *Houblon*, la *Pariétaire*, le *Figuier*, etc.

La Grande Ortie (*Urtica dioica*), l'une des plantes les plus répandues, est dioïque et vivace. Toute la plante est couverte de poils piquants qui se brisent par le contact, et laissent échapper un liquide caustique très irritant.

Fig. 181. — Le Chanvre cultivé. — A, une fleur staminée vue à la loupe. — B, rameau à fleurs pistillées. — C, rameau à fleurs staminées. — D, une fleur pistillée considérablement grossie; *ov*, ovaire dont la base est entourée par le calice; *stig*, stigmates filiformes.

Le Chanvre (*Cannabina sativa*, fig. 181), originaire de l'Inde septentrionale et de la

Sibérie, est cultivé en grand pour ses fibres textiles. On sait que cette plante est dioïque et annuelle. Le Chanvre exhale une odeur pénétrante, d'autant plus développée que la plante est cultivée dans un sol plus sec et dans un pays plus chaud. C'est avec les feuilles du Chanvre que les Orientaux préparent le *hachisch,* substance dont l'ingestion provoque une sorte d'ivresse.

Le Houblon (*Humulus Lupulus*) est une plante dioïque à tige volubile. Fleurs staminées de couleur verdâtre, disposées en grappes axillaires. Fleurs pistillées disposées par paires à l'aisselle de bractées membraneuses dont l'ensemble forme des cônes. Le Houblon, cultivé en grand pour la fabrication de la bière, n'est pas rare à l'état sauvage.

La Pariétaire (*Parietaria officinalis*) est une plante herbacée, polygame, qui se développe en touffes, sur les vieilles murailles. Espèce diurétique et rafraîchissante.

Le Figuier (*Ficus Carica*), originaire de l'Asie Mineure, est très cultivé dans toutes les provinces méridionales, d'où il s'avance dans le centre, notamment dans la Limagne d'Auvergne et l'ouest de la France. Les fruits, dont il existe une foule de variétés, ont une saveur agréable et sucrée ; à l'état sec, ils sont l'objet d'un commerce important.

L'**Orme** et le **Mûrier** appartiennent aussi à la famille des Urticées.

FAMILLE DES AMENTACÉES OU CUPULIFÈRES

247. Caractères et propriétés générales des Amentacées. — Plantes ligneuses à fleurs monoïques ou dioïques. Fleurs disposées ordinairement en chatons. Fruit indéhiscent, muni presque toujours d'une cupule, qui l'enveloppe complètement ou n'entoure que sa base. — Les végétaux de cette famille fournissent la plus grande partie des bois de construction, de menuiserie et de chauffage. Les écorces de Chêne et de Bouleau, riches en tanin, servent à préparer les peaux ; celle du Chêne Quercitron, de l'Amérique du Nord, est employée, sous le nom de *Quercitron,* à la teinture en jaune. L'écorce du Chêne liège est exploitée pour son *liège* épais et constamment renouvelable. Les cotylédons des graines du Hêtre et du Noisetier donnent une huile comestible, ayant l'avantage de se conserver longtemps sans rancir. La sève du Bouleau est sucrée au printemps, et l'on en fait dans le Nord une boisson alcoolique. Les cotylédons farineux de la graine du Châtaignier (Châtaigne) sont un aliment substantiel et très sain ; ceux du Chêne Houx, lorsqu'ils sont torréfiés, sont employés sous le nom de Gland doux ; enfin, la *noix de galle,* employée dans la fabrication de l'encre, est produite par des excroissances déterminées par la piqûre d'un insecte (genre *Cynips*) sur les feuilles de diverses espèces de Chênes qui croissent en Orient.

248. Exemples d'Amentacées : le *Chêne*, le *Hêtre*, le *Châtaignier*, le *Charme*, le *Noisetier*, le *Bouleau*, l'*Aulne*, le *Noyer*, le *Saule*, le *Peuplier*, etc.

Le Chêne à fleurs pédonculées (*Quercus pedunculata*, fig. 182) **et le Chêne à fleurs sessiles** sont les deux espèces les plus importantes. Elles fournissent à peu près tout le bois de Chêne employé dans les constructions et les travaux de menuiserie. Le Chêne pédonculé se reconnaît aux pédoncules fructifères très longs. Dans le Chêne à fleurs sessiles, au contraire, les pédoncules fructifères sont presque sessiles. — Dans le midi, notamment aux environs de Bayonne, on trouve le **Chêne liège** (*Quercus suber*), que l'on distingue à ses feuilles toujours vertes et à son écorce subéreuse très épaisse. — Le **Chêne Houx**

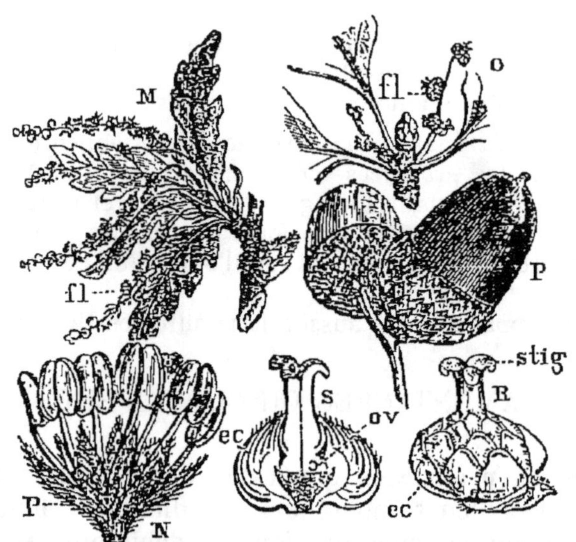

Fig. 182. — Le Chêne pédonculé. — A, fragment d'un rameau à fleurs staminées *fl*. — N, une fleur staminée. — O, fragment d'un rameau à fleurs pistillées *fl*. — P, deux fruits dans leur cupule. — R, une fleur pistillée ; *ec*, écailles de l'involucre ; *stig*, stigmate. — S, la même fleur coupée en long ; *ec*, écailles involucrales destinées à former la cupule ; *ov*, ovule.

(*Quercus Ilex*), répandu dans toute la région méditerranéenne et dans l'ouest de la France jusqu'à Angers, porte aussi des feuilles toujours vertes.

Le Hêtre (*Fagus silvatica*) forme de vastes forêts dans le centre et le nord de l'Europe. Ce bel arbre acquiert les dimensions majestueuses du Chêne pédonculé ; son feuillage plus précoce, d'un vert délicat, lui donne même un aspect plus élégant. Le bois de Hêtre, l'un des meilleurs pour le chauffage, est inférieur à celui du Chêne comme bois de charpente et de menuiserie. Les cotylédons sont oléagineux et épigés. On trouve le Hêtre à la même altitude que le Sapin ; mais tandis que celui-ci croît au nord, le Hêtre, au contraire, s'abrite au midi.

- **Le Châtaignier** (*Castanea vulgaris*) est de tous les arbres de l'Europe celui qui acquiert les plus grandes dimensions ; on cite, comme curiosité, le Châtaignier du mont Etna, dont la base du tronc mesure plus de quinze mètres de circonférence. Cet arbre recherche les sols siliceux, et de préférence le terrain volcanique. Son bois, relativement tendre, est peu estimé pour le chauffage ; comme bois de charpente, il est mieux apprécié. Le Châtaignier est surtout précieux pour son fruit farineux, aussi sain qu'agréable. On mange la Châtaigne cuite à l'eau ou grillée. Réduite en farine, les Corses en font une bouillie (*polenta*) qui leur tient lieu de pain. Les variétés les plus estimées sont celles de Lyon, de Maurs (Cantal), d'Agen et du Vivarais. La feuille du Châtaignier est une excellente nourriture d'hiver pour les Moutons. — Le *Marron* est une variété cultivée, commune dans le sud du Cantal et le midi de la France ; il est plus gros que la Châtaigne, globuleux, souvent solitaire dans la cupule, à substance ferme et farineuse.

Le Charme (*Carpinus Betulus*) est communément taillé en berceau, sous le nom de *Charmille*. Il peut atteindre une hauteur de 12-15 mètres. Son bois, fin et compact, est très estimé.

Le Noisetier (*Corylus Avellana*, fig. 92), bien connu de tout le monde, est un arbuste monoïque. Les fruits sont les noix des pauvres et la joie des enfants. L'Espagne fournit la plus grande partie des Noisettes du commerce.

Le Bouleau (*Betula alba*, fig. 183), petit et rabougri dans le nord de l'Europe et sur les flancs escarpés des montagnes, atteint, dans la plaine, 20-25 mètres de hauteur. Ce bel arbre se reconnaît facilement à son écorce blanche, se déchirant en feuilles minces comme du papier, et à ses rameaux grêles et pendants. Le bois du Bouleau n'est pas utilisé dans les constructions, parce qu'il pourrit rapidement. L'écorce est remarquable par son imperméabilité et par l'odeur caractéristique qu'elle communique au cuir de Russie. Dans le nord de l'Europe, la sève sucrée du Bouleau est employée pour fabriquer une boisson fermentée.

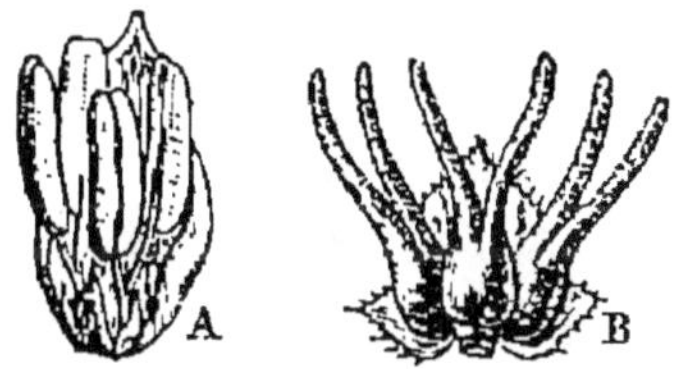

Fig. 183. — Fleurs du Bouleau. — A, l'une des 3 fleurs staminées groupées à la base de l'écaille bractéale. — B, 3 fleurs pistillées groupées à la base de l'écaille bractéale.

L'Aulne ou **Vergne** (*Alnus glutinosa*) croît au bord des ruisseaux et dans les endroits marécageux des bois. Les fleurs, comme celles du Noisetier, commencent à paraître dès l'automne et se montrent avant le développement des feuilles. Le bois durcit beaucoup sous l'eau, ce qui le fait employer dans les charpentes exposées à l'humidité. L'écorce fournit une couleur noire ; elle peut remplacer la noix de galle dans la fabrication de l'encre.

Le Noyer (*Juglans regia*) est originaire de la Perse et de l'Inde. Ce grand arbre est très remarquable par son développement en tête arrondie, par ses feuilles composées et aromatiques. Le fruit (Noix) est une capsule drupacée, et le bois est l'un des plus recherchés en ébénisterie. L'amande sert à la fabrication d'une huile estimée.

Le Saule Marceau (*Salix caprea*), comme toutes les espèces du genre, est dioïque ; il est très commun dans les bois taillis. On le distingue à ses feuilles ovales, souvent terminées par une pointe recourbée ; à ses bourgeons glabres et à son fruit longuement pédonculé. — Au bord des pièces d'eau et dans les cimetières, on trouve fréquemment le **Saule de Babylone** ou **Saule pleureur** (*Salix Babylonica*), caractérisé par ses rameaux grêles, longs et retombants. On ne connaît en Europe que l'individu à fleurs pistillées. Le Saule pleureur est originaire des rives de l'Euphrate. C'est aux branches de ce Saule que les Israélites exilés suspendaient leur lyre, lorsque, assis à son ombre, ils pleuraient au souvenir de leur chère Sion (*Ps.* CXXXVI). — L'écorce des Saules, surtout celle des rameaux de deux ou trois ans, est douée de propriétés fébrifuges assez actives pour qu'on puisse les utiliser comme succédanée du Quinquina. On emploie de préférence l'écorce du **Saule blanc** (*Salix alba*) et celle du **Saule fragile** (*Salix fragilis*).

Le Peuplier pyramidal ou **Peuplier d'Italie** (*Populus pyramidalis*, fig. 184) est une plante dioïque. On le plante souvent en avenue dans les terrains humides. Il se distingue des autres espèces à ses branches dressées, formant, par leur ensemble, une pyramide étroite. Ce Peuplier est toujours multiplié par boutures, parce qu'on ne connaît pas encore l'individu à fleurs pistillées. — Les bourgeons glutineux du Peuplier entrent dans la composition de l'*Onguent populeum*, utilisé dans le traitement des ulcères. Le bois ne s'emploie guère qu'aux ouvrages légers et de peu de durée.

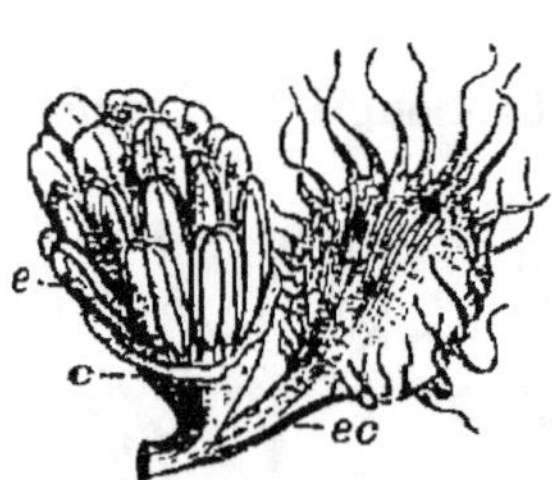

Fig. 184. — Une fleur staminée de Peuplier. — *c*, cupule dans laquelle sont insérées les étamines *e* ; *ec*, écaille.

Autres familles de DICOTYLÉDONES APÉTALES :

Les ARISTOLOCHIÉES ; exemples : l'*Aristoloche* et l'*Asaret*.

Les EUPHORBIACÉES ; exemples : les *Euphorbes*, la *Mercuriale*, le *Buis* et le *Ricin*.

Les SANGUISORBÉES ; exemples : La *Sanguisorbe officinale*, la *Pimprenelle* et les *Alchémilles*.

CHAPITRE XIV

MONOCOTYLÉDONES

FAMILLE DES LILIACÉES

249. Caractères et propriétés générales des Liliacées. — Plantes herbacées, vivaces, souvent bulbeuses ou à rhizome. Feuilles entières, planes ou cylindriques, parfois réduites à une bractée (Asperge). Fleurs régulières (fig. 185) à six divisions souvent colorées. Six étamines ; pistil à ovaire libre et à trois loges renfermant plusieurs ovules. Fruit capsulaire ou en baie. — Plusieurs Liliacées sont alimentaires, comme l'Oignon, le Poireau, l'Ail, l'Asperge, etc. ; d'autres sont employées en médecine ; le bulbe du Colchique d'automne renferme un principe très actif (*colchicine*), qui est la base de la *teinture de Cocheux*, très efficace contre les affections rhumatismales ; les racines du Vérâtre blanc contiennent un principe analogue à la colchicine (*vératrine*) ; les bulbes du Lis et ceux des Tulipes, en raison

Fig. 185. — A, sommité fleurie d'une tige de Lis. — *m*, fleur dépouillée de son enveloppe florale. — B, diagramme de la fleur.

de la grande quantité de mucilage qu'ils renferment, sont souvent employés cuits, sous forme de cataplasmes, pour hâter la maturation des abcès ; les bulbes de la Scille maritime sont prescrits comme expectorants et diurétiques. Des rhizomes de divers Smilax exotiques, on retire la Salsepareille, dont l'infusion est prescrite comme dépuratif. Le suc épaissi de plusieurs Aloès constitue la substance connue sous le nom d'*Aloès*, fréquemment usitée en médecine pour ses propriétés purgatives et stimulantes. Les Liliacées fournissent aussi un grand nombre de plantes ornementales très recherchées, telles que le Lis, la Tulipe, la Jacinthe, les Scilles, les Yucca, etc.

250. Exemples des Liliacées ; le *Lis*, la *Tulipe*, la *Jacinthe*, l'*Oignon*, le *Poireau*, l'*Ail*, le *Colchique*, l'*Asperge*, le *Sceau de Salomon*, le *Muguet*, etc.

Le Lis (*Lilium candidum*, fig. 185), originaire de l'Orient, se trouve dans tous les jardins, grâce à sa culture facile, à la blancheur éblouissante de sa fleur et à la suavité de son parfum. Le Lis a toujours été choisi pour l'emblème heureux de l'innocence, et par son port majestueux il a mérité qu'on dît de lui :

> Il est le roi des fleurs si la Rose est la reine.

Cette belle plante se reconnaît à sa tige élancée, couverte de feuilles décroissantes de la base au sommet, couronnée par une grappe de grandes fleurs parfumées et d'un blanc pur.

La Tulipe (*Tulipa Gesneriana*), originaire de l'Asie Mineure, est cultivée sous une foule de variétés ; elle diffère du Lis par sa tige uniflore, par la fleur à divisions dressées, par le stigmate sessile et par le bulbe tuniqué.

La Jacinthe (*Hyacinthus orientalis*) nous vient encore de l'Orient. Cette jolie Liliacée est très cultivée, soit dans les parterres, soit dans des carafes assez pleines d'eau pour que la base seule du bulbe soit trempée ; on en ajoute à mesure que la plante l'absorbe. Fleurs à odeur suave, à divisions soudées en tube renflé au niveau de l'ovaire.

L'Oignon (*Allium Cepa*), dont la patrie est inconnue, est caractérisé par ses feuilles cylindriques et creuses et par son bulbe tuniqué.

Le Poireau (*Allium Porrum*), originaire probablement de la région méditerranéenne, se distingue de l'Oignon par ses feuilles planes.

L'Ail cultivé (*Allium sativum*), originaire de l'Asie centrale, diffère des deux Liliacées précédentes par son bulbe solide. Les fleurs des Ails, comme celles de l'Oignon et du Poireau, sont toujours disposées en ombelle simple et renfermées dans une spathe avant la floraison.

Le Colchique d'automne (*Colchicum autumnale*), très commun dans les prairies, développe ses grandes fleurs lilas au commencement de l'automne. Aucune feuille n'accompagne les fleurs au moment où elles apparaissent ; c'est au printemps seulement qu'elles se montrent, ainsi que le fruit. On doit se défier des jolies fleurs du Colchique ; les bulbes servent à empoisonner les pièges que l'on tend au Renard et au Loup. Ces mêmes bulbes sont un poison violent pour les chiens ; de là le nom de *Tue-Chien* donné à cette plante.

L'Asperge (*Asparagus officinalis*) est très cultivée pour ses jeunes pousses comestibles. Le fruit est une baie rouge ; dans cette Liliacée, les feuilles sont réduites à de petites bractées, à l'aisselle desquelles naissent les fleurs et les ramuscules, que l'on regarde, mais à tort, comme étant les feuilles de la plante.

Le Sceau de Salomon (*Convallaria Polygonatum*, fig. 186), commun dans les bois ro- cailleux, est facile à recon- naître à sa tige toujours simple, à ses feuilles déjetées d'un même côté de la tige ; les fleurs sont gamopétales, et le fruit est une baie bleuâtre.

Le Muguet (*Convallaria maialis*), à petites fleurs cam- panulées, d'un blanc pur et très odorantes, est aussi une Liliacée. Le fruit est une baie rouge. Les parfumeurs em- ploient les fleurs de Muguet pour aromatiser les pom- mades.

La famille des **Amarylli- dées** ne se distingue des Li- liacées que par l'ovaire adhé- rent. — **L'Amaryllis superbe**

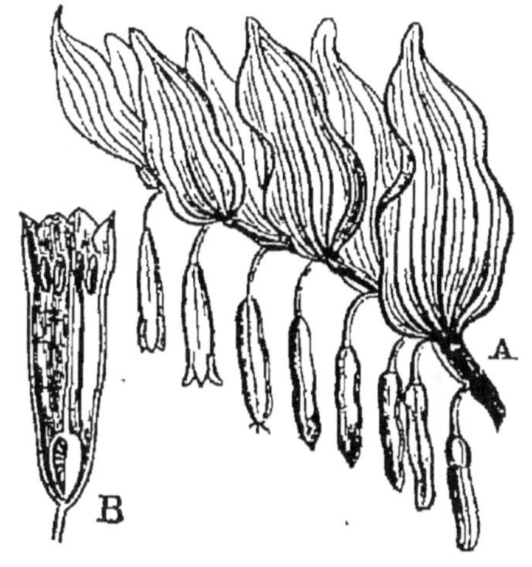

Fig. 186. — Sceau de Salomon. — A., som- mité d'une tige fleurie. — B, fleur coupée en long, montrant l'ovaire libre renfer- mant plusieurs ovules.

(*Amaryllis formosissima*), originaire de l'Amérique du Nord ; la **Tubéreuse** (*Polianthes tuberosa*), originaire du Mexique ; le **Perce- Neige** (*Galanthus nivalis*) et les **Narcisses** (*Narcissus*), sont des exemples d'Amaryllidées.

Les **Iridées** sont des Amaryllidées à trois étamines et à trois styles. Comme exemples d'Iridées, on peut citer : l'**Iris** (*Iris germanica*), dont les stigmates, très développés, ressemblent à de petits pétales ; le **Safran** (*Crocus sativus*), cultivé pour la couleur jaune que l'on retire des stigmates ; les **Glaïeuls** (*Gladiolus*), dont la fleur est irrégulière.

FAMILLE DES ORCHIDÉES

251. Caractères et propriétés générales des Orchidées. — Les Orchidées sont des plantes herbacées, à fleurs irrégulières, formées de six divisions, dont l'inférieure (*labelle*), beaucoup plus grande, et très diversement conformée, suivant le genre auquel appartient l'espèce ; une seule étamine soudée au stigmate, ovaire adhérent ; le fruit est une capsule renfermant des graines très petites. — Un grand nombre d'Orchidées, en particulier les espèces exotiques, sont extrêmement remarquables par la beauté bizarre de leurs

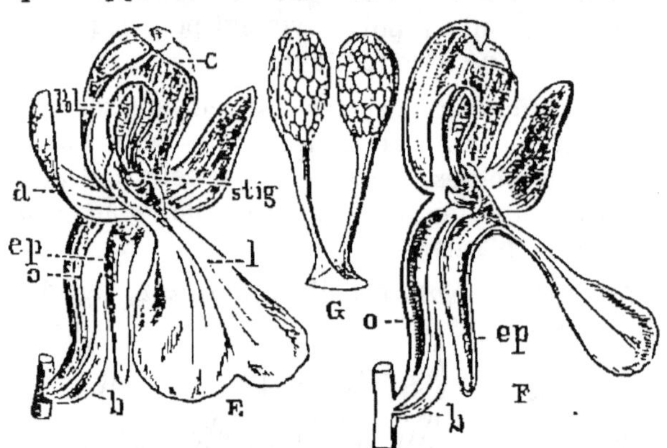

Fig. 187. — E, fleur d'Orchis. *b*, bractée; *o*, ovaire; *cp*, éperon; *l*, labelle; *a*, aile; *c*, casque; *pol*, pollinies; *stig*, stigmate. — F, la même fleur coupée en long, montrant l'ovaire adhérent *o; cp*, éperon; *b*, bractée. — G, les deux pollinies isolées et grossies.

fleurs ; les tubercules de plusieurs Orchis (*Orchis mascula, Orchis Morio*) sont alimentaires par l'amidon et la gomme qu'ils renferment ; les Orientaux en retirent le *salep,* en les traitant par l'eau bouillante et les réduisant en poudre après les avoir laissé sécher. Les feuilles aromatiques de l'*Angræcum fragrans* sont employées en infusion théiforme sous le nom de *Thé Bourbon*. Les capsules charnues et parfumées du Vanillier sont recherchées comme condiment.

232. Exemples d'Orchidées : l'*Orchis Morio*, l'*Ophrys abeille*, l'*Ophrys nid d'oiseau*, l'*Orphrys homme pendu*, etc.

L'Orchis Morio (*Orchis Morio*), à casque presque globuleux et veiné de vert, à tubercules arrondis, est l'une des espèces les plus répandues sur les pelouses et les coteaux arides. — Dans les bois taillis, on trouve fréquemment l'**Orchis à deux feuilles** (*Orchis bifolia*), à fleurs d'un blanc jaunâtre, exhalant une odeur suave ; éperon grêle et très allongé.

Les Ophrys se distinguent des Orchis par le labelle, qui est toujours dépourvu d'éperon. — L'**Ophrys abeille** (*Ophrys apifera*) se trouve assez souvent sur les coteaux calcaires. On le reconnaît à sa fleur, rappelant la forme d'une Abeille. Labelle velouté, d'un brun pourpre, marqué à sa partie moyenne d'une tache glabre, verdâtre. L'**Ophrys nid d'oiseau** (*Ophrys Nidus avis*), que l'on trouve dans les bois, au pied des arbres et sur l'humus des endroits frais et ombragés, est une espèce très curieuse par sa tige décolorée et ses feuilles réduites à des écailles engainantes blanchâtres, ce qui lui donne l'aspect d'une Orobanche. Les radicelles, très nombreuses, sont serrées et entrelacées de façon à former une masse globuleuse, analogue à un nid d'oiseau. — L'**Ophrys homme pendu** (*Ophrys anthropophora,* fig. 188) se rencontre fréquemment à côté de l'Ophrys abeille ; on le distingue à sa fleur d'un jaune verdâtre, à labelle pendant, allongé et découpé en trois lobes étroits, le moyen plus long et bifide. Casque arrondi et tubercules ovoïdes.

FAMILLE

DES PALMIERS

253. Caractères et propriétés générales des Palmiers. — La tige des Palmiers (stipe) est ordinairement simple, cylindrique ; et couronnée par un bouquet de grandes feuilles. Fleurs petites, monoïques ou dioïques, rarement hermaphrodites, très nombreuses, enveloppées dans une spathe. Le fruit, souvent volumineux, est parfois creusé d'une cavité centrale remplie d'un liquide laiteux. — Les Palmiers sont d'une grande utilité pour les habitants des régions tropicales. Les uns fournissent des fruits comestibles (Dattier, Cocotier,) parfois le bourgeon terminal est un

Fig. 188. — L'Ophrys homme pendu ; proportions réduites.

légume excellent (Chou palmiste) ; la moelle du Sagoutier fournit une fécule connue dans le commerce sous le nom de *sagou ;* la sève de certains Palmiers, très riche en sucre, est employée pour la fabrication de ce produit ; cette sève sert aussi à fabriquer de l'eau-de-vie et du vin (vin de palme). Les feuilles de plusieurs Palmiers sécrètent de la cire, comme celle de l'Arbre à cire ; le péricarpe de quelques espèces fournit de l'huile (huile de palme) le bois est employé aux mêmes usages que celui de nos arbres ; les feuilles sont utilisées pour fabriquer des nattes, des paniers ; l'albumen de la graine du *Phytclephas,* grâce à sa dureté, est employé, sous le nom d'*ivoire végétal*, aux mêmes usages que l'ivoire ordinaire.

254. Exemples de Palmiers : le *Cocotier*, le *Dattier*, le *Sagoutier*, etc.

Le Cocotier (*Cocos nucifera*, fig. 189) est l'un des Palmiers les plus élégants et les plus utiles. Il habite les plages maritimes des îles et des continents de la région équatoriale, l'Afrique, les Indes, l'Océanie, l'Amérique. La tige a une hauteur de dix à quinze mètres. Les feuilles ont trois à cinq mètres de longueur et un mètre de large; elles sont pennées, à segments en forme de glaive. Le fruit (Noix de Coco) est de la grosseur d'un Melon. Le péricarpe, mou et fibreux à l'extérieur, est ligneux à l'intérieur, enveloppant un gros albumen creux, dont la saveur rappelle celle de la crème fraîche et de la Noisette. On peut dire que ce précieux végétal fournit aux peuplades des contrées chaudes, notamment aux Indiens, tout ce qui est nécessaire à leur existence : des fruits, du sucre, du vin, du vinaigre, de l'huile, du lait, des fibres textiles et du bois.

Fig. 189. — Le Cocotier.

Le Dattier (*Phœnix dactylifera*) est un beau Palmier dioïque. Le stipe, toujours simple, s'élève à une hauteur de quinze à vingt mètres, feuilles très grandes, pennées. Fleurs staminées et fleurs pistillées disposées en longues grappes (régimes), enveloppées par une grande spathe fendue d'un côté. Fleurs verdâtres à six étamines. Fleurs pistillées à trois stigmates distincts. Le fruit (Datte) contient du sucre, du mucilage et de l'albumine. Sa saveur est douce, parfumée et très agréable. Ce fruit constitue la nourriture principale des Arabes. Le Dattier est très cultivé en Égypte, dans les Indes et en Afrique. Il vient aussi dans le midi de la France et en Corse; mais il n'y donne jamais de fruits mûrs.

Le Sagoutier (*Sagus vinifera*) est un Palmier de moyenne grandeur, à stipe droit et cylindrique. Les feuilles, comme celles des deux espèces précédentes, sont très grandes et pennées. Le produit principal du Sagoutier est la fécule connue dans le commerce sous le nom de *sagou*, extraite de la partie médullaire du stipe. Pour l'obtenir, on fend la tige dans le sens de sa longueur, on en retire la partie intérieure, présentant la consistance pulpeuse du mésocarpe d'une Pomme. Après l'avoir écrasée, on la délaye avec de l'eau ; le sagou se dépose, et on le sépare par décantation ; enfin on le fait sécher pour être livré au commerce. Le sagou des Moluques passe pour être le meilleur.

Le Palmier nain, le Palmier éventail et le Dattier sont très cultivés pour orner les jardins publics et les salons.

FAMILLE DES GRAMINÉES

255. Caractères et propriétés générales des Graminées. — Les Graminées européennes sont herbacées, annuelles ou vivaces, à racines fasciculées ou traçantes. La tige (Chaume) est ordinairement creuse, et porte des feuilles engainantes, à gaine fendue d'un côté. Fleurs hermaphrodites, rarement monoïques ou dioïques. L'inflorescence est formée de petits épis ou épillets disposés en panicule (Avoine) ou formant un épi composé (Blé). Chaque épillet (fig. 190) porte ordinairement à sa base deux bractées, nommées *glumes*, qui entourent l'ensemble des fleurs de l'épillet. Le calice et la corolle de chaque fleur sont remplacés respectivement par deux écailles nommées *glumelles;* à l'intérieur des glumelles on trouve deux autres petites écailles appelées *Glumellules;* deux ou trois étamines, dont les deux loges s'écartent l'une de l'autre à la maturité, de façon à former un X allongé ; le pistil est formé d'un carpelle renfermant un seul ovule et surmonté de deux stigmates plumeux. Le fruit est un caryopse ; c'est le grain du Blé, de l'Avoine, etc. — Aucune famille ne renferme un plus grand nombre d'espèces utiles. Les Graminées ne sont pas seulement la base de la nourriture de l'homme, elles forment encore le fond des prairies naturelles, qui répandent tant de charme dans la nature, en même temps qu'elles constituent l'une des principales richesses de l'agriculture. Celles qui fournissent la meilleure farine sont le Blé, le Seigle, l'Orge et l'Avoine; ces plantes sont cultivées depuis les temps les plus anciens sous le nom de *céréales*. Le Maïs est encore une Graminée des plus importantes pour la nourriture de l'homme dans les pays méridionaux. Le Riz remplace la plupart des céréales dans les régions intertropicales. Les rhizomes du Chiendent fournissent une tisane légèrement mucilagineuse, employée comme rafraîchissante et diurétique. Par un commencement de germination, les principes féculents du grain des Graminées se convertissent en glucose, et fournissent de l'alcool (alcool de grain) par la fermentation et la distillation. La Canne à sucre est cultivée dans les contrées tropicales pour sa moelle sucrée, servant à la fabrication du sucre de Canne. Le Roseau et les Bambous sont utilisés pour leurs tiges de consistance ligneuse. Avec les feuilles et les tiges flexibles et résistantes de l'Alfa et avec celles du Spart, on fabrique des nattes, des cordages et des ou

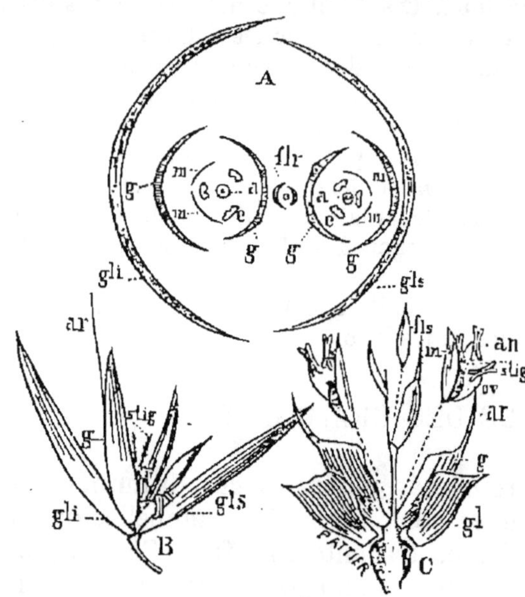

Fig. 190. — Figure pour expliquer la structure d'un épillet de Graminée. — B, épillet formé d'une fleur fertile et d'une fleur stérile; *gli*, glume inférieure; *gls*, glume supérieure; *g*, glumelle inférieure pourvue d'une arête dorsale *ar*; *stig*, stigmate; à droite, la glumelle supérieure; entre celle-ci et la glume supérieure, on voit une fleur stérile non ouverte. — C, structure d'un épillet composé de deux fleurs fertiles et d'une fleur stérile; *gl*, glume; *g*, glumelle inférieure munie d'une arête terminale *ar*; *m*, glumelle supérieure; *ov*, ovaire; *stig*, stigmate; *an*, anthère; *fls*, fleur stérile. L'axe de l'épillet est terminé par une fleur rudimentaire. — A, diagramme du même épillet; *gli*, glume inférieure; *gls*, glume supérieure; *g*, glumelles supérieure et inférieure; *m*, glumellules; *e*, étamines; *a*, ovaire; *flr*, fleur rudimentaire.

vrages de sparterie. L'Alfa est très cultivé en Allemagne, et le Spart en Espagne et en Italie.

256. Exemples de Graminées : le *Blé*, le *Seigle*, l'*Orge*, le *Maïs*, l'*Avoine*, le *Riz*, la *Canne à sucre*, le *Bambou*, la *Flouve*, le *Vulpin*, la *Phléole*, l'*Ivraie*, l'*Agrostis*, l'*Avoine élevée*, les *Paturins*, le *Dactyle*, les *Fétuques*, etc.

Le Blé (*Triticum*) est cultivé sous une foule de variétés, appartenant à six types principaux, savoir : Le **Blé tendre** (*Triticum sativum*, fig. 191), à tige creuse et à grain farineux. — Le **Blé poulard**

(*Triticum turgidum*), à épi carré et à tige pleine; variété très productive. — Le **Blé dur** (*Triticum durum*), à cassure cornée, principalement cultivé pour la fabrication des pâtes alimentaires. — Le **Blé de Pologne** (*Triticum polonicum*), à glumelles très longues et à tige pleine, qui n'est guère cultivé, en dépit de son nom, que dans le nord de l'Afrique et aux États-Unis. — L'**Épeautre** (*Triticum Spelta*), à grain vêtu, c'est-à-dire renfermé étroitement entre les glumelles, cultivé dans les régions· montagneuses et peu fertiles de l'Europe et de l'Asie. L'Épeautre donne une farine très blanche, qu'on recherche de préférence pour la pâtisserie. — L'**Engrain** (*Triticum monococcum*), ainsi nommé parce que d'ordinaire l'épillet ne renferme qu'une seule fleur fertile, a le grain, comme celui de l'Épeautre, enveloppé par les glumelles. L'Engrain convient surtout aux terres médiocres. On le cultive dans le Berry, en Allemagne et dans la Russie centrale.

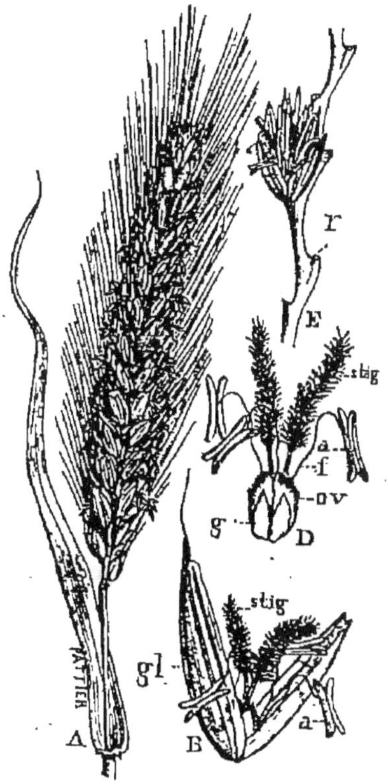

Le Seigle (*Secale cereale*) est surtout cultivé dans les terrains siliceux, dans lesquels le Blé ne donnerait qu'une récolte insignifiante. Un mélange de Seigle et de Froment a reçu le nom de *méteil*.

L'Orge (*Hordeum vulgare*) se distingue des deux céréales précédentes en ce que les épillets sont uniflores, et qu'ils sont réunis par groupes de trois de chaque côté du rachis au lieu d'être isolés. Lorsque toutes les fleurs sont fertiles, l'épi mûr est à six rangs; il est à quatre ou à deux rangs suivant qu'il y a quatre ou deux fleurs fertiles dans chaque groupe d'épillets. L'Orge sert surtout à fabriquer la bière. Lorsque les grains sont dépouillés des glumelles, ils sont connus sous le nom d'*Orge mondé;* ils prennent celui d'*Orge perlé* lorsqu'ils ont été rendus plus ou moins globuleux par le frottement.

Le Maïs (*Zea Maïs*), originaire de l'Amérique méridionale, est une plante monoïque. Les épillets à étamines sont disposés en épis formant

Fig. 191. — A, épi de blé. — B, une fleur isolée, montrant la glumelle inférieure *gl* munie d'une arête; *a*, anthère; *stig*, stigmate plumeux. — D, la même fleur dépouillée des deux glumelles, pour montrer les deux glumellules *g; ov*, ovaire; *f*, filet; *a*, anthère; *stig*, stigmate. — E, fragment de l'axe ou rachis de l'épi, portant un épillet et montrant le réceptacle *r* des épillets détachés.

une panicule terminale. Les épillets à fleurs pistillées sont groupés en épis axillaires. Le Maïs est pour les Américains ce qu'est le Blé pour les Européens, et le Riz pour les Asiatiques. Cette belle Graminée est aussi cultivée comme fourrage vert. Le grain est le meilleur de tous pour engraisser la volaille. Les gaines des feuilles qui enveloppent l'épi mûr sont très employées pour garnir les paillasses de lit. La tige peut fournir du sucre.

L'**Avoine** (*Avena sativa*) a les épillets disposés en panicule rameuse et étalés en tous sens. Cette Graminée est surtout cultivée pour servir de nourriture aux chevaux. Le gruau d'Avoine est aussi la principale nourriture des habitants de quelques contrées pauvres de la Bretagne. — On cultive assez fréquemment l'**Avoine orientale** (*Avena orientalis*), à chaume robuste et à panicule unilatérale.

Le **Riz** (*Oryza sativa*), originaire de l'Inde, est une Graminée annuelle et hermaphrodite. Épillets uniflores, disposés en panicule étroite et rameuse. Ce grain précieux constitue la nourriture de la moitié du genre humain. Il est pour l'Indien, le Chinois, le Japonais, et tous les peuples de la haute Asie, ce qu'est le Blé pour nous. Quoique son grain soit dépourvu de gluten, il est cependant très nutritif par l'amidon qu'il renferme. — Le Riz, « fils de la terre et nourrisson de l'onde, » ne peut être cultivé que dans les contrées chaudes, fertiles et inondées. Le principal obstacle à sa culture en France est l'insalubrité des terrains qui lui sont propres. Les émanations pestilentielles qui en résultent provoquent diverses maladies, notamment les fièvres paludéennes et l'hydropisie. Cette Graminée est surtout cultivée en Asie et dans le Piémont. Le Riz est légèrement astringent. Les chapeaux de *paille de Riz*, très recherchés pour leur finesse, sont l'objet d'un commerce étendu.

La **Canne à sucre** (*Saccharum officinarum*) est une Graminée vivace de trois à quatre mètres de hauteur. Épillets disposés en panicule terminale étalée, renfermant chacun deux ou trois fleurs. Vers le commencement du xvᵉ siècle la Canne à sucre fut importée des Indes dans l'île de Madère et aux Canaries, et un peu plus tard dans l'Amérique tropicale ; aujourd'hui elle est cultivée dans toutes les régions comprises entre les tropiques. Au moment de la floraison, la tige est remplie d'une moelle sucrée d'où l'on extrait le *sucre de Canne*. Les chaumes contiennent en moyenne 18 pour 100 de sucre cristallisable. Le suc épaissi au feu dépose par refroidissement la *cassonade*, laquelle, raffinée, devient le *sucre blanc*. Le liquide qui reste après que la cassonade s'est déposée, soumis à la fermentation et à la distillation fournit le *rhum* ou *eau-de-vie de sucre*. — Le sucre de Canne est presque seul employé dans les préparations pharmaceutiques ; il n'agit pas comme médicament, mais simplement comme condiment.

Le **Bambou** (*Bambusa*), dont il existe plusieurs espèces, peut atteindre jusqu'à trente mètres de hauteur et cinq décimètres de diamètre. Cette Graminée géante habite le bord des eaux et les terrains marécageux des régions tropicales ; elle est surtout répandue aux Indes et dans les îles de l'Océanie. Le Bambou sert à une foule d'usages. La tige de plusieurs espèces à feuilles larges donne une eau limpide très agréable à boire. Les Indiens et les Chinois savent extraire des nœuds de leurs Bambous un sucre brut qui leur fournit, par la fermentation, une liqueur alcoolique. Les feuilles servent à envelopper les boîtes de Thé qui viennent de Chine. Les tiges servent à faire des maisons en entier : les murs, les portes, les tables, les chaises et les lits y sont en Bambou ; on en fait aussi des lances, des flèches et des tentes. Ces mêmes tiges, percées ou coupées près des nœuds, servent de vases pour les liquides, et de mesures pour les grains. Des éclats de la tige on fait des plumes à écrire, des boîtes, des corbeilles aux formes variées, des sacs, des nattes et des tapis.

La Flouve (*Anthoxanthum odoratum*, fig. 192, C) est précieuse par sa précocité et l'odeur agréable qu'elle communique au foin. On la reconnaît à ses épillets disposés en une panicule contractée, atténuée au sommet ; chaque épillet ne contient qu'une fleur à deux étamines.

Le Vulpin (*Alopecurus pratensis*, fig. 192, A), à épillets uniflores, formant un épi cylindrique compact. Glumes pubescentes, soudées entre elles dans leur tiers inférieur. Fleur munie d'une seule glumelle.

La Phléole (*Phleum pratense*, fig. 192, B) a aussi les épillets uniflores et disposés en un épi cylindrique compact, comme le Vulpin ; elle s'en distingue par ses glumes tronquées transversalement, et par la fleur pourvue de deux glumelles.

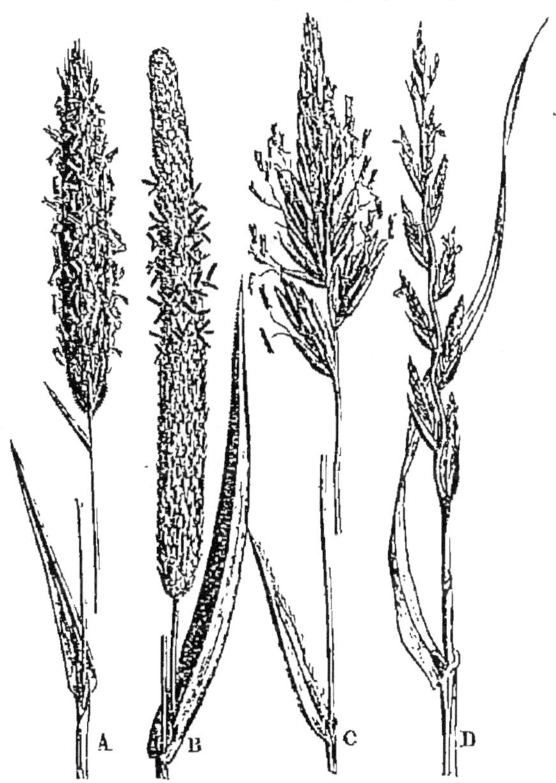

Fig. 192. — A, Vulpin des prés. — B, Phléole des prés. — C, Flouve odorante. — D, Ivraie vivace.

L'Ivraie vivace (*Lolium perenne*, fig. 192, D), très abondante dans toutes les bonnes prairies, est utilisée dans les jardins et les parcs pour former des gazons et des pelouses. — Dans la création

des prairies permanentes; on associe à l'Ivraie vivace l'**Ivraie d'Italie** (*Lolium italicum*), excellente plante fourragère, distincte de l'espèce précédente par les fleurs aristées.

L'Agrostis blanche (*Agrostis alba*) est l'espèce la plus commune dans les prairies. On la distingue à ses épillets très petits, disposés en panicule, à sa racine traçante, à ses feuilles planes et à ses glumelles inégales, la supérieure de moitié plus courte.

L'Avoine élevée (*Avena elatior*) est l'une des meilleures et la plus grande des Graminées fourragères. Elle est reconnaissable à sa tige dressée, atteignant souvent 15 décimètres, à ses épillets luisants, biflores, la fleur supérieure hermaphrodite, l'inférieure staminée, à l'arête tordue à la base et à l'ovaire poilu.

Les Paturins. — Les Paturins forment un genre nombreux en espèces ; ils sont surtout très répandus dans les prairies, où ils donnent un fourrage d'excellente qualité. Ce groupe de Graminées est caractérisé par les épillets petits, comprimés latéralement, pédicellés et disposés en panicule rameuse. — L'espèce principale est le **Paturin des prés** (*Poa pratensis*, fig. 193), à racine longuement traçante. Cette bonne espèce se trouve presque toujours associée au **Paturin commun** (*Poa trivialis*), à racine fasciculée, à gaine rude et à ligule allongée. Ces deux précieuses Graminées forment la base des meilleures prairies.

Le Dactyle aggloméré (*Dactylis glomerata*) est une espèce fourragère justement appréciée des agriculteurs. Sa tige, de consistance ferme, atteint souvent un mètre de hauteur. Épillets rapprochés en fascicules compacts, dont l'ensemble forme une panicule unilatérale.

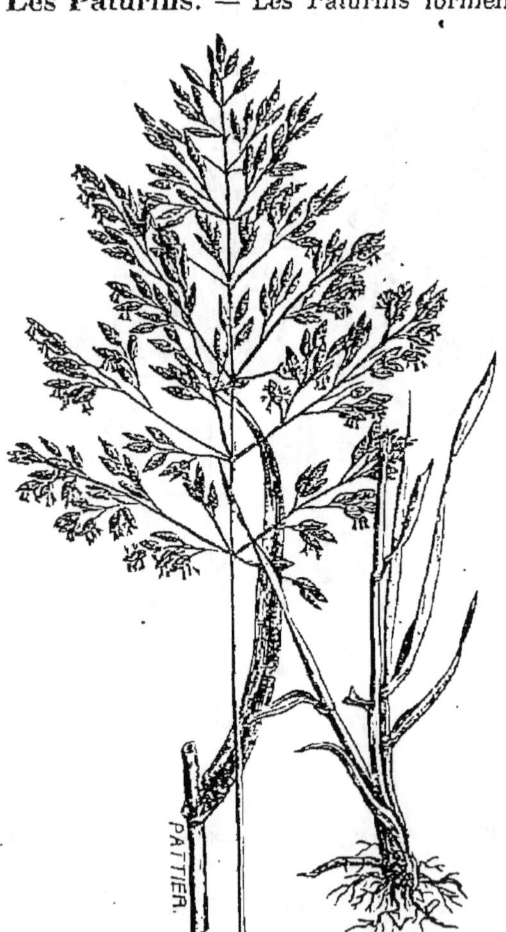

Fig. 193. — Le Paturin des prés.

Les Fétuques. — Les Fétuques, comme les Paturins, forment un genre nombreux. L'espèce la plus importante sous le rapport agricole est la **Fétuque des prés** (*Festuca pratensis*), abondante dans les prairies humides. On la reconnaît à sa panicule étalée au moment de la floraison, puis contractée; à ses rameaux rudes et très inégaux, le plus court ne portant ordinairement qu'un seul épillet. — Sur les coteaux et dans les pâturages secs, on trouve abondamment la **Fétuque ovine** (*Festuca ovina*), à feuilles toutes plus ou moins enroulées.

A la famille des Graminées appartiennent encore d'autres espèces plus ou moins importantes, telles sont : le **Millet d'Italie** (*Panicum italicum*), cultivé pour nourrir les oiseaux de volière. — Le **Sorgho à sucre** (*Sorghum saccharatum*), cultivé dans le Midi comme fourrage vert. — Le **Sorgho à balais** (*Sorghum vulgare*), originaire des Indes, très cultivé en Algérie et dans le Midi. — Le **Roseau à que-nouille** (*Arundo Donax*), dont les chaumes creux, longs et ligneux, sont employés à de nombreux usages, tels que lignes de pêche, quenouilles, étuis, etc. — Le **Roseau des pampas** (*Gynerium argenteum*), originaire de l'Amérique du Sud, est très cultivé comme plante d'ornement; ses hautes tiges s'élèvent du milieu d'une vaste touffe de longues feuilles arquées, et se terminent par une grande panicule blanche ou jaspée de rose, du plus bel effet.

A côté des Graminées, se trouve la famille beaucoup moins importante des CYPÉRACÉES, ren-fermant des plantes qui res-semblent aux Graminées, mais dont elles se distinguent par leur tige, qui est souvent à trois angles, et par les feuilles dont la gaine n'est pas fendue. — Le genre le plus important des Cypéracées est le genre **Carex**,

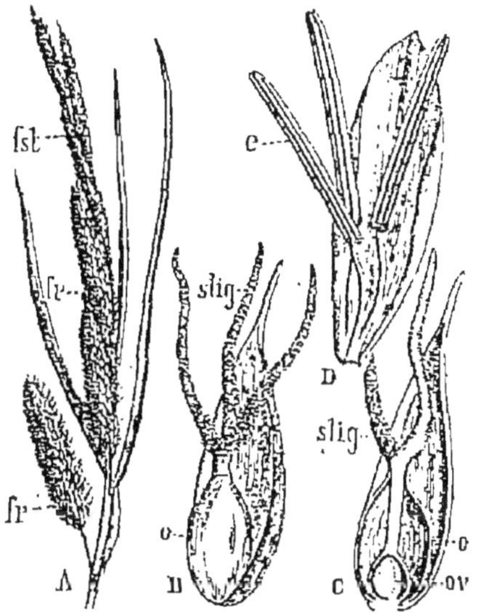

Fig. 194. — A, sommité d'une tige de Carex; *fp*, épis formés de fleurs pistillées; *fst*, épis composés de fleurs staminées. — B, une fleur pistillée; *o*, utricule ouvert au sommet et renfermant l'ovaire; *stig*, stigmates. — C, la même fleur coupée en long; *o*, utricule; *ov*, ovaire; *stig*, stigmate. — D, une fleur staminée, *e*, étamine.

très nombreux en espèces. Les Carex (fig. 194) sont ordinairement monoïques; la plupart sont communs dans les prairies humides; ce sont de mauvaises plantes fourragères.

CHAPITRE XV

GYMNOSPERMES

FAMILLE DES CONIFÈRES

257. Caractères et propriétés générales des Conifères. — Plantes ligneuses souvent de grande taille, connues sous les noms d'*arbres verts* et d'*arbres résineux*. Feuilles simples, étroites, souvent aciculées, persistant ordinairement pendant l'hiver. Dans les tissus ligneux des Conifères, on ne trouve ni fibres, ni vaisseaux parfaits ; il n'y a que des vaisseaux imparfaits ; sur leurs parois épaisses, on constate des parties plus minces qui, vues de face, apparaissent sous la forme de deux petits cercles concentriques. On a donné à ces ornements le nom d'*aréoles*, et aux vaisseaux qui en sont pourvus celui de *vaisseaux aréolés* (fig. 18). Fleurs monoïques, rarement dioïques, disposées en cônes ou en chatons (fig. 195). Les chatons à fleurs staminées sont formés d'étamines ordinairement nombreuses, insérées autour de l'axe. Si l'on examine une étamine, on voit que l'anthère a la forme d'une écaille portant à sa face inférieure deux loges qui s'ouvrent longitudinalement pour laisser échapper le pollen (fig. 195, C).

Une fleur pistillée est aussi formée par une écaille portant à la base de sa face inférieure deux ovules (fig. 195, D). Sur un ovule coupé en long, on voit le nucelle et le tégument ; il n'y a ni ovaire clos, ni style, ni stigmate, et c'est directement sur ces ovules ouverts qu'arrive le pollen. Fruit composé d'écailles nombreuses, ligneuses, minces ou épaisses, dont l'ensemble constitue un cône (*strobile*) ; plus rarement fruit bacciforme ou entouré d'une capsule charnue. Graines souvent prolongées en aile membraneuse. Les plantes de cette famille donnent des bois de construction précieux pour leur incorruptibilité. Par des incisions pratiquées sur le tronc du Pin, du Sapin et du Mélèze, on obtient la *térébenthine*. Cette substance distillée fournit l'*essence de térébenthine*, dont les usages industriels sont si connus. Le *goudron* ou *poix noire* est le produit de la distillation en vase clos du bois des Pins et des Sapins. Les bourgeons

de Sapin sont administrés en infusion comme sudorifique. Avec
le bois du Pin sylvestre, on fabrique aujourd'hui des tissus pour
la confection de flanelles recommandées dans les maladies rhumatismales. Les fruits du Genévrier donnent, par fermentation
et distillation, une eau-de-vie (eau-de-vie de Gin), dont la
saveur et l'odeur sont très fortes. L'*huile de Cade*, très usitée
dans la médecine vétérinaire, est fournie par le *Juniperus Oxy-
cedrus*, commun dans la région méditerranéenne.

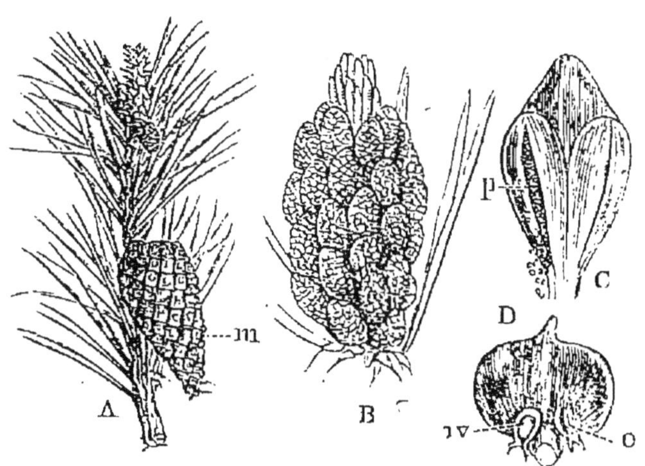

Fig. 195. — Pin sylvestre, exemple d'un Conifère. — A, rameau portant des
fleurs à pistil près du sommet et un cône mûr, *m*. — B, fleurs à étamines,
formant un groupe de chatons. — C, une étamine; on voit qu'elle a la forme
d'une écaille portant à sa face inférieure deux sacs polliniques s'ouvrant chacun par une fente pour dissimuler le pollen *p*. — D, une fleur à ovule; elle
est formée par une écaille portant deux ovules à la base de la face inférieure;
o, ovule; *ov*, nucelle; il n'y a ni style ni stigmate; le pollen arrive directement au contact de l'ovule.

D'après la structure du fruit on a divisé les Conifères en
trois groupes : les ABIÉTINÉES, cônes formés d'un grand nombre
d'écailles (Pin, Sapin, Mélèze, Cèdre, etc.); les CUPRESSINÉES,
cônes formés d'un petit nombre d'écailles soudées en une fausse
baie (Genévrier, Thuia, Cyprès, Araucaria, Séquoia, etc.); les
TAXINÉES, cônes à fruit ayant l'apparence d'une baie (If).

258. Exemples de Conifères Abiétinées : le *Pin*, le *Sapin*,
le *Mélèze*, le *Cèdre*, etc.

Le Pin sylvestre (*Pinus silvestris*) a les feuilles groupées deux
par deux, un peu glauques, longues de 4-6 centimètres; c'est l'espèce qui résiste le mieux aux climats froids; son bois est très estimé

pour la mature. — Le **Pin maritime** (*Pinus maritimus*) ne se développe bien que dans les sables maritimes, où il est planté pour fixer les dunes.

Le **Sapin élevé** (*Abies excelsa*) forme des forêts très étendues dans les régions septentrionales et sur les pentes des montagnes du Plateau central. Le Sapin se distingue du Pin par ses feuilles isolées, plus courtes, et par les cônes à écailles minces, non épaissies au sommet.

Le **Mélèze** (*Larix europæa*) est caractérisé par ses feuilles caduques. Les cônes sont assez petits, ovoïdes, à écailles minces, obtuses, *non* épaissies au sommet. Le Mélèze, spontané dans les Alpes, où il forme des forêts, est planté çà et là dans les bois et les parcs.

Le **Cèdre du Liban** (*Cedrus Libani*), originaire du Liban et du Taurus, a été introduit en France par Bernard de Jussieu (1736). Sur les montagnes du Liban et en Afrique, il forme d'immenses et majestueuses forêts. Le Cèdre est caractérisé par ses branches inférieures horizontales, commençant à ras de terre, dont l'ensemble forme une magnifique pyramide. — Avec la térébenthine du Cèdre, appelée *gomme du Cèdre,* on prépare la *cédria,* espèce de goudron liquide dont les Égyptiens se servaient pour embaumer les corps. Le bois de Cèdre est réputé incorruptible ; c'est pour ce motif que Salomon en fit acheter à Hiram, roi de Tyr, pour la construction du temple de Jérusalem.

259. Exemples de Conifères Cupressinées : le *Genévrier,* le *Cyprès,* le *Thuia,* etc.

Le **Genévrier** (*Juniperus communis*) est un arbrisseau dioïque, rarement monoïque, ordinairement très rameux dès la base. Feuilles très raides, piquantes, verticillées par trois. Cônes globuleux, d'un noir bleuâtre, à écailles soudées et devenues charnues, formant une fausse baie. Les fruits mettent deux ans à mûrir et persistent sur la tige, où on en trouve à tous les degrés de maturité. On fait avec ces fruits une liqueur saine et agréable ; après les avoir légèrement torréfiés, on les met chauds dans l'eau-de-vie (deux poignées par litre), on sucre convenablement, et après avoir laissé macérer le tout pendant vingt jours, on filtre sans expression. Les rameaux, munis de fruits et de feuilles, sont employés en fumigations toniques et sudorifiques. Le bois fournit une résine connue sous le nom de *sandaraque d'Allemagne.*

Le **Cyprès** (*Cupressus sempervirens,* fig. 196), originaire de l'Asie Mineure, est communément planté dans les jardins et surtout dans les cimetières. Le Cyprès se reconnaît à ses rameaux aplatis, garnis de feuilles petites et imbriquées sur plusieurs rangs ; à ses cônes globuleux, formés d'un petit nombre d'écailles ligneuses, peltées, ayant chacune plusieurs graines à leur base.

Le Thuia (*Thuia occidentalis*), originaire de l'Amérique du Nord, se distingue du Cyprès par les écailles du cône, qui n'ont chacune que deux graines à la base ; ces graines, de forme lenticulaire, sont bordées d'une aile membraneuse. Comme le Cyprès, le Thuia est souvent planté dans les cimetières, ainsi que l'If.

260. Exemples de Conifères Taxinées : l'*If*.

L'If (*Taxus baccata*) croît à l'état sauvage dans les montagnes de presque toute l'Europe. Il est surtout fréquemment cultivé dans les parcs et les jardins, où il est souvent déformé par les tailles bizarres qu'on lui fait subir. L'if est un arbre plus ou moins élevé, presque toujours dioïque, à feuilles isolées, planes ou à bords un peu roulés en dessous. Fruit formé par une graine entourée d'une arille en forme de cupule charnue et d'un beau rouge. Le bois de l'If est aussi compact que celui du Buis et peut recevoir un beau poli ; coloré en noir, il ressemble beaucoup à l'Ébène ; il est particulièrement recherché des tourneurs et des sculpteurs.

Fig. 196. — Rameau de Cyprès portant un cône mûr, formé d'écailles peu nombreuses.

Les Gymnospermes comprennent aussi la famille des CYCADÉES, se rattachant aux Conifères par l'appareil florifère, et aux Fougères arborescentes par la forme de l'appareil végétatif. Les Cycadées comprennent une dizaine de genres et environ 90 espèces, habitant toutes les régions tropicales. L'espèce la plus remarquable est le **Cycas révoluté** (*Cycas revoluta*), cultivé dans la plupart des serres chaudes. Le tronc, analogue au stipe d'un Palmier, ne se ramifie pas ; il est couronné par un faisceau de grandes feuilles pennées, dont les plus jeunes sont roulées en crosse, comme celles des Fougères. Les graines sont munies d'une enveloppe charnue d'une belle couleur rouge. Les Cycadées établissent le passage des Phanérogames aux Cryptogames vasculaires.

CHAPITRE XVI

CRYPTOGAMES VASCULAIRES

FAMILLE DES FOUGÈRES

261. Caractères et propriétés générales des Fougères. — Plantes vivaces, très rarement annuelles ; tissu ligneux constitué par des vaisseaux scalariformes. Feuilles (*frondes*) presque toujours enroulées en crosse pendant leur jeunesse, plus ou moins divisées, rarement simples. Fructifications composées de *sporanges* qui naissent sur les nervures secondaires à la face inférieure des feuilles ou près de leurs bords, rarement en épi ou en panicule, rapprochés en groupes (*sores*) de diverses formes, tantôt nus, tantôt recouverts par une écaille membraneuse (*indusium*) qui est le prolongement de l'épiderme ; les sporanges renferment les *spores*, qui donnent naissance, par la germination, à un prothalle lamelleux sur lequel se développent les anthéridies et les archégones, destinés à reproduire une nouvelle Fougère.

Plusieurs Fougères sont employées en médecine pour leurs propriétés toniques, stimulantes et anthelmintiques. Le rhizome du Polystic commun est fréquemment utilisé comme vermifuge. L'infusion et le sirop préparés avec les feuilles de la Capillaire de Montpellier sont souvent usités dans les affections des voies respiratoires. Toutes les Fougères indigènes ont leurs tiges souterraines (rhizomes) ; les feuilles seules se développent au-dessus du sol. Dans les pays chauds, on trouve des Fougères, dites Fougères arborescentes (fig. 197), dont la tige s'élève dans l'air et ressemble au stipe des Palmiers.

262. Exemples de Fougères : l'*Osmonde*, la *Grande Fougère*, le *Polystic*, la *Capillaire de Montpellier*, la *Scolopendre*, le *Polypode*, etc.

L'Osmonde royale (*Osmunda regalis*) est la plus élégante des Fougères indigènes. Cette belle espèce habite le bord des rivières et les bois marécageux de la plaine. Elle se développe en larges touffes de 10-15 décimètres de hauteur. Feuilles bipennées ; les fertiles sont terminées par une grande panicule sporifère de plusieurs décimètres de longueur.

La Grande Fougère (*Pteris aquilina*) est surtout abondante dans les bois et dans les terrains incultes siliceux. Feuilles très grandes, longuement pétiolées, s'élevant parfois à deux mètres de hauteur. Sores formant une ligne continue située au bord de chaque segment des feuilles. Dans plusieurs régions, la Grande Fougère sert de litière aux animaux. On pourrait aussi en retirer de grandes quantités de potasse par incinération.

Le Polystic (*Polystichum Filix-mas*) est commun dans les bois et les endroits rocailleux. Cette espèce est l'une des plus précieuses de la famille pour ses propriétés médicinales ; ses bourgeons et ses grosses racines sont souvent employés contre les vers intestinaux et

Fig. 197. — Fougère arborescente du Brésil (*Alsophila aculeata*).

surtout contre le Ténia ou Ver solitaire. On récolte la racine et les bourgeons en été, et on les administre en poudre et en tisane.

La Capillaire de Montpellier (*Adiantum Capillus Veneris*) se trouve dans les lieux pierreux humides, dans les grottes et les fontaines des provinces méridionales. Cette jolie Fougère est l'un des béchiques les plus estimés qu'emploie la médecine dans les rhumes et les catarrhes. On la prend en infusion.

La Scolopendre (*Scolopendrium officinale*, fig. 198) se reconnaît facilement à ses feuilles entières. Les sporanges sont disposés en sores linéaires et obliques par rapport à la nervure médiane. Cette Fougère habite les rochers humides et ombragés. La Scolopendre est employée comme astringente ; elle entre aussi dans la composition du *sirop de Rhubarbe composé*.

Le Polypode (*Polypodium vulgare*) est l'une des Fougères les plus répandues ; on la trouve sur les vieux murs et les rochers humides, au pied des arbres et sur les vieilles souches. Le Polypode a un rhizome traçant d'une saveur sucrée ; les feuilles sont pennées, à lobes alternes. Sporanges disposés en sores arrondis dépourvus d'indusium, et placés sur deux rangs de chaque côté de la nervure médiane du lobe. Le rhizome contient du sucre fermentescible, de l'amidon, de la gomme et de l'albumine; il est conseillé comme laxatif et apéritif.

FAMILLE DES ÉQUISÉTACÉES

263. Caractères et propriétés générales des Équisétacées. — Plantes vivaces, à rhizome traçant (fig. 199). Tiges cylindriques, creuses, cannelées, articulées, munies ou non de rameaux verticillés; feuilles réduites à de petites languettes vertes ou brunes, soudées ensemble, de manière à constituer une gaine autour de la tige; les rameaux présentent des articulations et des gaines comme la tige. Épiderme ordinairement incrusté de silice. Sporanges membraneux, disposés en cercle, à la face inférieure d'écailles pédicellées et peltées, dont l'ensemble forme une sorte de cône ou d'épi au sommet de la tige ou des rameaux. Spores très nombreuses, munies d'appendices filiformes (*élatères*), renflés au sommet, et s'enroulant autour de la spore ou se déroulant selon les alternatives de sécheresse ou d'humidité. Les spores, en germant, donnent naissance à un prothalle sur lequel se développent les anthéridies et les archégones destinés à reproduire une nouvelle Prêle.

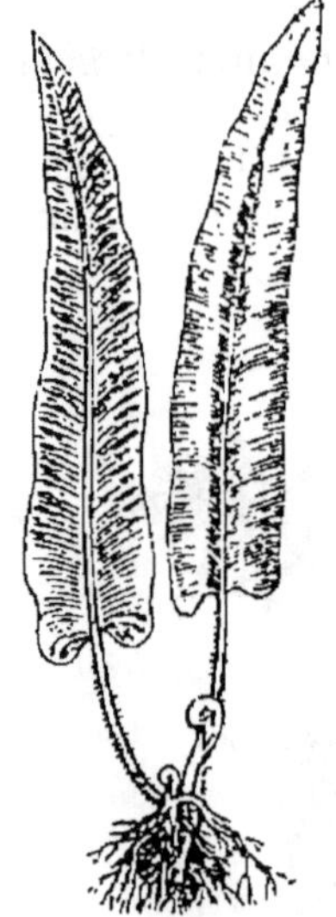

Fig. 198. — Scolopendre officinale; la feuille de gauche, vue par dessous, porte les sporanges disposés en sores parallèles et obliques par rapport à la nervure moyenne; on voit aussi deux jeunes feuilles roulées en crosse.

Les espèces fossiles sont nombreuses, et plusieurs étaient de grande taille. Les tiges de l'*Equisetum arenaceum*, par exemple, que l'on trouve dans les marnes irisées, avaient huit à dix mètres de hauteur et dix à douze centimètres de diamètre. Les tiges des Prêles, grâce à la silice dont elles sont incrustées, servent à polir le bois et les métaux.

264. Exemples d'Équisétacées : la *Prêle des champs*, la *Prêle des bois*, la *Prêle d'hiver*, etc.

La Prêle des champs (*Equisetum arvense*) est très commune dans les terrains humides et sablonneux. Cette espèce se reconnaît à ses tiges fertiles d'un brun rougeâtre, apparaissant longtemps avant les tiges stériles; à ses gaines divisées en huit à douze dents très aiguës. Plante nuisible et difficile à détruire dans les champs où elle se développe.

La Prêle des bois (*Equisetum silvaticum*, fig. 199) habite les bois humides des montagnes. On la reconnaît à ses tiges de deux sortes, les unes fertiles, les autres stériles. Tiges fertiles d'un blanc rougeâtre, ne portant d'abord que quelques rares verticilles de rameaux, et devenant semblables aux tiges stériles après la maturité de l'épi.

La Prêle d'hiver (*Equisetum hyèmale*) se trouve localisée çà et là dans les bois humides. Elle est reconnaissable à ses tiges toutes fertiles et semblables, très rudes, dépourvues de verticilles de rameaux ; à son épi, entouré à la base par la gaine supérieure.

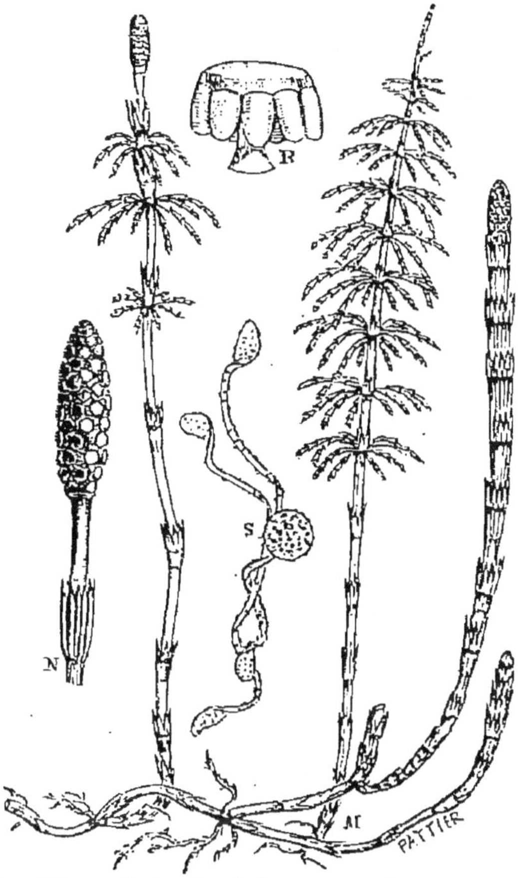

FAMILLE

DES LYCOPODIACÉES

265. Caractères et propriétés générales des Lycopodiacées. — Plantes vivaces, herbacées ou presque ligneuses, à tiges ordinairement couchées et radicantes (fig. 200), à axe central constitué par des vaisseaux scalariformes. Feuilles très nombreuses, petites, simples, uninervées. Sporanges naissant à l'aisselle des feuilles raméales ou à l'aisselle des bractées, et formant des épis terminaux.

Fig. 199. — Prèle des bois. — M, plante entière, ayant des tiges à divers degrés de développement. — N, extrémité d'une tige portant au sommet un épi formé d'écailles à sporanges, et à la base un verticille de feuilles constituant une gaine. — R, une écaille à sporanges. — S, spore vue au miscroscope, avec ses élatères.

Les Lycopodiacées européennes ne comprennent que le genre Lycopode et le genre Sélaginelle, représentés par un nombre d'espèces relativement restreint.

266. Exemples de Lycopodiacées : le *Lycopode en massue* et la *Sélaginelle helvétique*.

Le Lycopode en massue (*Lycopodium clavatum*, fig. 200) est l'espèce la plus répandue, et en même temps la plus importante à connaître. Les tiges, souvent longues d'un mètre et plus, sont rampantes, très rameuses et radicantes. Epi sporifère cylindrique, allongé. Cette espèce habite les pentes des montagnes et les bruyères humides de la plaine. — Les spores, très inflammables, sont connues dans le commerce sous le nom de *soufre végétal;* elles sont employées dans les feux d'artifice; les pharmaciens les utilisent aussi pour rouler les pilules.

La Sélaginelle helvétique(*Selaginella helvetica*) a des tiges grêles et radicantes. Feuilles ovales, disposées sur quatre rangs, dont deux sont formés de feuilles plus grandes; les deux autres à feuilles plus petites et appliquées, ce qui donne aux rameaux une forme aplatie. Sporanges naissant à l'aisselle de bractées dressées. — Cette plante est rare en France.

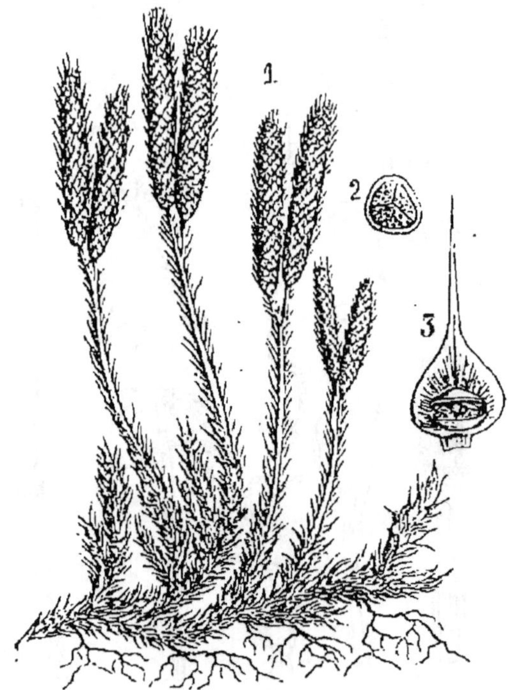

Fig. 200. — Lycopode en massue. — 1, extrémité d'une tige portant des rameaux terminés par des épis à sporanges. — 3, écaille isolée portant un sporange à sa base. — 2, spore vue au microscope.

CHAPITRE XVII

LES MUSCINÉES

Les Muscinées comprennent les *Mousses,* les *Sphaignes* et les *Hépatiques.*

LES MOUSSES

267. Caractères et propriétés générales des Mousses. — Les Mousses sont des plantes vivaces ou annuelles, se développant sur la terre, sur les écorces des arbres, sur les rochers, parfois submergées dans les eaux douces. Tiges de longueur très variable, depuis un demi-millimètre à peine (*Ephemerum*) jusqu'à six décimètres et plus (*Fontinalis*). Feuilles ordinairement vertes, entières ou dentées, jamais profondément lobées. Comme les Phanérogames, les Mousses sont hermaphrodites, monoïques, dioïques ou polygames. Le fruit provenant du développement de l'œuf est constitué par une *capsule* insé-

rée au sommet d'un pédicelle raide et coloré (fig. 201, B), ordinairement couverte d'une *coiffe* (fig. C). A la maturité, la capsule s'ouvre presque toujours par la chute d'un segment circulaire, connu déjà sous le nom d'*opercule* (fig. D), très rarement par quatre à huit valves adhérentes au sommet et à la base (*Andreæa*, fig. H). La capsule est généralement traversée par un axe vertical appelé *columelle*. Le contour de l'orifice capsulaire est souvent muni d'une ou deux rangées de petites dents constituant le *péristome* (fig. E, *p*). Les spores, en germant, produisent un protonéma sur lequel se développe une nouvelle Mousse (fig. 134).

Dans l'économie providentielle de la nature, le rôle des Mousses est de la plus haute importance. Par leur végétation permanente, qui a lieu souvent sur les rochers les plus durs, ces petits végétaux jouent le premier rôle pour la production primaire de

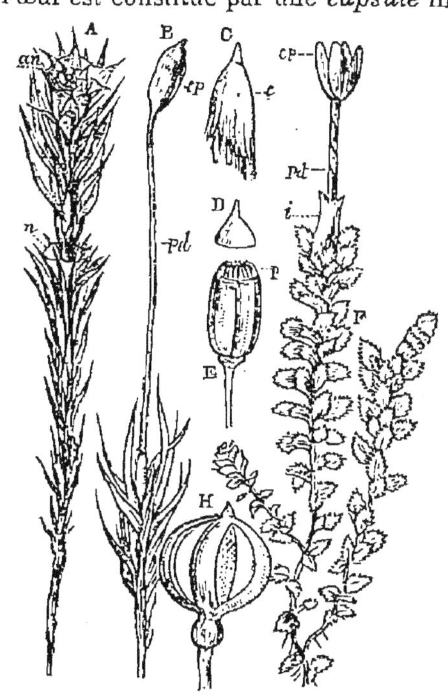

Fig. 201. — A, pied de Polytric (Mousse dioïque) portant les anthéridies *an*; *n*, disque à anthéridies de l'année précédente. — B, pied à archégones de la même Mousse; *cp*, capsule ou appareil sporifère provenant du développement d'un archégone; *pd*, pédicelle. — C, coiffe de la capsule *cp*. — D, opercule de la capsule E; *p*, péristome. — F, tige fructifiée d'une Hépatique (*Jungermannia nemorosa*); *i*, involucre; *pd*, pédicelle; *cp*, capsule s'ouvrant par 4 valves. — H, capsule d'un *Andreæa*, s'ouvrant par 4 valves adhérentes au sommet et à la base.

la terre végétale indispensable à la germination des graines des Phanérogames herbacées, telles que les Graminées, les Joncées, les Caryophyllées, les Légumineuses, les Composées, etc. Cette première colonie de plantes Phanérogames se multipliant rapidement ne tarde pas à produire suffisamment d'humus pour la germination des graines d'un grand nombre de Phanérogames ligneuses, comme le Framboisier, le Sureau à grappes, plusieurs Saules, le Sapin, le Hêtre, etc.

Les Mousses contribuent aussi pour une large part à la formation de la tourbe. Celles qui concourent le plus activement à cette utile production sont : *Polytrichum gracile* et *commune*, *Aulacomnium palustre*, *Climatium dendroides*, *Philonotis fontana*, *Bryum pseudotriquetrum* et plusieurs *Hypnum*, notamment *Hypnum fluitans* et *cuspidatum*.

Ces végétaux exercent une autre fonction plus importante encore, en vertu de leur pouvoir absorbant par rapport à l'eau pluviale. Même après une dessiccation complète, les Mousses ont la propriété de reprendre au moins les apparences de la vie et d'absorber une très grande quantité d'eau. Il résulte des recherches du savant abbé Boulay, que 200 grammes de Mousse sèche absorbent 1 kilogramme d'eau. D'après cela, on conçoit facilement la masse d'eau énorme absorbée par les Mousses qui tapissent le sol des bois, les arbres et les rochers. Ainsi, ces petites plantes, si peu utiles en apparence, par une disposition merveilleuse du Créateur, retiennent les eaux pluviales comme le ferait une éponge.

Sans les Mousses, au moment des grands orages de l'été et des pluies torrentielles de l'automne, les eaux versées à la surface du sol glisseraient avec rapidité sur les pentes des montagnes, et viendraient inonder les prairies et les champs, qu'elles recouvriraient de couches épaisses de sable et de gravier.

Enfin les Mousses, très riches en chlorophylle, contribuent puissamment à purifier l'atmosphère ; chez ces petites plantes, l'assimilation chlorophyllienne est particulièrement active pendant l'hiver, alors qu'elle est à peu près nulle dans les végétaux dépouillés de leurs feuilles.

Les Mousses sont aussi employées à divers usages. Les *Hypnum triquetrum* et *loreum* sont utilisées comme garnitures des vases de fleurs artificielles. Sous les climats glacés des confins du monde, les Lapons couvrent de Mousse les souterrains où ils bravent les plus longs hivers.

268. Exemples de Mousses : les *Hypnum*, les *Fontinales*, les *Polytrics*, la *Funaire hygrométrique*, les *Andrcæa*, etc.

Les Hypnum forment le genre le plus nombreux. La flore française en comprend environ 120 espèces. Parmi les plus répandues dans les bois, au pied des arbres ou sur les murs, on peut citer le **Hypnum triquetrum**, le **Hypnum splendens**, le **Hypnum sericeum** et le **Hypnum cupressiforme** ; les deux premières espèces habitent surtout les bois, les deux dernières se trouvent partout.

Les Fontinales habitent les eaux courantes des rivières et des torrents. On les reconnaît à leurs tiges, longues parfois de cinq à six décimètres, à leurs feuilles concaves ou carénées. L'espèce que l'on rencontre le plus souvent dans les ruisseaux est le **Fontinalis antipyretica**, la plus grande des Mousses européennes.

Les Polytrics sont des Mousses dioïques, à capsule prismatique, a coiffe garnie de longs poils retombants, feutrés, très ramifiés (fig. 201, A, B et C). — Le **Polytrichum commune** est l'espèce la plus robuste du genre ; ses tiges, de consistance dure, atteignent jusqu'à quarante centimètres de longueur. Cette mousse habite les marais tourbeux.

La Funaire hygrométrique (*Funaria hygrometrica*, fig. 202) est une espèce annuelle et dioïque. Capsule pyriforme, un peu arquée, horizontale ou penchée, cannelée ; opercule convexe. Coiffe d'abord prismatique, puis renflée, fendue latéralement et surmontée d'un long bec. Mousse commune au pied des murs, dans les endroits un peu frais, et plus particulièrement sur les emplacements à charbon.

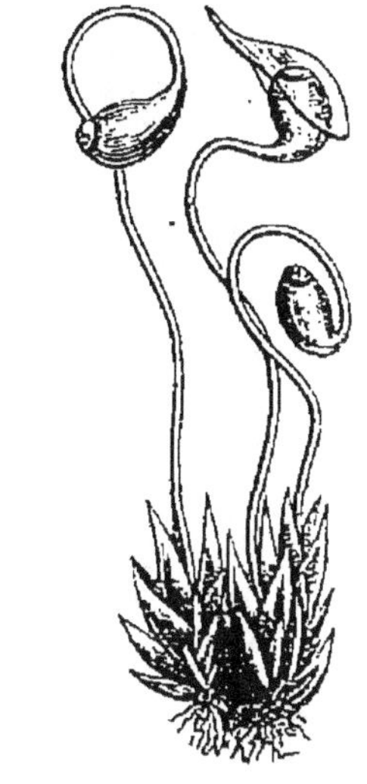

Fig. 202. — Funaire hygrométrique un peu grossie.

Les Andreæa se trouvent surtout sur les rochers découverts des montagnes. Ces Mousses se reconnaissent aisément à leur couleur noire et à leur capsule dépourvue d'opercule, s'ouvrant par 4-6 valves retenues au sommet et à la base (fig. 201, H). L'espèce la plus répandue sur les rochers de la région montagneuse est l'**Andreæa petrophila**.

LES SPHAIGNES

269. Caractères et propriétés générales des Sphaignes. — Muscinées vivaces, monoïques ou dioïques, croissant dans les lieux humides, marécageux ou tourbeux. Tiges adultes toujours dépourvues de rhizoïdes, se détruisant par la base, à mesure qu'elles s'accroissent par l'extrémité supérieure, de telle sorte qu'elles finissent bientôt par prendre une longueur constante. Capsule dépourvue de coiffe et de péristome. Spores de deux sortes ; les unes plus grandes et fertiles, les autres très petites et stériles. Les Spores fertiles développent un protonéma, d'abord filamenteux, puis foliacé, sur lequel apparaît bientôt une nouvelle Sphaigne.

Ce groupe de Muscinées ne comprend que le seul genre *Sphagnum*, dont une douzaine d'espèces seulement habitent l'Europe. Les Sphaignes sont surtout répandues dans les régions boréales, où elles occupent souvent d'immenses étendues dans les vastes marais du nord de l'Europe. Ces plantes sont absolument nulles dans les terrains calcaires, alors qu'elles abondent dans les marais à sol siliceux.

Le rôle principal des Sphaignes est d'assainir les grands marais en les transformant en tourbières. Une tourbière bien aménagée, et où l'eau ne manque pas, peut reproduire tous les vingt ans une couche de tourbe d'un mètre d'épaisseur. Dans les serres, les Sphaignes, maintenues constamment humides, constituent un sol sur lequel on cultive exclusivement un grand nombre d'Orchidées épiphytes.

270. Exemples de Sphaignes : la *Sphaigne à feuilles aiguës* et la *Sphaigne à feuilles larges.*

La Sphaigne à feuilles aiguës (*Sphagnum acutifolium*, fig. 203) est une espèce monoïque, à tiges souvent colorées en rouge, à rameaux effilés. Feuilles longuement acuminées. Chatons à anthéridies orangés ou brunâtres. Capsule pédicellée, dilatée à l'orifice. Espèce très répandue.

La Sphaigne à feuilles larges (*Sphagnum latifolium*) est dioïque ; on la reconnaît à ses tiges robustes, à ses feuilles raméales très obtuses et imbriquées. Cette Sphaigne occupe ordinairement de vastes espaces, depuis les marais tourbeux de la plaine jusqu'aux marécages

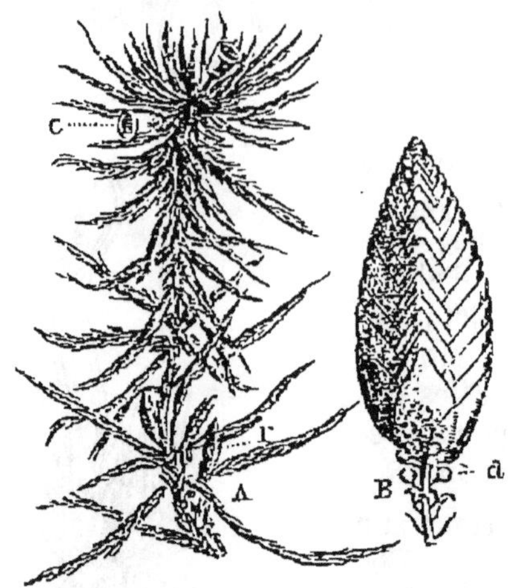

Fig. 203. — *Sphagnum acutifolium;* espèce monoïque. — A, extrémité d'une tige portant deux capsules C, et des chatons à anthéridies *r*. — B, un chaton, à anthéridies grossi ; on a enlevé quelques folioles de la base pour montrer les anthéridies *a*.

des hautes montagnes. C'est l'espèce que les jardiniers utilisent de préférence pour la culture des Orchidées épiphytes.

LES HÉPATIQUES

271. Caractères et propriétés générales des Hépatiques. — Muscinées monoïques ou dioïques, à tissu très délicat ; les unes sont pourvues de tiges distinctes et feuillées (Hépatiques caulescentes ou à tige, fig. 201, F) ; les autres ne présentent ni tige ni feuilles distinctes (Hépatiques frondescentes, fig. 204) ; dans ce dernier groupe, l'appareil végétatif est réduit à une expansion membraneuse appliquée sur le sol. Feuilles dépourvues de nervure, entières, dentées, lobées ou même divisées jusqu'à la base. Les anthéridies et les archégones sont situés, tantôt à l'aisselle de folioles imbriquées disposées en épillets, tantôt agglomérés en forme de disques sessiles ou longuement pédonculés (fig. 204, A). Capsule mûre s'ouvrant par quatre valves (fig. 201, F) ou par l'écartement de 6-12 lanières (fig. 204, B). Les spores des Hépatiques développent un protonéma analogue à celui des Mousses et des Sphaignes. Ces Muscinées se multiplient aussi à l'aide de granulations (propagules) qui se détachent des feuilles ou des frondes. Dans les *Marchanties,* les propagules se forment dans l'intérieur de petits disques en forme de corbeilles (corbeilles à propagules, fig. 204, C, *cp*).

Les Hépatiques ne sont d'aucune utilité dans l'économie domestique. La *Marchantie polymorphe*, autrefois préconisée contre les maladies du foie, n'est guère utilisée aujourd'hui.

Le rôle de ces végétaux dans la nature est à peu près comme celui des Mousses. Les Hépatiques contribuent à augmenter la couche de terre végétale dans les forêts; elles aident aussi à remplir les tourbières, mais la délicatesse de leur tissu ne leur permet pas d'acquérir, à ce point de vue, une importance vraiment sérieuse.

272. Exemples d'Hépatiques : les *Jungermannes* et les *Marchanties*.

Les Jungermannes. — Les Jungermannes constituent le genre le plus nombreux en espèces. Ces Hépatiques sont caractérisées par une tige feuillée, par une capsule longuement pédicellée, s'ouvrant par quatre valves. La figure 201, F, représente la **Jungermanne des bois** (*Jungermannia nemorosa*), commune sur les pierres légèrement humides et ombragées.

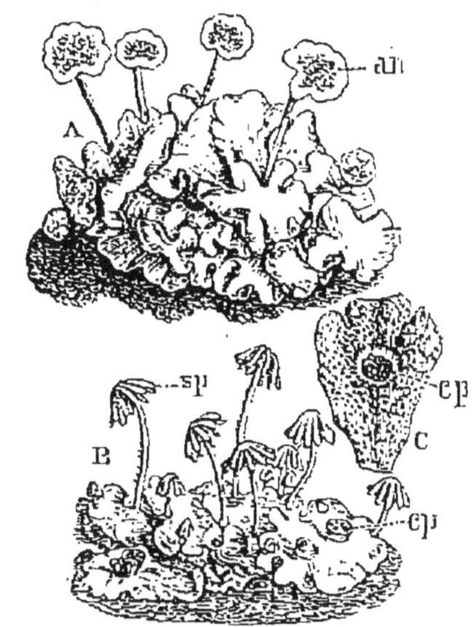

Fig. 204. — *Marchantia polymorpha*. Exemple d'une Hépatique frondescente ou frondiforme. Hépatique dioïque. — A, pied portant les anthéridies *an*, groupés en forme de disque pédicellé. — B, pied portant les archégones; *sp*, appareil sporifère provenant du développement des archégones. — C, fragment de l'appareil végétatif portant une corbeille à propagules *cp*. L'appareil végétatif de la figure B en porte aussi plusieurs, *cp*.

Les Marchanties. — Les Marchanties sont le type des Hépatiques frondescentes. L'espèce la plus commune est la **Marchantie polymorphe** (*Marchantia polymorpha*, fig. 204), espèce très répandue dans les grottes et sur les rochers humides.

CHAPITRE XVIII

LES THALLOPHYTES

Les Thallophytes comprennent les *Algues*, les *Lichens* et les *Champignons*.

LES ALGUES

273. Caractères et propriétés générales des Algues. — Plantes ordinairement pourvues de chlorophylle, capables par conséquent de décomposer, sous l'influence de la lumière solaire, l'acide carbonique du milieu ambiant. La chlorophylle se trouve dans les Algues, soit à l'état pur (Algues vertes), soit plus ou moins dissimulée par une substance rouge, brune ou bleue, superposée à la matière verte (Algues rouges, brunes, bleues). Les Algues vivent dans l'eau ou sur le sol humide; les plus grandes habitent la mer, où leur thalle est tantôt libre, tantôt fixé par des crampons, ou soutenu à la surface à l'aide de flotteurs. La végétation de la mer est presque exclusivement composée d'Algues; mais, comme ces plantes à chlorophylle ont besoin de lumière, elles ne se développent qu'à une faible profondeur; à 100 mètres, elles sont déjà très rares, et à 400 mètres on n'en trouve plus. Parvenues à l'état adulte, les Algues se reproduisent, comme il a été dit, par des spores ou par des œufs. Les Algues renferment les plus petites (Diatomées, Bactéries) et les plus longues plantes (Macrocystis) de la création.

Un assez grand nombre d'Algues sont utilisées soit en médecine, soit en agriculture, soit comme espèces alimentaires. La médecine emploie la Coralline officinale comme vermifuge, sous le nom de *Mousse de Corse*. Avant que l'on connût les propriétés de l'iode et le moyen d'isoler ce précieux médicament, on employait les cendres de plusieurs grandes Algues (Fucus, Sargasse, Laminaire). L'iode est principalement fourni aujourd'hui par les *Fucus vesiculosus, erratus* et *nodosus*, connus en agriculture et dans l'industrie sous le nom de *Varechs*. Les habitants des côtes récoltent les Varechs déposés à marée basse sur la grève, et ceux qui croissent en grande quantité sur les rochers maritimes; ils les entassent pour les faire fermenter, puis les utilisent comme engrais sous le nom de *goémon*. Parmi les Algues alimentaires, on peut citer l'*Ulva lactæa* et l'*Ulva latissima*, qui abondent sur tous les rivages. En Écosse et en Irlande, on mange aussi plusieurs Laminaires, notamment le *Laminaria saccharina*. Les nids d'hirondelles, si recherchés des Chinois, sont construits en partie avec des Algues gélatineuses analogues au *Laminaria saccharina*.

, D'après leur couleur, les Algues ont été divisées en quatre groupes : les *Algues rouges* ou *Floridées*, les *Algues vertes*, les *Algues brunes* et les *Algues bleues*.

274. Les Algues rouges ou Floridées. — Presque toutes les Algues rouges sont marines et très remarquables par l'élégance de leur port. Le thalle, tantôt en forme de feuille, tantôt très découpé, est toujours fixé par sa base aux rochers ou à d'autres Algues au moyen de crampons rameux. Parmi les Floridées marines les plus intéressantes, on peut citer les *Porphyra*, les *Jania*, les *Corallina*, dont l'espèce principale est la **Coralline officinale** ou Mousse de Corse (fig. 205), les *Ceramium*, les *Chondrus* et les *Gigartiana*. Les principales Floridées d'eaux douces sont les *Batrachospermum* et les *Lemanea*. On les trouve assez abondamment sur les pierres et les rochers des ruisseaux à cours rapide.

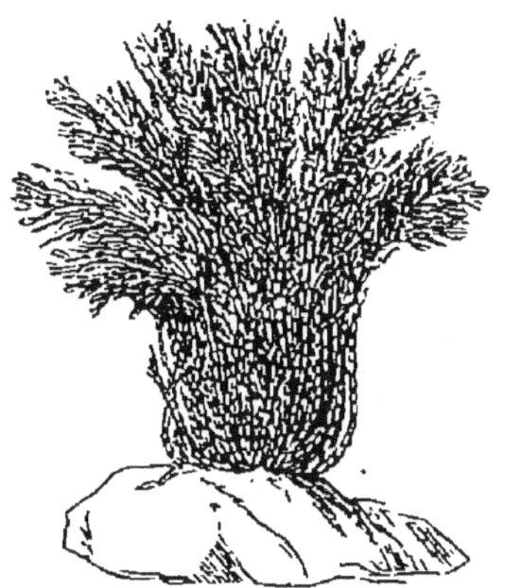

Fig. 205. — Coralline officinale. (*Corallina officinalis.*)

275. Les Algues vertes. — Contrairement aux Floridées, les *Algues vertes* habitent presque toutes les eaux douces. Quelques-unes vivent sur le sol humide, sur les rochers, plus rarement sur les écorces. Les Algues vertes les plus remarquables sont d'abord les *Characées*, comprenant les deux genres *Chara* et *Nitella*.

Les Characées sont monoïques ou dioïques ; elles habitent de préférence les étangs, les mares et les fossés, rarement les ruisseaux rapides ; leur thalle filamenteux, ramifié en verticilles, mesure depuis un décimètre jusqu'à un mètre de longueur ; le diamètre est à peine de deux millimètres. Ces Algues s'incrustent fréquemment de calcaire, particularité qui leur donne de la rigidité. Les Characées se multiplient par œufs et par portions détachées de la plante, ou par des branches adventives qui s'isolent ; c'est une sorte de marcottage naturel. Chez les *Chara*, les anthéridies (fig. 206, G, *a*) naissent toujours sur les rameaux verticillés ; l'anthéridie a la forme d'une petite sphère de couleur rouge, placée au-dessous de l'oogone ; celle-ci représente un ellipsoïde plus ou moins allongé, constitué par des cellules étroitement enveloppées par des tubes enroulés en spirales ; en outre, dans les *Chara*, l'oogone est entourée d'un involucre composé de 4-8 ramuscules ou bractées (fig. 206, G, *b*). Les oogones et les anthéridies des *Nitella* occupent les angles de division des rameaux ; de plus, les oogones sont groupées ordinairement par paire au-dessous de l'anthéridie, et sont dépourvues d'involucre. Les Characées exhalent une odeur alliacée et marécageuse qui, longtemps respirée, peut devenir nuisible.

Parmi les autres Algues vertes, on peut citer les **Cladophora**, les **Vaucheria** et les **Spirogyra**, Algues d'eau douce à thalle filamenteux ; les *Spirogyra* sont remarquables par les cellules remplies de chlorophylle disposée en ruban (fig. 81, A) ; les **Ulva**, Algues marines à thalle membraneux

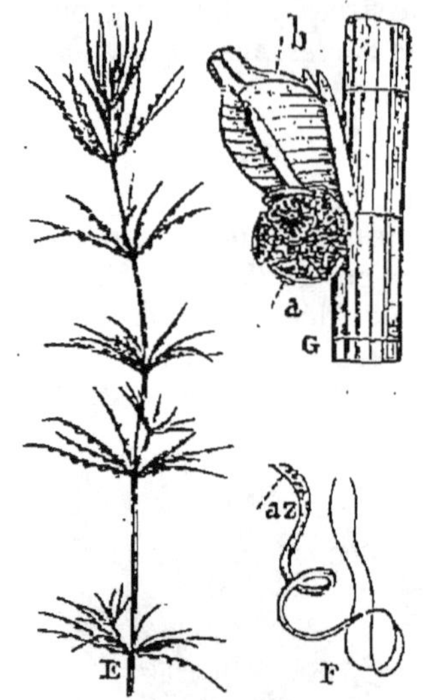

Fig. 206. — Extrémité d'une tige de *Chara fragilis*, dont les rameaux portent les oogones et les anthéridies. — G, fragment d'un rameau portant un oogone *b*, entouré d'un involucre ; anthéridie *a*. — F, anthérozoïde *az*, très grossi.

276. Les Algues brunes. — La plupart des Algues brunes sont marines ; leur thalle, simple ou ramifié, acquiert parfois plusieurs centaines de mètres de longueur (*Macrocystis*).

Les Algues brunes les plus connues sont les *Fucus* ou *Varechs*, les *Sargasses*, les *Laminaires*, les *Macrocystis* et les *Diatomées*.

Les Fucus (fig. 135) ont un thalle à ramification souvent dichotomique, se fixant aux rochers maritimes à l'aide de crampons. Dans quelques espèces, le thalle est muni de vésicules remplies d'un gaz qui paraît être de l'azote ; ces vésicules jouent le rôle de flotteurs.

Les Sargasses (fig. 207) sont remarquables par leurs grandes dimensions, et par leurs flotteurs ressemblant à des fruits pédicellés. C'est grâce à ces flotteurs que s'accumulent ces vastes amas de thalles qui portent le nom de *mer de Sargasse*. Arrachés à la côte américaine, ces thalles sont portés en haute mer par les courants marins, et se rassemblent dans la région tranquille en une immense prairie flottante qui s'étend entre les Canaries, les Açores et les Bermudes. Les Sargasses sont connues des marins sous le nom de *Raisins des tropiques*.

Les Laminaires se fixent aux rochers au moyen de crampons, et laissent flotter dans l'eau une lame très longue.

Les Macrocystis sont des Algues des grands océans de l'hémisphère austral ; leur thalle peut atteindre jusqu'à 300 mètres de longueur. La forme générale de ces géants de la flore marine est celle d'un cordon sur lequel sont insérées de nombreuses lames. Le long des côtes du Chili, les Macrocystis forment de véritables forêts sous-marines.

Dans l'Océan antarctique, les **Durvillea**, quoique moins grands que les Macrocystis, arrêtaient, dit-on, les vaisseaux de Dumont-d'Urville.

Les Diatomées sont des Algues brunes microscopiques et unicellulaires, se développant en quantité immense dans les eaux douces, saumâtres ou salées, et aussi sur la terre humide. Chaque cellule se compose

de deux valves disposées comme une boîte à savonnette. La membrane
cellulaire, fortement silicifiée, est souvent ornée de sculptures d'une
merveilleuse élégance; de plus, par suite de cette minéralisation de
la membrane, les
Diatomées peuvent
résister à l'action
du feu et à celle
des acides les plus
puissants. C'est là
le caractère le plus
original de ces
plantes, par où
elles se distinguent,
non seulement des
autres Thallophy-
tes, mais de tous
les autres végétaux.
Ces petites Algues
jouent un rôle im-
portant dans la
constitution des dé-
pôts sédimentaires
qui s'accumulent
au fond des mers,
des estuaires et des
lacs. Ce rôle, les

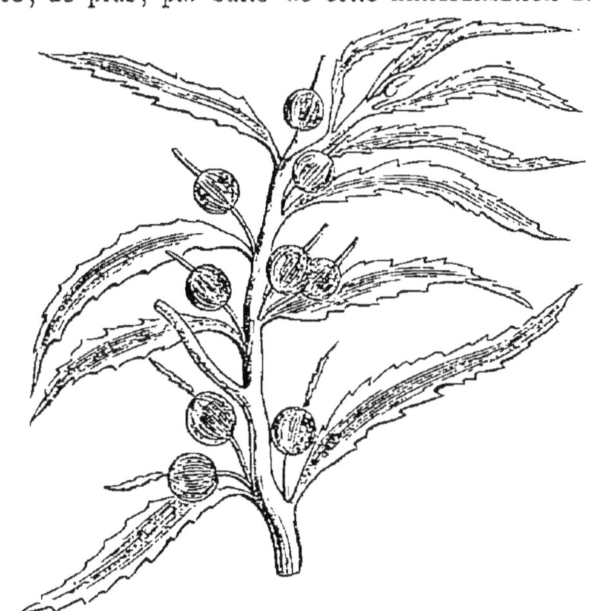

Fig. 207. — Extrémité d'un thalle de Sargasse (*Sargassum
natans*), avec ses flotteurs sphériques pédicellés.

Diatomées l'ont joué aussi dans les temps anciens, et l'on rencontre
aujourd'hui, dans l'écorce terrestre, des couches d'une surface considérable et d'une grande épaisseur, composées en majeure partie
de membranes siliceuses de Diatomées. Les villes de Berlin, de
Kœnigsberg, sont bâties sur un pareil dépôt d'eau douce, mesurant
jusqu'à 23 mètres d'épaisseur et d'origine récente; la ville de Rich-
mond, aux États-Unis, est située sur un dépôt marin de même nature,
et qui remonte à l'époque tertiaire. Ces roches pulvérulentes servent
à polir les métaux; on les nomme *tripoli*. Quand le dépôt est exclusivement formé de carapaces de Diatomées, il est d'un gris clair ou
d'un blanc pur. Cette homogénéité le rend précieux pour entrer, sans
danger d'explosion, en mélange avec la nitro-glycérine dans la composition de la dynamite; tels sont les dépôts d'Éger en Allemagne, de
Degernfors en Finlande, de Santa-Fiora en Toscane, d'Auxillac, de
Ceyssal, des Rouilhas, de Ponteix et de Randanne en Auvergne; ces
derniers dépôts, exploités autrefois par l'administration militaire, sont
connus sous le nom de *Randannite d'Auvergne*.

277. Les Algues bleues. — Les Algues bleues sont répandues à
profusion dans la mer, dans les eaux douces et sur la terre humide.
Un grand nombre sont dépourvues de chlorophylle, et hors d'état, par
conséquent, de décomposer l'acide carbonique. Comme les Champignons, ces Algues se développent aux dépens des matières orga-

niques en voie de décomposition ou aux dépens d'organismes vivants; dans ce dernier cas, elles réduisent les diverses substances dont elles se nourrissent. Lorsqu'elles se développent dans le corps d'un animal, elles y provoquent des maladies presque toujours mortelles.

Les principales Algues bleues sont les *Oscillaires*, les *Nostocs* et les *Bactéries*.

Les Oscillaires, ainsi nommées à cause du mouvement oscillatoire dont elles sont douées, sont très petites, à filaments libres et d'un bleu verdâtre; elles abondent dans les sources minérales chaudes, surtout dans les sources sulfureuses; elles possèdent la propriété singulière de réduire les sulfates en dégageant l'acide sulfhydrique et en déposant du soufre à l'état de granules cristallisés.

Les Nostocs se présentent sous la forme de masses arrondies, atteignant souvent la grosseur d'une noix. Ces Algues sont formées de filaments onduleux, enchevêtrés, entourés d'une gaine gélatineuse, et le tout aggloméré en une seule masse. Les Nostocs sont très abondants, surtout après une pluie chaude; ils couvrent parfois les allées ombragées des jardins, les talus et les bords des routes, principalement sur les terrains calcaires.

Les Bactéries (fig. 208) occupent le dernier échelon de la classe des Algues. Les beaux travaux de Pasteur ont mis en lumière le rôle important des Bactéries dans les fermentations, dans l'altération du vin et de la bière, dans la putréfaction des matières organiques, et surtout dans les maladies infectieuses, telles que le *charbon*, le *choléra*, les *fièvres paludéennes*, la *petite vérole*, la *rage*, etc.

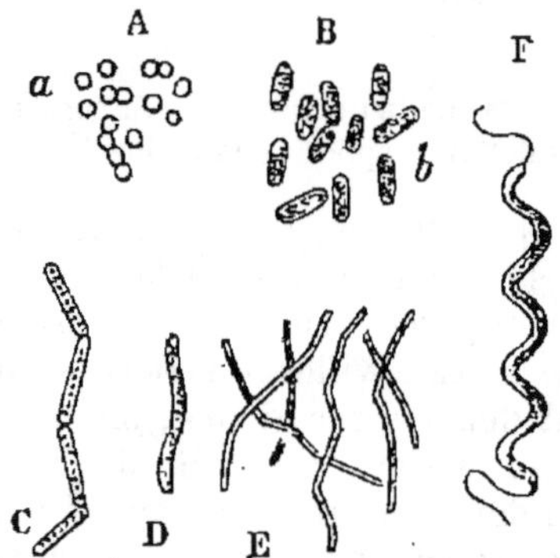

Fig. 208. — Quelques formes de Bactéries vues au microscope. — A, Micrococcus prodigiosus. — B, Bacterium lineola. — C, Bacillus ulna. — D, Vibrio rugula. — E, Leptothrix buccalis. — F, Spirillum volutans.

Le thalle des Bactéries est formé de cellules extrêmement petites, unies ou isolées; elles sont ordinairement dépourvues de chlorophylle. Ces Algues inférieures se reproduisent par spores. D'après la nature des décompositions que ces petites plantes provoquent dans les substances dont elles se nourrissent, on peut les diviser en trois groupes : les *Bactéries chromogènes*, les *Bactéries ferments* et les *Bactéries pathogènes* ou *Microbes*.

Les *Bactéries chromogènes* forment au contact de l'air divers principes colorants analogues aux couleurs d'aniline. Le *Bacillus ruber* et le *Micrococcus prodigiosus* (fig. 208, A) se développent fréquemment sur les substances féculentes cuites et dans le lait, en produisant le *lait rouge*; le *Micrococcus aurantiacus* rend le *lait jaune*, et le *lait bleu* est dû au *Bacterium cyanogenum*.

Les *Bactéries ferments* sont très nombreuses. L'espèce la plus remarquable est le *Bacillus Amylobacter*, qui se développe en l'absence de l'oxygène libre, et décompose les matières ternaires les plus diverses en acide butyrique, acide carbonique, hydrogène, etc. Cette Bactérie possède aussi la propriété de dissoudre certaines variétés de cellulose; dans la putréfaction des tissus végétaux et dans le rouissage, elle détruit les membranes cellulaires du parenchyme et isole les fibres textiles. Elle joue encore un rôle important dans la digestion des tissus végétaux par les animaux herbivores, dans la panse desquels elle est excessivement abondante. Le *Micrococcus aceti* oxyde l'alcool et le transforme en acide acétique; il est l'agent de la fabrication du vinaigre. Le *Micrococcus lacticus* dédouble le sucre de lait en acide lactique; il est l'agent de la fabrication du fromage.

Les *Bactéries pathogènes* ou *Microbes* sont la cause probable des maladies épidémiques. Les plus connues de ces Bactéries sont : le *Bacillus anthracis* qui, en se développant dans le sang des animaux, enlève l'oxygène aux hématies, transforme ainsi le sang artériel en sang veineux, et provoque cette maladie rapidement mortelle connue sous le nom de *charbon*. — Le *Bacillus tuberculosis*, agent de la tuberculose. — Le *Leptothrix buccalis* (fig. 208, E), qui provoque la carie des dents.

Le croup, l'érésipèle, le choléra des poules, la pébrine des vers à soie, etc., sont attribués aussi à des Bactéries.

LES LICHENS

278. Caractères et propriétés générales des Lichens. — Le thalle, ou appareil végétatif des Lichens, se compose, comme on le sait, du thalle incolore formé de filaments cloisonnés et ramifiés d'un Champignon, et par le thalle pourvu de chlorophylle et diversement conformé d'une Algue. Dans ce contact intime, les deux thalles agissent l'un sur l'autre. Il s'opère entre eux un échange de substances nutritives; il y a nutrition réciproque; le Champignon puise dans l'Algue une partie des principes hydrocarbonés qu'elle produit sous l'influence de la lumière et de la chlorophylle, et que lui-même est impuissant à former; l'Algue, à son tour, prend au Champignon une partie des matières azotées et albuminoïdes qu'à l'aide de ces hydrates de carbone il sait fabriquer plus rapidement qu'elle; en outre, le Champignon protège l'Algue contre le vent et la sécheresse, et lui permet ainsi de se maintenir toute l'année sur les rochers arides et les écorces, où elle ne pourrait vivre sans le secours du Champignon. L'appareil sporifère des Lichens est désigné, d'une manière générale, sous le nom d'*apothécie* (fig. 209), analogue à l'archégone des Muscinées. Les apothécies se présentent ordinairement sous la forme de disques; elles sont situées à la surface du thalle ou immergées dans son tissu; on les reconnaît facilement à leur couleur, qui est presque toujours différente de celle du thalle. Les spores sont renfermées dans des cellules allongées nommées *thèques* ou *asques* (fig. 210), entremêlées de *paraphyses* ou thèques stériles. Chaque thèque contient le plus souvent huit spores. A la maturité, les thèques s'ouvrent avec élasticité pour disséminer les spores; la spore, en germant, s'associe à une Algue pour reproduire un nouveau Lichen. Sous le nom de *gonidies*, on désigne les cellules vertes que l'on trouve dans le thalle; les gonidies ne sont autre chose que les cellules de l'Algue associée au Champignon pour constituer le Lichen.

Ces végétaux, d'une organisation merveilleuse, s'installent partout où ils trouvent l'air, la lumière et l'humidité. Les corps les plus durs et les plus polis ne se soustraient pas toujours à leur envahissement; ils se développent non seulement sur les roches les plus compactes, mais on en trouve aussi

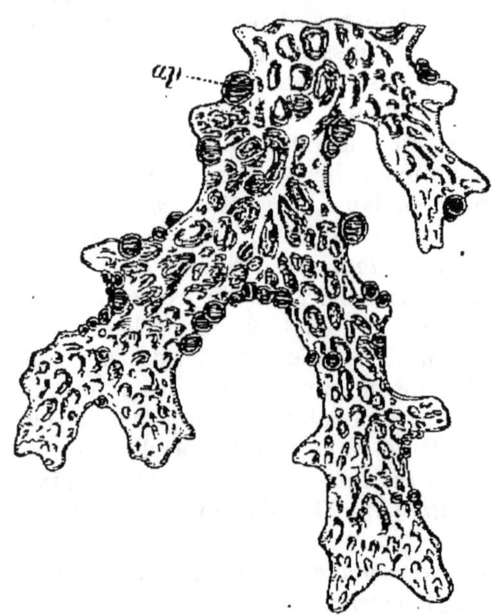

Fig. 209. — Fragment de thalle du Lichen pulmonaire (*Sticta pulmonacea*), portant des apothécies *ap*.

sur le fer et le verre. Quoiqu'ils se développent à toutes les altitudes et à toutes les expositions, pourtant ils recherchent de préférence l'exposition nord et celle de l'ouest, parce qu'elles leur offrent plus de fraîcheur.

Le thalle de plusieurs Lichens renferme une substance amylacée (*lichénine*) à laquelle on a reconnu des propriétés nutritives. Avec le Lichen d'Islande (*Cetraria Islandica*) les habitants des contrées pauvres du nord de l'Europe préparent une farine alimentaire; par les principes amers qu'il renferme, ce Lichen est aussi d'un emploi journalier en médecine. Dans ces derniers temps, on a aussi employé avec avantage, comme fébrifuge et anthelmintique, la Pertusaire amère (*Pertusaria amara*). D'après Nylander, les Lichens ne contiennent aucun principe vénéneux. Le Lichen du renne (*Cladonia rangiferina*) est d'une grande utilité en tant que nourriture principale et presque exclusive de cet animal, sans lequel la zone arctique ne serait pas habitable; on sait, en effet, que les rennes donnent à leurs maîtres un délicieux laitage, une chair succulente et de chaudes fourrures, réunissant ainsi, pour le paisible Lapon, tous les avantages que présentent séparément le cheval, le bœuf et la brebis, pour l'habitant plus fortuné de l'Europe tempérée. L'industrie des teinturiers demande aussi aux Lichens quelques nuances assez riches. La Parelle d'Auvergne (*Lecanora Parella*) fournit une belle couleur rouge-violet (*Orseille d'Auvergne*). Dans les contrées scandinaves, on emploie beaucoup, surtout pour teindre la laine, les *Parmelia saxatilis* et *conspersa*, espèces communes. Le principe colorant, l'*orcine*, est fourni par une Pertusaire (*Pertusaria dealbata*), qui est aussi très répandue sur les rochers; la *parmélochromine*, autre principe colorant, est extrait d'une Physcie (*Physcia parietina*), l'une des espèces les plus abondantes sur les rochers et les écorces; enfin l'Orseille des Canaries (*Rocella tinctoria*) renferme des éléments qui, sous l'influence des alcalis, donnent de belles couleurs bleues, pourpres ou violettes.

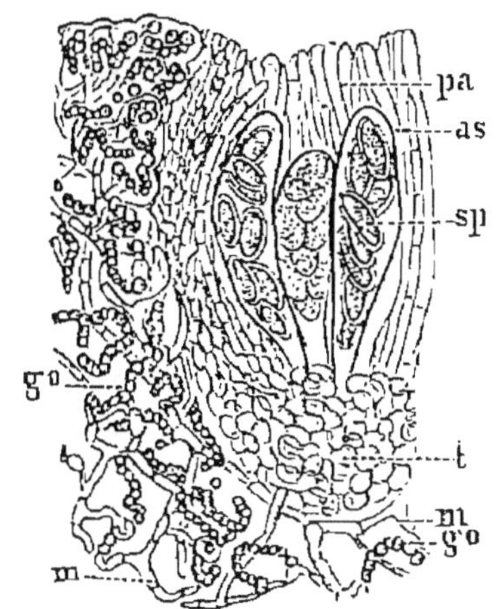

Fig. 210. — Coupe d'un lichen suivant une apothécie. — *go*, gonidies ou cellules vertes de l'Algue; *m*, filaments du Champignon ou hyphes; *as*, asque ou thèque, renfermant 8 spores *sp*; *pa*, paraphyses; *t*, tissu dans lequel se forment les asques.

279. Exemples de Lichens : les *Cladonies*, les *Usnea*, les *Cetraria*, les *Parmélies*, le *Lichen pulmonaire*, les *Lecanora*, les *Pertusaires*, les *Lécidées*, etc.

Les Cladonies, à thalle ordinairement très rameux, renferment une substance amylacée nutritive; l'espèce principale, connue sous le nom de **Lichen des rennes** (*Cladonia rangiferina*), couvre d'immenses espaces dans le Nord, où ce Lichen est une ressource précieuse pour la nourriture de ces animaux.

Les Usnea ont un thalle filamenteux et blanchâtre qui peut acquérir parfois un mètre de longueur. L'*Usnea barbata* (fig. 211) est l'une des espèces les plus répandues. Ces Lichens, connus sous le nom vulgaire de **Barbe de capucin,** recherchent les forêts sombres et croissent sur les arbres.

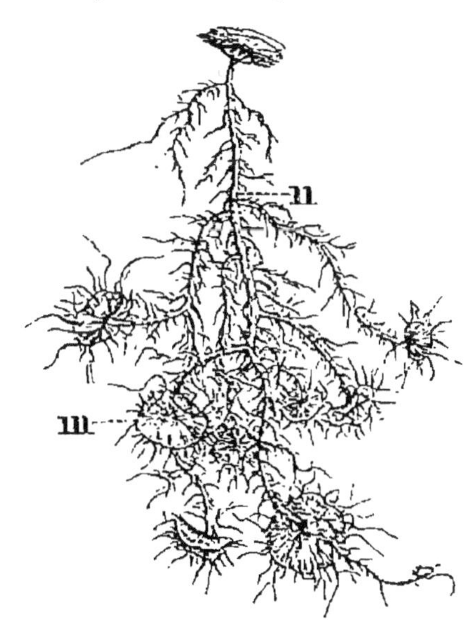

Fig. 211. — Usnea. — *n*, thalle; *m*, apothécie à bords ciliés.

Les Cetraria ont un thalle de consistance cartilagineuse. L'espèce la plus importante est le **Lichen d'Islande** (*Cetraria Islandica*), très commun sur les rochers et les pentes des montagnes.

Les Parmélies ont le thalle diversement découpé, étalé, d'un vert cendré ou brun ; la plupart des Parmélies croissent abondamment sur les écorces et les rochers.

Le Lichen pulmonaire (*Sticta pulmonacea*, fig. 209) est remarquable par son thalle membraneux très développé, d'un vert livide à l'état frais, réticulé, muni d'aréoles enfoncées formant des macules gibbeuses en dessous. Ce beau Lichen se trouve sur les troncs des Sapins, des Châtaigniers, où il n'est pas rare.

Les Lecanora, Lichens ordinairement de petite taille et à thalle peu apparent, sont très nombreux en espèces ; l'un des plus intéressants est la **Parelle d'Auvergne** (*Lecanora Parella*), espèce tinctoriale abondante sur les rochers et les écorces.

Les Pertusaires, à thalle verruqueux, ont les apothécies immergées dans les verrues du thalle. L'espèce principale est la **Pertusaire blanchâtre** (*Pertusaria dealbata*), assez commune sur les rochers.

Les Lécidées, Lichens très petits, à thalle quelquefois nul ou presque nul ; genres nombreux en espèces, dont quelques-unes se trouvent sur la limite indécise des Lichens et des Champignons.

LES CHAMPIGNONS

280. Caractéres et propriétés générales des Champignons. — On sait que les Champignons sont des Thallophytes constamment dépourvus de chlorophylle ; par conséquent ils sont incapables de décomposer l'acide carbonique, et n'ont aucun besoin de lumière pour se nourrir et s'accroître ; aussi plusieurs d'entre eux peuvent parcourir toutes les phases de leur développement dans l'obscurité la plus profonde, comme la Truffe et autres Champignons souterrains. Cependant le carbone leur est tout aussi nécessaire qu'aux autres plantes. Ils se le procurent en absorbant les composés carbonés formés aux dépens de l'acide carbonique par les plantes vertes. Ces composés, les Champignons les puisent, soit dans les débris des animaux et des végétaux morts, dont ils achèvent la décomposition (Champignons saprophytes), soit directement dans le corps des végétaux vivants (Champignons endophytes) ; ils sont alors parasites, et leur parasitisme est ordinairement mortel pour la plante hospitalière. Le thalle se développe tantôt à l'intérieur, tantôt à l'extérieur du milieu nutritif ; dans ce dernier cas, il plonge dans le milieu nutritif certains de ses filaments courts et rameux, lesquels jouent le rôle d'organes d'absorption. Parvenus à l'état adulte, le thalle produit des spores qui donnent naissance à de nouvelles plantes.

D'après la nature du thalle et le mode de formation des spores, les principaux groupes de Champignons sont : les *Ascomycètes*, les *Basidiomycètes*, les *Urédinées*, les *Ustilaginées*, les *Oomycètes* et les *Myxomycètes*.

281. Les Ascomycètes. — Les Ascomycètes forment leurs spores à l'intérieur de cellules spéciales nommées *asques*, analogues aux thèques des Lichens (spores endogènes). Le mycélium des Ascomycètes se développe souvent dans des matières organiques en voie de décomposition, aussi quelques-uns de ces Champignons appartiennent-ils aux moisissures les plus vulgaires, comme la *Levure de bière*; plusieurs se développent dans la terre humide (Morille, Pézize), d'autres dans l'intérieur du sol (Truffe); ailleurs, le mycélium s'établit en parasite sur les plantes vivantes, où il provoque un grand nombre de maladies (Oïdium de la Vigne, Ergot du Seigle); bien souvent il se borne à contracter une étroite union avec des Algues inférieures, et réalise ces associations à bénéfice réciproque que l'on connaît sous le nom de *Lichens*.

282. Exemples d'Ascomycètes : la *Morille*, les *Pézizes*, la *Truffe*, l'*Oïdium de la Vigne*, l'*Ergot du Seigle*, la *Levure de bière*, etc.

La Morille comestible (*Morchella esculenta*, fig. 212) se distingue facilement à son appareil sporifère ovoïde, dont la surface est creusée d'alvéoles qui lui donnent l'apparence d'une éponge. Cet excellent Champignon est d'une couleur jaunâtre ou d'un gris clair passant au bistre. La Morille n'est pas rare au printemps dans les bois, au bord des Vignes, etc.

Les Pézizes sont remarquables par leur appareil sporifère creusé en forme de coupe. L'espèce la plus importante au point de vue culinaire est la **Pézize en ciboire** (*Peziza acetabulum*); elle est comparable à la Morille pour l'excellence de sa chair. Ce Champignon est parfois très commun dans les bois au printemps et à l'automne.

La Truffe comestible (*Tuber cibarium*) se trouve principalement dans les bois de Chênes des climats méridionaux et tempérés, à une profondeur de dix à trente centimètres. Les deux espèces les plus estimées sont la **Truffe du Périgord**

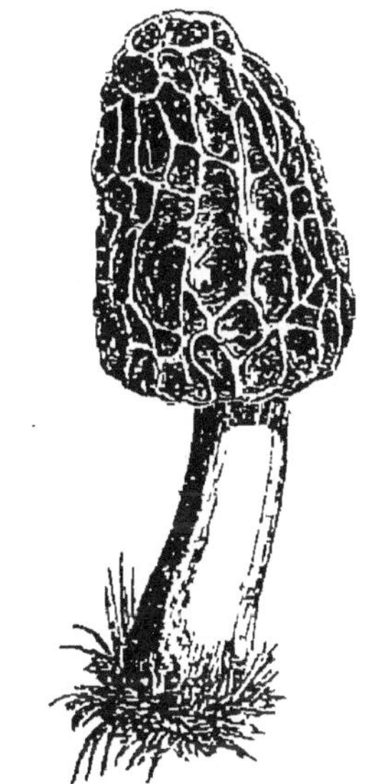

Fig. 212. — Morille comestible. Les spores se forment dans les cellules du tissu qui tapisse les alvéoles.

(fig. 213) et la **Truffe blanche,** beaucoup moins parfumée que celle du Périgord, que l'on trouve un peu partout dans le Midi, et surtout en Italie. Les trufficulteurs ont enfin réussi à cultiver le précieux Champignon, et aujourd'hui les truffières artificielles établies dans plusieurs départements du Midi, en particulier dans le Vaucluse et les Basses-Alpes, fournissent au moins un tiers de la totalité des truffes livrées au commerce.

A propos du parasitisme, on a déjà dit quelques mots des pertes causées par l'Oïdium de la Vigne et par l'Ergot du Seigle.

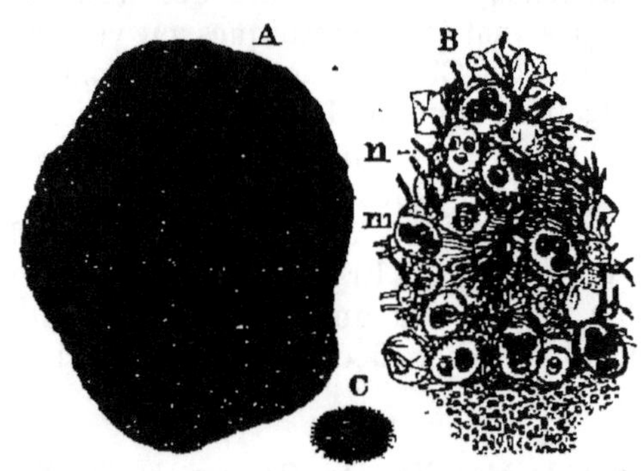

Fig. 213. — Truffe du Périgord. Les spores se forment dans les cellules situées au milieu de la substance charnue. — A, Champignon complet. — B, fragment de la substance charnue vu au microscope, montrant les cellules *m, n*, contenant des spores à divers degrés de maturité. — C, sporc mûre grossie.

La Levure de bière (*Saccharomyces cerevisiæ*, fig. 142) se compose de cellules ovoïdes, disposées bout à bout en forme de chapelet. Chacune de ces cellules peut en produire successivement de nouvelles, et le chapelet s'allonge ainsi et se ramifie indéfiniment. A l'air libre, la Levure absorbe de l'oxygène et dégage de l'acide carbonique comme toutes les autres plantes ; mais dans un milieu privé d'oxygène, la respiration ne peut plus s'effectuer ; pourtant si le Champignon se trouve dans un milieu renfermant de la glycose, il peut continuer à vivre en lui empruntant l'oxygène dont il a besoin ; dans ce cas, on sait que la glycose est décomposée par la Levure en acide carbonique qui se dégage, et en alcool qui reste en dissolution. Cette décomposition de la glycose par la Levure est connue sous le nom de *fermentation alcoolique*. On obtient facilement une fermentation alcoolique en mettant dans un flacon une dissolution de glycose et une certaine quantité de Levure. Lorsque la Levure a absorbé tout l'oxygène dissous dans l'eau du flacon, elle décompose la glycose, et la fermentation se produit ; on constate un dégagement abondant d'acide carbonique, et en même temps l'eau du flacon se charge d'une proportion de plus en plus grande d'alcool.

La bière, le vin, le cidre et toutes les boissons alcooliques sont le résultat d'une fermentation analogue ; c'est ainsi que, dans la fabrication du vin, par exemple, le liquide sucré fourni par les raisins est décomposé, par une Levure analogue à celle de la bière, en acide carbonique qui se dégage, et en alcool qui reste dans le liquide.

283. Les Basidiomycètes. — Les *Basidiomycètes* sont caractérisées par la formation exogène des spores. Certaines cellules extérieures du tissu hyménial émettent 2-4 filaments terminés chacun par une spore (fig. 140). Ces cellules mères des spores sont nommées *basides*, d'où le nom de *Basidiomycètes* donné au groupe tout entier.

La subdivision la plus importante des Basidiomycètes est celle des *Hyménomycètes*, comprenant plus de 3000 espèces pour l'Europe seulement ; c'est à elle qu'appartiennent la plupart des Champignons à appareils sporifères de grande taille, connus vulgairement sous le nom de *Champignons à chapeau*, tels que les Agarics, les Bolets, les Polypores, les Clavaires, etc.

Lorsque le thalle a acquis son développement normal, il produit çà et là de petites masses arrondies qui sont autant de jeunes appareils sporifères (fig. 141), lesquels constituent ce que l'on appelle vulgairement un *Champignon*. Dans les Agarics, les Bolets, etc., l'appareil sporifère se compose d'un support appelé *stipe* ou *pied*, surmonté d'une partie plus ou moins élargie, nommée *péridium* ou *chapeau*. Le dessous du péridium est tapissé soit par des *lamelles* rayonnantes (Agarics), soit par des pointes isolées (Hydnes), soit par des tubes (Bolets, Polypores); le dessus du péridium est protégé par une pellicule mince nommée *cuticule* ou *épiderme*. Dans quelques espèces, le Champignon est enveloppé, pendant sa jeunesse, d'une membrane désignée sous le nom de *voile* ou *volva*. L'Oronge, l'Agaric printanier, en présentent des exemples.

C'est au groupe des Basidiomycètes, et à la section des Hyménomycètes, qu'appartient le plus grand nombre des *Champignons comestibles* et des *Champignons vénéneux*. Les Champignons sont très riches en principes azotés, l'Agaric de couche en contient 52 pour cent. Au point de vue de la richesse nutritive, ces végétaux constitueraient des aliments très recommandables si, à côté des espèces comestibles, il ne s'en trouvait de vénéneuses, présentant avec les premières des analogies telles que l'erreur est souvent très facile.

Voici, pour chacune de ces deux catégories de Champignons, quelques-unes des espèces qu'il est utile de connaître.

284. Exemples de Champignons Basidiomycètes comestibles : l'*Agaric Oronge*, l'*Agaric couleuvré*, le *Petit Mousseron*, la *Pratelle champêtre*, l'*Agaric délicieux*, la *Chanterelle*, l'*Agaric du Saule*, le *Coprin chevelu*, le *Bolet comestible*, l'*Hydne imbriqué*, la *Clavaire jaunâtre*, le *Lycoperdon géant*, etc.

L'Agaric Oronge (*Agaricus aurantiacus*. — Vulg. *Oronge*), déjà connu des Romains sous le nom de *Cibus deum* (mets des dieux), est l'un des meilleurs Champignons comestibles. L'Oronge se reconnaît au voile blanc et membraneux dont il est enveloppé pendant sa jeunesse; stipe jaune, cotonneux, muni d'un anneau large et strié. Péridium d'abord convexe, puis plan, lisse, à bord strié; lamelles jaunes. Chair ferme, jaune sous l'épiderme, parfumée. Cette excellente espèce, trop peu répandue, croît dans les prairies et les pâturages secs, et aussi dans les clairières herbeuses des bois. Été et automne.

L'Agaric couleuvré (*Agaricus colubrinus*. — Vulg. *Champignon de Bruyère, Cocherelle, Couleuvrée, Chevalier*) est une grande et belle espèce, recherchée pour sa délicatesse, surtout à l'état jeune. La Couleuvrée se distingue par son stipe élancé, long de 2-3 décimètres, grisâtre, bulbeux, muni d'un anneau mobile. Chair molle, blanche, prenant souvent une teinte purpurine; odeur de farine. Ce

Champignon croît abondamment dans les bruyères et les pâturages ; il est surtout commun en septembre et octobre.

Le Petit Mousseron (*Agaricus Abellus*), à odeur et saveur très agréables. Péridium ferme, lisse ; stipe fibrilleux, solide, se laissant tordre sans se rompre. Espèce très délicate, mais de petite taille ; on le conserve facilement par la dessiccation. Il faut le récolter quand il est jeune, parce que plus tard il est souvent attaqué par les larves de divers insectes. On le trouve, au printemps et à l'automne, dans les prairies, les pâturages, où il forme des cercles plus ou moins réguliers appelés *cercles de sorcières*.

La Pratelle champêtre (*Pratella campestris.* — Vulg. *Rosé, Champignon de couche,* fig. 214) est l'espèce cultivée sous le nom de *Champignon de couche ;* en Angleterre et dans les environs de nos grandes villes, on comprend tout l'avantage de cette culture, qui passe pour très lucrative. La Pratelle champêtre est commune dans les prés et les pâturages, surtout à l'automne. On la reconnaît au stipe plein, blanc, muni d'un anneau membraneux,

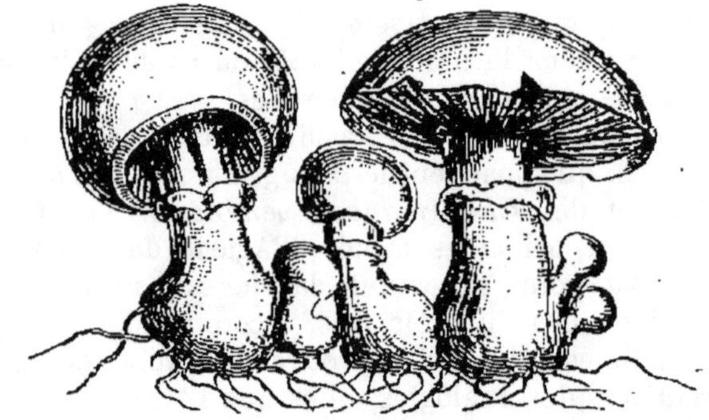

Fig. 214. — La Pratelle champêtre. — Les filaments que l'on voit à la base des stipes représentent le mycélium ou blanc de Champignon.

fugace. Péridium hémisphérique, puis convexe, soyeux, blanc, incarnat ou fauve. Lamelles serrées, ventrues, blanches ou rosées et enfin noirâtres. Chair épaisse, très parfumée, molle, prenant à l'air une teinte rosée.

L'Agaric délicieux (*Agaricus deliciosus*) croît à l'automne dans les bois de Conifères, où il abonde. Stipe d'abord plein, puis creux. Péridium plan convexe, ou creusé en coupe, orangé, marqué de zones plus foncées, souvent taché de vert. Lamelles arquées, orangées, à la fin verdâtres. Chair âcre, dure, cassante, blanche, devenant orangée et verdâtre, laissant couler un lait orangé aussitôt qu'on l'entame. Cette espèce est peu recherchée, à cause probablement de sa physionomie suspecte, et de la couleur verdâtre qu'elle acquiert par la cuisson.

L'Agaric Chanterelle (*Agaricus Cantharellus.* — Vulg. *Chanterelle, Jaunette,* fig. 215) est une excellente espèce, à stipe charnu. Péridium convexe, puis en coupe et festonné. Lamelles réduites à des nervures rameuses et décurrentes, d'un beau jaune, ainsi que toute la plante. Chair ferme, blanche, à odeur d'Abricot. La Chanterelle croît en troupe dans les bois. Printemps, été, automne.

L'Agaric du Saule (*Agaricus salignus*) croît en touffe au pied des Saules pourrissants, où il n'est pas rare au printemps et à l'automne. Stipe oblique, blanc. Péridium charnu, ferme, à bords amincis et enroulés en dessous, de couleur café au lait. Lamelles blanches, puis cendrées, décurrentes. Chair tenace, blanche, très parfumée.

Le Coprin chevelu (*Coprinus comatus*) est l'une des espèces les plus délicates; mais il faut la cueillir avant l'épanouissement du péridium et la préparer le jour même de la récolte, car elle se décompose rapidement. Stipe creux, bulbeux, blanc, puis lilacé, soyeux; anneau mince, mobile, blanc. Péridium peu charnu, ovoïde, à la fin campanulé, blanc, ou rosé au bord, et enfin noir, couvert de mèches fibrilleuses; lamelles blanches ou rosées, et plus tard

Fig. 215. — Agaric Chanterelle. (Gaston BONNIER.)

d'un noir violet. Cette bonne espèce croît ordinairement en touffe dans les terrains gras et au bord des chemins humides. Printemps, été, automne. Avant son épanouissement, le Coprin chevelu ressemble beaucoup à de jeunes pieds d'Agaric couleuvré.

Le Bolet comestible (*Boletus edulis*. — Vulg. *Cèpe, Potiron*) se reconnaît à son stipe épais, orné d'un réseau veineux. Péridium convexe, épais, brun ou fuligineux. Chair tendre, blanche, rougeâtre sous l'épiderme; odeur et saveur agréables. Espèce excellente; on en fait une grande consommation, surtout dans le Midi et dans plusieurs départements du centre. Divisé en morceaux et séché, il se conserve très bien et devient un objet de commerce important. Le Cèpe est commun dans les bois, parmi les Mousses. Printemps, été, automne.

L'Hydne imbriqué (*Hydnum imbricatum*, fig. 216) est caractérisé par son stipe glabre, grisâtre, souvent très court. Péridium convexe, puis en entonnoir, large de 1-4 décimètres, épais, d'abord cendré, ensuite noir, taché de larges écailles d'un gris brun, à la fin noires. Chair ferme, amère, fragile, grisâtre ou noire. Aiguillons décurrents, fragiles. L'Hydne imbriqué est souvent rejeté à cause de sa couleur suspecte; pourtant cette espèce peut être considérée comme l'une des meilleures,

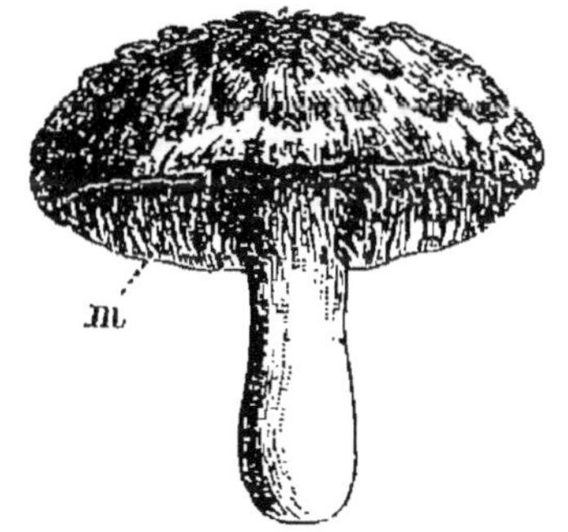

Fig. 216. — L'Hydne imbriqué. — Les spores se forment au sommet des aiguilles *m*, qui tapissent le dessous du péridium.

très parfumée et d'une digestion facile; en outre elle a l'avantage d'être rarement attaquée par les larves des insectes. On la trouve à l'automne dans les bois de Conifères. La figure 216 représente la plante encore jeune. Il n'est pas rare de rencontrer des pieds d'un kilogramme et plus.

Fig. 217. — La Clavaire jaunâtre. — Les spores se forment à l'extrémité des rameaux.

La Clavaire jaunâtre (*Clavaria flava.* — Vulg. *Barbe de Chèvre,* fig. 217) est caractérisée par un tronc épais, fragile, blanc; par les rameaux obtus, d'un jaune soufre. Chair blanche; odeur et saveur très agréables. Croît dans les bois ombragés. Été, automne. Cette Clavaire desséchée se conserve très bien.

Le Lycoperdon géant (*Lycoperdon giganteus*) se trouve dans les jardins maraîchers et dans les champs de Betteraves. Ce volumineux Champignon, de forme arrondie, acquiert souvent la grosseur d'un gros Melon. Il peut être mangé lorsqu'il est jeune, alors que sa chair est d'un blanc de lait; mais il doit être rejeté dès que des changements manifestes de couleur commencent à se montrer.

Il existe un grand nombre d'autres Champignons qui pourraient être mangés impunément; mais les uns doivent être négligés à cause de leur rareté, les autres pour leur qualité inférieure, et enfin le plus grand nombre à cause de la difficulté qu'il y a de les distinguer des espèces voisines et vénéneuses.

285. Exemples de Champignons Basidiomycètes vénéneux : la *Fausse Oronge,* l'*Agaric bulbeux,* l'*Agaric meurtrier,* l'*Agaric de l'Olivier,* le *Bolet luride,* etc.

Fig. 218. — La Fausse Oronge.

La Fausse Oronge (*Agaricus pseudoaurantius,* fig. 218), l'une des espèces les plus élégantes, est très commune dans les bois, surtout sous les Sapins et les Bouleaux. Malheureusement elle passe pour être très vénéneuse, bien qu'on la mange en Russie et ailleurs; mais cela tient probablement à ce que le principe vénéneux (*amanitine*) ne se développe pas toujours dans les mêmes proportions; sa quantité peut varier avec le milieu de végétation (climat, terrain, expositions, etc.), comme cela se voit pour d'autres plantes. Dans tous les cas, malgré les dires qui semblent

militer en faveur de cette espèce, il est prudent de s'abstenir d'en
manger, et de la considérer comme une espèce très dangereuse, jusqu'à ce que des expériences positives soient venues prouver le
contraire. Ce Champignon se reconnaît à son stipe gros, bulbeux,
à moelle soyeuse; bulbe entouré d'une marge floconneuse; anneau
lâche, blanc, teinté de citrin en dessous. Péridium convexe, large
de 10-20 centimètres, rouge vif, orangé ou jaune d'or, parsemé de
flocons membraneux. Chair blanche, douceâtre, inodore. Lamelles
blanches, épaisses, finement denticulées. Été, automne.

L'Agaric bulbeux (*Agaricus bulbosus*) se reconnaît au stipe
bulbeux, rempli d'une moelle soyeuse, volva enveloppant d'abord
entièrement le Champignon, puis s'ouvrant par déchirure et persistant autour de la base du stipe. Chair blanchâtre, insipide, odeur
vireuse prononcée. Lamelles blanches, teintées de vert. — Cette
espèce, extrêmement vénéneuse, croît dans les bois et les prairies.
Printemps, été, automne.

L'Agaric bulbeux est la cause de la plupart des empoisonnements
par les Champignons, parce qu'il est très facile de le confondre, soit
avec l'Agaric ovoïde, soit avec l'Agaric champêtre, qui sont l'un et
l'autre comestibles. La comparaison des caractères spécifiques de ces
trois Champignons peut seule faire éviter les erreurs et les terribles
accidents qui en sont la conséquence.

L'Agaric meurtrier (*Agaricus necator*), à stipe épais, dépourvu
d'anneau; à péridium d'abord convexe, puis concave, d'un blanc sale,
marqué de zones concentriques, lamelles formant un bourrelet autour
du stipe. Chair blanchâtre, devenant jaunâtre à l'air, renfermant un lait
âcre et caustique. Espèce commune dans les bois de Pins. Automne.

L'Agaric de l'Olivier (*Agaricus olearius*, fig. 219) est caractérisé par un stipe court,
d'un jaune roux. Péridium
difforme, d'un brun rouge
enfumé. Lamelles d'un jaune
doré, décurrentes. Chair dure
et filandreuse. Ce Champignon croît en touffes volu-
mineuses sur les racines de
l'Olivier. Il présente le phénomène de la phosphores-
cence.

Le Bolet luride (*Boletus luridus*), à stipe cylindrique, orné d'un réseau
rouge sanguin. Chair épaisse,

Fig. 219. — L'Agaric de l'Olivier.

jaunâtre, devenant bleue quand on la froisse; odeur faible, nauséeuse. Espèce très vénéneuse, commune dans les bois et les pâturages. Été, automne.

On trouve encore un grand nombre de Champignons vénéneux qu'il n'est pas possible d'énumérer ici, et dont quelques-uns sont malheureusement très voisins des espèces comestibles : tels sont l'**Agaric panthère** (*Agaricus pantherinus*), voisin de l'Agaric couleuvré ; l'**Agaric printanier** (*Agaricus vernus*), très ressemblant à l'**Amanite blanche** (*Amanita alba*), espèce excellente ; la **Chanterelle orangée** (*Cantharellus aurantiacus*), que l'on peut confondre avec la Chanterelle comestible.

La ligne de démarcation, entre les Champignons comestibles et les Champignons vénéneux, est loin d'être bien tranchée.

Les indications tirées de la couleur, de l'odeur, de la saveur, de la *station,* des cuillers d'argent noircies pendant la cuisson, etc., sont plus ou moins vagues et ne prouvent absolument rien. On a dit aussi que les espèces vénéneuses perdent leurs propriétés par la macération prolongée dans le vinaigre et le sel, par l'expression du suc, par l'ébullition à grande eau, etc. ; mais, outre que ces diverses manipulations font perdre aux Champignons une partie de leur saveur et de leurs principes nutritifs, les expériences de M. Boudier ont montré que ces opérations ne suffisent pas toujours à débarrasser le Champignon de ses éléments toxiques. L'Agaric bulbeux, par exemple, espèce vénéneuse entre toutes, traité de la sorte, conserve toutes ses propriétés malfaisantes.

Le moyen le plus sûr d'éviter les dangereuses méprises qui, trop souvent, causent la mort de familles entières, est de s'en rapporter aux personnes habituées à récolter les Champignons comestibles de leur région, ou mieux encore aux botanistes qui ont fait une étude spéciale de la Mycologie, car ici les diagnoses botaniques seules sont certaines.

Dans les empoisonnements par les Champignons, les effets toxiques varient suivant les espèces vénéneuses, le tempérament des personnes et la quantité absorbée. Un grand nombre, même à petite dose, occasionnent, dans toute l'étendue de l'appareil digestif, une irritation violente et une inflammation qui dégénèrent promptement en gangrène. Les symptômes caractéristiques sont des nausées, des envies de vomir, des anxiétés, un sentiment de suffocation ou d'oppression ; souvent une soif ardente, parfois des vomissements violents ; à ces premiers symptômes se joignent bientôt des vertiges, la stupeur, le délire, l'assoupissement, la léthargie, des convulsions aux membres et à la face ; le pouls s'affaisse graduellement, les forces s'éteignent ; les joues s'excavent, tout le corps prend une teinte bleuâtre, dernier symptôme d'une mort prochaine.

Les premiers soins à donner, dans le cas d'empoisonnement, doivent être de déterminer l'expulsion des substances toxiques au moyen de médicaments émétiques, de potions huileuses ; on conseille aussi le lait, l'eau acidulée par le vinaigre et enfin des potions éthérées.

286. Les Urédinées. — Les Urédinées sont parasites des végétaux vivants. Les spores se forment sous l'épiderme, qu'elles déchirent pour se disséminer ; le parasite se montre sous la forme de taches couleur de rouille, d'où le nom de *Rouille* que l'on donne vulgairement aux diverses maladies provoquées par les Urédinées. On sait déjà que la *Rouille du Blé* (*Puccinia Graminis*) est due à un petit Champignon parasite appartenant à ce groupe ; on sait aussi que les spores de la Rouille du Blé passent par diverses phases parasitaires, et que pour acquérir la forme définitive, qui est celle du *Puccinia Graminis*, le parasite habite alternativement l'Épine Vinette (*Berberis vulgaris*) et le Blé, ou toute autre Graminée.

287. Les Ustilaginées. — Les Ustilaginées vivent aussi en parasites dans les tissus vivants des végétaux ; le plus souvent ils se développent dans la plantule au moment de la germination, se répandent dans le corps de la plante à mesure qu'elle se développe et finissent par l'envahir entièrement. Lorsque le parasite reste à l'état de mycélium, le dommage n'est pas considérable, mais l'organe où il produit les spores est toujours détruit ; tel est le cas de la **Carie du Blé** (*Tilletia Carie*, fig. 146), du **Charbon des céréales** (*Ustilago Carbo*). Les spores des Ustilaginées se forment ordinairement dans la profondeur des tissus de la plante nourricière, rarement à la surface ; de plus elles conservent leurs facultés germinatives pendant plusieurs années, mais elles sont tuées par une immersion de quelques heures dans une dissolution de sulfate de cuivre.

288. Les Oomycètes. — Contrairement aux autres groupes de Champignons, les Oomycètes se reproduisent ordinairement par œufs. Leur thalle est essentiellement unicellulaire ; en outre il est toujours enveloppé d'une membrane de cellulose. Ces petits Champignons s'établissent tantôt en parasites sur des végétaux vivants, comme le **Peronospora infestans** de la Pomme de terre, l'**Olpidium brassicæ** du Chou, le **Phytophtora omnivora** qui ravage les cultures les plus diverses ; tantôt ils vivent dans les matières végétales ou animales en voie de décomposition (*Saprolégniées*, fig. 147) ; dans ce cas, ils sont connus sous la dénomination générale de *Champignons saprophytes*.

289. Les Myxomycètes. — Dans ce dernier groupe, le thalle est constamment dépourvu de membrane de cellulose. Ces Champignons inférieurs sont très répandus sur les débris végétaux, dans les forêts sombres et humides. Comme exemples de Myxomycètes, on peut citer l'**Arcyria incarnata** et les **Plasmodiophora**. Les Myxomycètes n'ont qu'un intérêt purement scientifique.

CHAPITRE XIX

DISTRIBUTION DES PLANTES DANS LES PRINCIPALES RÉGIONS DU GLOBE

290. Climat maritime et climat continental. — On a donné le nom de *climat maritime* ou *uniforme,* au climat des contrées où les températures de l'été et de l'hiver sont peu différentes ; comme celui de l'ouest de la France, de l'Angleterre et de l'Irlande. On appelle *climat continental* ou *extrême* celui des contrées où l'été est chaud et l'hiver très froid, comme le climat de la Russie et de la Sibérie.

291. Station et habitat d'une plante. — La *station* d'une plante est l'ensemble des conditions les plus favorables à son développement, telles que la nature chimique du sol, l'altitude, l'exposition, etc. L'*habitat* est la localité où l'on trouve la plante. Ainsi, par exemple, le Glaux maritime (*Glaux maritima* L.) a pour habitat Saint-Nectaire-les-Bains (Auvergne), et pour station les pelouses et les prairies arrosées par les eaux minérales de cette localité.

D'une manière générale, les plantes que l'on trouve dans les ruisseaux, les étangs et les lacs, ne sont pas les mêmes que celles des prairies sèches, des pelouses et des coteaux. Dans les bois et les forêts, on rencontre aussi un grand nombre d'espèces qui ne croissent pas dans les lieux découverts. Les terrains calcaires nourrissent également des plantes que l'on chercherait inutilement dans le sol siliceux. Sur les rivages maritimes et au voisinage des sources minérales du continent, on trouve des plantes que l'on ne rencontre pas ailleurs. La végétation des régions tropicales et du bassin méditerranéen est absolument différente de celle du nord de l'Europe. En résumé, la végétation d'une région donnée n'est pas uniforme ; les différents végétaux y sont distribués d'après le milieu qui leur convient le mieux ; les uns recherchent le calcaire, les autres le fuient ; les uns habitent les rivages maritimes, les autres s'en éloignent ; telle plante croît à l'exposition nord, telle autre à l'exposition sud.

Les stations des plantes sont donc modifiées par diverses influences, dont les principales sont la *nature chimique du sol*, l'*humidité*, la *lumière* et la *chaleur.*

292. Influence de la nature chimique du sol. — D'après la nature chimique du sol les plantes sont réparties en *plantes maritimes,* en *plantes calcicoles* et en *plantes calcifuges.*

Les *plantes maritimes* sont celles qui ne peuvent se propager dans un sol privé de chlorure de sodium ; elles habitent les rivages maritimes et les terrains arrosés par quelques eaux minérales du continent. La flore française comprend près de 200 Phanérogames appartenant à ce premier groupe ; on peut citer comme exemples le Panicaut maritime, l'Armoise maritime, les Salsola et les Salicornia, le Glaux maritime et les Rocella, parmi les Lichens. — On désigne sous le nom de *plantes marines* les espèces qui croissent à des profondeurs diverses sous l'eau salée. Cette catégorie de plantes se compose presque exclusivement d'Algues. Le *Posidonia oceanica,* qui croît au fond de la mer, est un exemple rare d'une Phanérogame marine.

Les *plantes calcicoles* ne se rencontrent qu'accidentellement sur les terrains privés de calcaire ; les espèces composant ce groupe sont nombreuses : parmi les plus exclusives citons la Polygale du calcaire, l'Ononis Natrix, l'Astragale de Montpellier, la petite Coronille, l'Armoise camphrée, le Sureau Yèble et la Gentiane Croisette.

Les *plantes calcifuges* ne croissent pas sur les terrains qui renferment assez de calcaire pour produire une effervescence avec les acides ; les plantes caractéristiques des terrains dépourvus de calcaires sont la Radiole faux Lin, l'Ajonc, le Genêt à Balais, la Bruyère, l'Anarrhine à feuilles de Pàquerette, le Châtaignier et la Fougère commune. La Digitale pourprée, considérée par la plupart des auteurs comme une plante calcifuge par excellence, est indiquée sur le calcaire en Sibérie par M. Alphonse de Candolle.

293. Influence de l'humidité. — L'humidité du sol influe considérablement sur la distribution des plantes. Un grand nombre d'espèces ne se trouvent que dans les cours d'eau, les lacs, les étangs. De ce nombre sont plusieurs Renoncules, les Potomogétons, les Utriculaires, les Lentilles d'eau, les Fontinales (Mousses) et la plupart des Algues. Aux bords des ruisseaux et dans les terrains humides, on trouve abondamment l'Aulne, le Peuplier, divers Saules, le Populage des marais, des Carex, des Joncs, des Prêles. On sait d'ailleurs que si l'on dessèche un marais les plantes hydrophiles ne tardent pas à être remplacées par des espèces propres aux terrains secs, telles que des Légumineuses, des Composées, des Graminées, etc.

294. Influence de la lumière. — Beaucoup de plantes recherchent le sol ombragé des bois et des forêts comme l'Anémone des bois, l'Oxalis Acetosella, l'Aspérule odorante, les Piroles, la Parisette, le Paturin des bois, plusieurs Fougères, des Mousses, des Lichens, des Champignons. Tandis que d'autres espèces habitent les plaines ensoleillées et les coteaux secs ; on peut citer en particulier les plantes grasses (Orpins, Cactus) ; grâce à la provision d'eau que ces plantes renferment dans leurs tiges ou dans leurs feuilles épaisses, elles peuvent résister à la sécheresse des stations chaudes et arides.

295. Influence de la chaleur. — La répartition de la chaleur à la surface du globe est la cause dominante de l'inégale distribution des plantes.

C'est qu'en effet chaque espèce a besoin, pour effectuer son développement complet, d'une certaine quantité de chaleur, et cette quantité de chaleur doit être maintenue entre les limites de températures qui sont spéciales à une plante donnée. Aussi les végétaux des régions équatoriales, tels que les Palmiers, les Fougères arborescentes, plantés dans le nord de la France périraient en hiver, et ne peuvent être conservés que dans les serres. Une plante de nos pays, transportée dans la région des Palmiers, périrait aussi par l'excès de chaleur qu'elle y trouverait.

De même, les plantes spéciales aux sommets élevés du Plomb du Cantal ou des Monts Dores, transportées au jardin botanique de Clermont-Ferrand, ne peuvent y passer l'hiver, à moins d'être mises dans les serres ou soigneusement abritées ; ce fait singulier s'explique facilement ; ces plantes se trouvant couvertes sur les hautes montagnes par une forte couche de neige, qui les maintient à une température voisine de zéro, ne sauraient résister dans un sol dépourvu souvent de neige et exposé à un froid de 12-17 degrés, alors même que la Vigne, l'Amandier, l'Abricotier, et un grand nombre d'espèces méridionales des coteaux de la Limagne n'en sont nullement incommodés.

L'influence de l'inégale répartition de la chaleur se manifeste d'une façon très évidente dans la distribution des espèces qui tapissent les flancs des hautes montagnes.

Quand on gravit l'une des hauteurs élevées des Pyrénées ou des Alpes, on constate que la température diminue graduellement ; en même temps, on voit les plantes de la plaine, des bois et des forêts disparaître successivement à mesure que l'on s'élève davantage ; de plus, la neige et la glace amoncelées pendant l'hiver persistent plus longtemps, et comme les plantes ne peuvent se développer à la température de la glace, il en résulte que la période de végétation devient de plus en plus courte. Les espèces de ces hautes régions doivent fleurir et fructifier dans une période de 3-4 mois. On arrive ensuite à une altitude où la végétation est rendue impossible, la neige et la glace couvrant le sol toute l'année ; c'est la limite des *neiges persistantes* ou *neiges perpétuelles ;* dans les Alpes on la trouve vers 2 700 mètres d'altitude, à l'Équateur à 4 000 mètres environ. La végétation qui couvre les pentes d'une haute montagne présente évidemment des régions végétales correspondant aux diverses altitudes, comme le montre l'exemple suivant.

296. Exemple de l'influence de la chaleur sur la distribution des plantes d'une haute montagne. — Supposons que nous partions de la base de l'un des contreforts que la chaîne des Alpes-Maritimes envoie jusqu'aux rivages de la Méditerranée, et que nous fassions l'ascension de l'un des hauts sommets couronnés de neiges persistantes, tel que le pic de l'Enchastraye ou Roche des Trois-Évêques, à une altitude de 3 000 mètres environ.

Au point de départ, non loin de Nice, nous laissons le climat le plus doux de l'Europe, où croissent le Palmier nain, l'Olivier, l'Oranger, le Citronnier, le Grenadier, le Figuier, le Laurier, les Myrtes, le Romarin, le Chêne vert, le Pin d'Alep, le Pin pignon ; c'est la *région méditerranéenne.*

Puis, à mesure que nous nous élevons, l'aspect de la végétation change ; les plantes de la région méditerranéenne sont remplacées par des arbres à feuilles caduques, tels que le Chêne, le Hêtre, le Châtaignier, constituant souvent des bois et des forêts ; le Frêne, l'Aulne, le Noyer, les arbres fruitiers de nos vergers sont aussi très nombreux, c'est la *région des forêts*. La partie supérieure de cette région est occupée par les arbres résineux tels que le Pin, le Sapin, le Mélèze, où ils peuvent s'élever jusqu'à 2000-2300 mètres. Au-dessus de 2300 mètres la durée trop courte de l'été ne permet plus aux arbres de se développer ; à partir de la limite supérieure de la région des forêts jusqu'aux neiges persistantes, le sol est couvert de pelouses composées de plantes vivaces, dont les tiges souterraines peuvent traverser sans périr la longue saison des neiges pour développer en été des rameaux aériens portant des feuilles, puis des fleurs et des fruits. Les végétaux de ces régions élevées sont presque tous herbacés, Renoncules glaciales, Saxifrages, Primevères, Gentianes, Androsaces, Graminées ; les quelques végétaux ligneux que l'on y trouve encore sont toujours de petite taille, tels que les Rhododendrons, le Bouleau nain, l'Aulne vert, plusieurs saules rabougris, à rameaux appliqués sur le sol : c'est la *région alpine*. Au voisinage des neiges la végétation disparaît brusquement ou n'est plus représentée que par des Lichens et quelques Mousses noircies, offrant l'aspect d'un malaise évident.

Tournefort, dans son ascension du mont Ararat, observa la même superposition des zones de végétation. « Au pied de la montagne, dit-il, je laissai les plantes de l'Arménie, plus haut celles de l'Italie et de la France, et enfin, près des neiges persistantes, je trouvai les plantes de la Suède et de la Laponie. » Toutes les montagnes du globe présentent d'ailleurs le même ordre de superposition des zones de végétation. Si l'on traversait les plaines de l'Europe, depuis les bords de la Méditerranée jusqu'à la partie septentrionale de la Suède et en Laponie, on observerait des variations de température analogues à celles que l'on a constatées en gravissant l'un des sommets des Alpes-Maritimes, et l'on trouverait successivement pour l'Europe les régions végétales que l'on vient de caractériser.

De Humboldt a formulé cette analogie dans le principe suivant : *La décroissance de température dans le sens vertical donne lieu à la même disposition de plantes qu'on observe en allant de l'équateur au pôle.* En d'autres termes, l'influence de la chaleur sur la végétation des diverses latitudes se traduit de la même façon que sur les montagnes élevées.

297. Aire des espèces. — Sous l'influence des diverses causes que l'on vient d'énumérer, chaque espèce se rencontre sur une étendue plus ou moins grande à la surface du globe. On appelle *aire de l'espèce* l'ensemble des différentes régions qu'elle occupe. L'aire d'une espèce sera d'autant plus grande que la graine sera mieux organisée pour une facile dissémination, et dont les conditions d'existence auront des limites plus étendues. En général les Cryptogames, surtout les Lichens, ont une aire plus étendue que les Phanérogames ; cela tient à la facilité avec laquelle les spores sont disséminées, à l'indifférence de ces plantes pour la nature du sol, et à ce qu'elles peuvent supporter toutes les latitudes et toutes les altitudes où la vie peut se manifester.

Le Laiteron des cultures (*Sonchus oleraceus* L.) paraît être la seule plante Phanérogame constituée de manière à pouvoir vivre sous tous les climats.

D'après Alphonse de Candolle, une vingtaine d'espèces Phanérogames habitent plus de la moitié de la surface du globe, telles sont : la Bourse à pasteur, le Mouron des Oiseaux, l'Erigeron du Canada, la Morelle noire, la Samole, le Lamier à feuilles embrassantes, la Grande Ortie, le Chiendent, le Paturin annuel, etc.

Les végétaux à aire restreinte habitent les îles très éloignées des continents, comme l'île Sainte-Hélène, dans laquelle on trouve une douzaine d'espèces qui n'ont pas été observées ailleurs.

Lorsque plusieurs espèces ont à peu près la même aire et qu'elles sont nombreuses en individus, elles donnent à la région qu'elles occupent une physionomie particulière ; on les nomme *espèces caractéristiques*, et leur ensemble constitue une *flore naturelle*.

Voici quelques exemples de flores naturelles.

298. La flore tropicale. — Cette région botanique est limitée au sud et au nord par les deux tropiques ; elle s'étend au sud du Sahara, dans toute l'Asie méridionale, dans l'Amérique centrale et dans une grande partie de l'Amérique du Sud. La flore tropicale est la plus riche des flores naturelles ; elle comprend à elle seule presque toutes les familles de plantes connues.

C'est dans les forêts vierges du Brésil qu'on trouve la végétation la plus compacte et la plus variée. Les Palmiers aux nombreuses espèces, les Figuiers de haute taille, les Dragonniers, les Fougères arborescentes (fig. 197) ; une multitude de Lianes entrelacées, qui rendent impénétrables certaines forêts des Indes ; sur les arbres pourrissants se développent de merveilleuses Orchidées épiphytes, en particulier le Vanillier. Signalons encore les Bananiers aux larges feuilles, les Bambous, la Canne à sucre et les Cactées aux formes bizarres.

299. Principaux produits de la flore tropicale. — La flore tropicale donne des produits nombreux et de la plus haute importance. Les plantes qui les fournissent peuvent se diviser en trois groupes : les *plantes alimentaires* ou *condimentaires*, les *plantes médicinales* et les *plantes industrielles*.

Plantes alimentaires ou *condimentaires* : le Riz, le Maïs, la Patate, le Caféier, le Thé, le Giroflier, le Cacaoyer, le Cannellier, le Muscadier, l'Arbre à lait (*Galactodendron utile*), l'Arbre à pain (*Artocarpus incisa*), le Manioc, le Maranta, le Poivrier, l'Igname, l'Ananas, le Bananier, le Gingembre, le Dattier, le Cocotier, le Sagoutier et le Vanillier.

Plantes médicinales. — Les plantes médicinales exotiques sont divisées en plusieurs catégories, dont les principales sont :

Les espèces émollientes : le Maranta (*Arrow-root*), le Manioc (tapioca), le Dattier, le Sagoutier, plusieurs Orchis dont les tubercules fournissent le Salep, divers Acacias produisant la gomme arabique.

Les espèces narcotiques : le Camphrier, la Mandragore, l'acétate de morphine, la codéine et le laudanum sont aussi des produits narcotiques exotiques.

Les espèces astringentes : le Quinquina, le Ratania, le Simarouba, le Colombo, le Quassia amara et le Cachou.

Les espèces stimulantes : l'Anis étoilé ou Badiane, le Caféier, le Camphrier, le Cannellier, le Cardamome, le Giroflier, le Muscadier, le Thé, le Vanillier, le Cresson de Para et le Styrax.

Espèce émétique : l'Ipécacuanha.

Les espèces purgatives : la Casse, le Ricin, le Tamarin, l'Aloès, la Rhubarbe, le Séné, l'Euphorbe officinale et le Jalap.

Les espèces sudorifiques : la Salsepareille de la Jamaïque, la Dorsténie, le Gayac, la Serpentaire de Virginie, le Sassafras, le Vétiver et le Thé.

Les espèces expectorantes : l'Aliboufier (benjoin), le Myrosperme baumier (baume de Tolu), l'Ipécacuanha et la Polygale de Virginie.

Plantes industrielles diverses : le Cacaoyer, le Manioc, le Maranta, le Sagoutier, la Canne à sucre, le Tabac, le Vétiver, l'Indigotier, les bois de Fernambouc, d'Acajou, de Campêche, de Palissandre, d'Ébène, de Santal, de Gayac, de Fer, de Rose; le Curcuma, les divers arbres fournissant le caoutchouc et la gutta-percha, le Cotonnier, le Phormium tenax ou Lin de la Nouvelle-Zélande, l'Agave, le Sésame, l'Arachide, le Ramié, le Patchouly, les Rotangs et les Bambous.

300. La flore du Sahara. — La flore du Sahara comprend cette immense région sèche et déserte qui occupe la plus grande partie de l'Afrique septentrionale et l'Arabie; on peut aussi lui rattacher le littoral indien, voisin des bouches de l'Indus. La sécheresse excessive causée par l'absence de pluies y détermine une végétation des plus pauvres; on rencontre pourtant çà et là quelques bosquets de Dattiers, soit vers les points où les nappes d'eau souterraines sont à une faible distance de la surface du sol, soit autour des sources ou des puits creusés dans le sable; le Dattier est à peu près le seul arbre répandu dans le Sahara; puis, de petits arbrisseaux (*Ephedra*) presque dépourvus de feuilles; enfin quelques rares Graminées et un Lichen comestible (*Lecanora esculenta*), connu vulgairement sous le nom de *Manne*. Ce singulier Lichen, analogue pour l'aspect à de petites masses d'argile, est souvent transporté par le vent à de grandes distances, et lorsqu'il retombe sur le sol il continue à croître.

La Datte est le seul produit important de la flore du Sahara.

301. La flore méditerranéenne. — La flore méditerranéenne comprend, à peu de chose près, tout le littoral de la Méditerranée. Cette région, remarquable par la douceur du climat, et par les pluies limitées à la saison d'hiver, est caractérisée par les nombreux végétaux ligneux à feuilles persistantes ou caduques, tels que les Chênes verts, les Myrtes, le Laurier, l'Olivier, le Figuier, le Grenadier, l'Oranger, le Citronnier, les Cistes, le Lentisque, le Romarin, etc. Les quelques Palmiers et certains Eucalyptus de l'Australie que l'on peut y cultiver établissent un trait d'union avec la flore tropicale et la flore méditerranéenne. — La flore de la Californie, bien qu'elle soit composée d'espèces différentes, peut être assimilée à la flore méditerranéenne pour la douceur du climat. C'est dans cette région américaine que l'on trouve le genre *Sequoia,* dont quelques individus acquièrent la hauteur prodigieuse de 150 mètres, dimension qui n'est atteinte que par les *Eucalyptus* d'Australie.

302. Principaux produits de la flore méditerranéenne. — Les plantes économiques spéciales à la flore méditerranéenne sont l'Olivier, la Patate, le Grenadier, l'Oranger, le Citronnier, le Figuier, le Jujubier, le Pistachier, la Coriandre, le Cumin, le Laurier, le Chêne liège, l'Orcanette des teinturiers, le Croton des teinturiers, le Thym, le Romarin, la Sauge officinale et la Lavande.

303. La flore des steppes. — Dans l'ancien continent, la flore des steppes comprend l'Asie centrale, la Perse, la Turquie et le sud de la Russie; dans le nouveau continent elle s'étend dans les régions centrales et méridionales de l'Amérique du Nord. La végétation des steppes est caractérisée par des plantes presque toutes herbacées, pouvant résister à une grande sécheresse, soit par des réserves d'eau accumulée dans les tissus, soit par un revêtement de poils; les Graminées et les Chénopodées constituent le fond de la végétation des steppes de l'Europe et de l'Asie; les plantes à tiges et à feuilles épaisses, comme les Opuntia, les Cactées, les Agavés, caractérisent les steppes de l'Amérique, auxquelles on peut assimiler les savanes du Mexique, patrie du grand Cactus (*Cereus giganteus*), qui s'élève parfois à 20 mètres de hauteur. Grâce à la sécheresse des steppes les Cryptogames y sont peu nombreuses.

Les steppes, comme le Sahara, sont habités par des peuplades nomades.

304. La flore des forêts. — Abstraction faite des terrains cultivés, la flore des forêts, limitée au sud par la flore méditerranéenne, comprend le nord de l'Espagne, la plus grande partie de la France, l'Angleterre, l'Irlande, l'Allemagne, la Russie septentrionale, la Scandinavie, une partie de l'Asie et le bassin du Mississipi. Le caractère distinctif de cette flore naturelle est la quantité considérable de végétaux Dicotylédones qui la composent; les arbres, quoique peu nombreux en espèces, constituent, par le grand nombre d'individus, des bois et des forêts souvent d'une grande étendue; les uns sont à feuilles caduques, comme le Châtaignier, le Hêtre, le Chêne ; auxquels se mêlent l'Aulne, le Frêne élevé, le Charme, le Peuplier et divers Saules. Au nord de cette première catégorie de végétaux on trouve de vastes forêts formées d'arbres résineux, tels que le Pin, le Sapin, le Mélèze et le Bouleau. Le Blé, le Seigle, l'Avoine, le Sarrasin, la Pomme de terre, le Chanvre, le Lin, ainsi qu'un grand nombre d'arbres à fruits comestibles, comme le Pommier, le Poirier, le Cerisier, le Prunier, sont cultivés abondamment. Les Graminées, les Joncées, les Cypéracées, les Composées et les Légumineuses constituent le fond des prairies. La Vigne, l'Abricotier, le Pêcher et l'Amandier donnent d'excellents produits dans la partie méridionale ; ces végétaux établissent le passage de la flore méditerranéenne à la flore des forêts. Les Cryptogames vasculaires, les Muscinées et les Thallophytes sont largement représentées, surtout dans la région voisine de la flore arctique. Les limites boréales de la flore des forêts sont loin d'être parallèles à la direction des degrés de latitude ; ainsi cette limite dépasse le 72e degré de latitude en Sibérie, tandis qu'elle s'abaisse au 58e degré au Labrador. La limite sud, qui atteint presque le tropique boréal en Floride, est à peu près à 53° de latitude dans le bassin de l'Oural. Ces différences sont attribuées à l'influence des courants marins.

305. Principaux produits de la flore des forêts. — Parmi les plantes indigènes ou naturalisées sous le climat de la flore des forêts, la plus intéressante pour nous, les unes fournissent des substances alimentaires ou condimentaires ; d'autres servent à la nourriture des animaux domestiques ; un grand nombre constituent des médicaments précieux et des plus usités ; d'autres fournissent des matières textiles, des matières tinctoriales, ou sont l'objet de diverses industries ; plusieurs sont employées comme bois de charpente, de menuiserie et d'ébénisterie ; un grand nombre servent à la décoration des parcs, des promenades et des jardins. Nous allons énumérer les principales plantes appartenant à ces diverses catégories.

Plantes alimentaires ou *condimentaires.* — Le Blé, le Seigle, l'Orge, l'Avoine, le Sarrasin, le Maïs, le Millet, la Pomme de terre, le Châtaignier, la Carotte, la Rave, le Radis, le Chou, la Laitue, la Chicorée, le Pissenlit, la Mâche, le Cresson de fontaine, le Salsifis, la Scorzonaire, la Carde, l'Artichaut, l'Asperge, le Céleri, le Haricot, le Pois, la Lentille, le Potiron, le Melon, le Concombre, le Pommier, le Poirier, le Prunier, le Cerisier, le Coignassier, l'Abricotier, le Pêcher, l'Amandier, le Noyer, le Néflier, la Vigne, le Fraisier, le Framboisier, l'Oignon, l'Ail, le Poireau, l'Oseille, l'Épinard, le Persil, le Cerfeuil, la Ciboule, l'Estragon, le Champignon de couche, le Cèpe, l'Oronge, la Morille, la Chanterelle, la Truffe.

Plantes servant à la nourriture des animaux domestiques : le Trèfle, le Sainfoin, la Luzerne, la Vesce, le Maïs, la Gesse, la Lupuline, la Betterave, la Carotte, le Panais, le Paturin, la Phléole, le Vulpin, le Dactyle, la Flouve, l'Houlque, la Fétuque, les Agrostis, le Ray grass, l'Avoine élevée, la Brize, le Moha de Hongrie, la Spargoute, les feuilles du Châtaignier, du Frêne et de l'Orme.

Plantes médicinales. — D'après leurs propriétés, les plantes médicinales sont divisées en espèces *rafraîchissantes, émollientes, narcotiques, astringentes, toniques, stimulantes, purgatives, diurétiques, sudorifiques, expectorantes, antiscorbutiques, anthelmintiques ou vermifuges, rubéfiantes et vulnéraires.*

Les espèces rafraîchissantes ou tempérantes : le Chiendent, l'Oseille, les fruits de l'Épine Vinette, du Framboisier, du Groseillier, du Mûrier, le Raisin frais et les Pruneaux.

Les espèces émollientes : le Chiendent, le Melon, la Citrouille, le Concombre, les fleurs de Guimauve, de Mauve, de Pied de Chat, de Pas d'Ane, de Violette, de Bouillon blanc ; le Lichen d'Islande, la farine de graine de Lin, le bulbe du Lis blanc et le gruau d'Avoine.

Les espèces narcotiques : l'Aconit, la Jusquiame, la Belladone, le Pavot, la Grande Ciguë, la Digitale pourprée, le Datura, la Laitue vireuse et la Morelle.

Les espèces astringentes : la Bistorte, l'Aigremoine, l'Aspérule, la Benoîte, le Caille-lait, la Garance, la Pervenche, la Salicaire, le Plantain, la Tormentille, les fruits du Néflier, du Coignassier, du Sorbier, les feuilles de Ronce et l'écorce de Chêne.

Les espèces toniques : l'Aulnée, la Bardane, le Chardon étoilé, la Chicorée sauvage, la Douce amère, la Gentiane, la Petite Centaurée, le Houblon, le Ménianthe, la Pensée sauvage, la Saponaire, le Pissenlit, la Germandrée et l'écorce du Saule blanc.

Les espèces stimulantes : l'Absinthe, l'Angélique, l'Ail, la Camomille romaine, le Carvi, le Cochléaria, le Cresson, le Fenouil, le Genièvre, l'Hysope, la Mélisse, la Menthe, l'Origan et la Véronique officinale.

Les espèces purgatives : la Gratiole, les baies de Nerprun, la Bryone et l'Épurge ; ces quatre plantes constituent des purgatifs drastiques violents, d'un emploi dangereux ; la Mercuriale et le bouillon aux herbes (Laitue, Cerfeuil, Oseille et Carde). La racine de l'Asaret et celle de la Violette sont deux émétiques très actifs.

Les espèces diurétiques : l'Asperge, le Chiendent, l'Alkékenge, l'Ache, l'Arrête-Bœuf, le Petit Houx, la Pariétaire, le Persil et la Digitale pourprée, à faible dose.

Les espèces sudorifiques : la Bourrache, la fleur de Sureau, de Tilleul, la Vipérine, la Bétoine, la racine de Bardane, le Dompte-Venin, la Douce amère, l'Hysope, la Lavande, la Mélisse, l'Origan, la Saponaire, la Sauge, le Romarin, les bourgeons de Peuplier et le Thym.

Les espèces expectorantes : la Capillaire, le Bouillon blanc, la Guimauve, le Lierre terrestre, les fleurs de la Violette odorante, le Pied de Chat, le Pas d'Ane, la Mauve, le bulbe de la Scille maritime et le Polypode commun.

Les espèces antiscorbutiques : l'Aconit, le Cochléaria, le Cresson, la Douce amère et le Houblon.

Les espèces vermifuges : l'Absinthe, l'Ail, le Polystic commun et la Coralline ou Mousse de Corse.

Les espèces rubéfiantes : la Chélidoine, la Clématite des haies, la Moutarde noire, l'écorce du Daphne Mezereum.

Les espèces vulnéraires : l'Arnica et le Millepertuis.

Plantes industrielles : la Pomme de terre (fécule et alcool), le Topinambour (alcool), la Chicorée (racine torréfiée, utilisée comme succédanée du Café), l'Absinthe (liqueur), le Merisier (kirsch), la Poire (poiré), la Pomme (cidre), la Betterave (sucre et alcool), le Houblon (bière), la Grande Gentiane (alcool), le Tabac, le Chardon à foulon (utilisé dans les fabriques de drap), le Chêne (écorce servant à la préparation des peaux), l'Orcanette des teinturiers (couleur rouge), la Garance (couleur rouge), le Pastel (couleur bleue), la Gaude (couleur jaune), le Safran (couleur jaune), l'Orseille, la Parelle d'Auvergne, le Chanvre, le Lin, le Noyer, le Hêtre, le Colza, l'Œillette, la Menthe, la Mélisse, le Romarin, la Lavande, le Thym, le Jasmin, la Rose musquée, la Sauge officinale, le Pin maritime, le Pin sylvestre, le Sapin, le Mélèze.

Plantes dont le bois est employé pour la charpente, la menuiserie et l'ébénisterie. — Le Chêne, le Hêtre, le Châtaignier, le Noyer, l'Orme, le Charme, le Frêne, le Tilleul, l'Érable, le Pin, le Sapin, le Mélèze, le Cèdre, le Peuplier, le Saule, l'Aulne, le Platane, le Pommier, le Poirier, le Cerisier, le Prunier, le Buis et le Houx.

306. La flore arctique. — La flore arctique, limitée au sud par la région des forêts, et au nord par les neiges persistantes, correspond à la zone alpine que l'on a déjà caractérisée. Cette flore comprend le nord de la Sibérie, la Nouvelle-Zemble, le Spitzberg, l'Islande, le Groënland et la partie septentrionale de l'Amérique du Nord.

La physionomie caractéristique de la flore arctique est l'exiguïté de la taille des quelques végétaux ligneux que l'on y trouve, comme le Saule des Lapons, le Saule glauque, plusieurs Airelles, le Bouleau nain, le Rhododendron des Lapons ; tous ces arbustes ont un aspect rabougri, à rameaux étalés sur le sol. La flore arctique se compose aussi de quelques Phanérogames herbacées, comme plusieurs Saxifrages, des Androsaces, des Crucifères. Les prairies sont formées de Graminées, de Joncées et de Cypéracées, appartenant pour la plupart à la flore des forêts.

En général, les plantes de ces contrées glacées sont pourvues de tiges souterraines très développées, émettant des rameaux aériens florifères très courts. Dans les régions voisines des neiges persistantes, où le sol reste constamment gelé au-dessous de quelques centimètres de profondeur, on ne rencontre que des Muscinées (Polytrics) ; et surtout des Lichens (Lichen des Rennes, Lichen d'Islande, etc.).

307. Les flores australes. — Les flores naturelles de l'hémisphère boréal que l'on vient de caractériser, se retrouvent sensiblement comme aspect dans l'hémisphère sud, en allant depuis le tropique austral jusqu'aux neiges persistantes du pôle sud.

La flore des steppes, par exemple, est représentée par les contrées de l'Afrique australe qui s'étendent au sud de la flore tropicale; en Amérique, cette même flore occupe une immense région connue sous le nom de *pampas*, située au sud du Brésil; la partie la plus méridionale, à sol caillouteux, porte même le nom de *steppes* de la Patagonie.

La végétation du Cap, en Afrique, et celle du Chili, peuvent être assimilées à la flore méditerranéenne.

La flore des forêts se retrouve entre le Chili méridional et la Terre-de-Feu, où l'on voit des forêts de Hêtres d'une grande étendue.

Enfin, les quelques rares végétaux ligneux ou herbacés, les Muscinées et les Lichens qui se développent dans les régions voisines du pôle sud, sont à peu près les mêmes que ceux de la flore arctique.

CONCLUSION

C'est ainsi que le règne végétal déploie son manteau fleuri d'un pôle à l'autre pôle pour envelopper les deux mondes. Partout où nous portons nos pas, nous marchons sur des fleurs ; et, aussi loin que s'étendent nos regards, nous découvrons des bois, des prairies et des champs comblés des riches bénédictions du Ciel.

Aux habitants des régions tropicales, la luxuriante végétation des Monocotylédones et leurs fruits rafraîchissants et parfumés.

Aux peuples fortunés des zones tempérées, la flore variée des Dicotylédones et leurs fruits féculents et nutritifs.

Aux paisibles populations des contrées boréales, les immenses tapis des Muscinées et des Lichens, destinés à la nourriture des nombreux troupeaux de Rennes qui accompagnent l'homme dans ces régions glacées.

Enfin, aux habitants de tous les climats, les précieuses et fécondes céréales.

L'étude des fleurs rend l'homme meilleur et plus heureux ; nulle autre science n'est plus propre à élever l'âme en développant en nous l'amour du bien et du beau. Aussi, on ne saurait trop engager les professeurs à initier leurs élèves à une science éminemment utile et pleine d'attraits. Ceux qui ne seront point découragés par les difficultés que toute étude présente au début, seront bien dédommagés des premiers efforts, lorsqu'il leur sera donné de converser partout avec des fleurs qui auront *pour eux* des formes, des propriétés et des noms connus. Ils peuvent se promettre des heures délicieuses et sans retours amers, dont ils ne pourront se lasser plus tard de savourer les charmes ; car rien n'est comparable aux joies pures du botaniste qui, au milieu des splendeurs de la nature, étudie et contemple affectueusement les plus gracieux ouvrages du Créateur.

FIN

TABLE MÉTHODIQUE

PREMIÈRE PARTIE
ORGANOGRAPHIE ET PHYSIOLOGIE VÉGÉTALES

DEUXIÈME PARTIE
PRINCIPALES FAMILLES VÉGÉTALES

27758. — Tours, impr. Mame.